ifaa-Edition

Reihe herausgegeben von

ifaa – Institut für angewandte Arbeitswissenschaft e. V., Düsseldorf, Deutschland

Die ifaa-Taschenbuchreihe behandelt Themen der Arbeitswissenschaft und Betriebsorganisation mit hoher Aktualität und betrieblicher Relevanz. Sie präsentiert praxisgerechte Handlungshilfen, Tools sowie richtungsweisende Studien, gerade auch für kleine und mittelständische Unternehmen. Die ifaa-Bücher richten sich an Fach- und Führungskräfte in Unternehmen, Arbeitgeberverbände der Metall- und Elektroindustrie und Wissenschaftler.

Nicole Ottersböck · Holger Dander ·
Sascha Stowasser
(Hrsg.)

Wissensmanagement mit Künstlicher Intelligenz

Erfahrungswissen effizient sichern und transferieren

Springer Vieweg

Hrsg.
Nicole Ottersböck
ifaa – Institut für angewandte
Arbeitswissenschaft e. V.
Düsseldorf, Deutschland

Holger Dander
Hochschule Niederrhein
Krefeld, Deutschland

Sascha Stowasser
ifaa – Institut für angewandte
Arbeitswissenschaft e. V.
Düsseldorf, Deutschland

ISSN 2364-6896 ISSN 2364-690X (electronic)
ifaa-Edition
ISBN 978-3-662-71590-1 ISBN 978-3-662-71591-8 (eBook)
https://doi.org/10.1007/978-3-662-71591-8

Die Deutsche Nationalbibliothek verzeichnet diese Publikation in der Deutschen Nationalbibliografie; detaillierte bibliografische Daten sind im Internet über https://portal.dnb.de abrufbar.

Dieses Werk wurde gefördert durch ifaa – Institut für angewandte Arbeitswissenschaft e. V.

Springer Vieweg ist ein Imprint der eingetragenen Gesellschaft Springer-Verlag GmbH, DE und ist ein Teil von Springer Nature.
Die Anschrift der Gesellschaft ist: Heidelberger Platz 3, 14197 Berlin, Germany

Vorwort

Die demografische Entwicklung und das Ausscheiden erfahrener Beschäftigter der Baby-Boomer-Generation stellen Unternehmen vor Herausforderungen. Dies führt nicht nur zu Fachkräfteengpässen, sondern auch zum Verlust wertvollen Erfahrungswissens. Wissensmanagement rückt in den Fokus der Unternehmensleitungen, denn Erfahrungswissen wird rar und gilt als eine der wertvollen immateriellen Ressource, die es zu erhalten gilt, um langfristig im Wettbewerb bestehen zu können.

Digitale Assistenzsysteme helfen bereits seit Jahren dabei, Arbeitnehmende bei der Ausführung ihrer Tätigkeiten zu unterstützen. Der Aufbau von Assistenzsystemen und das manuelle Einspeisen von Wissen sind bisher aufwendig und ressourcenintensiv. Durch die Integration von Künstlicher Intelligenz (KI) in Assistenzsysteme entstehen nun neue Möglichkeiten, Erfahrungswissen von Beschäftigten automatisiert im Arbeitsprozess zu erfassen, zu verarbeiten und im Unternehmen verfügbar zu machen. Das Projekt „KI_eeper – Know-how to keep", gefördert durch das Bundesministerium für Bildung und Forschung, erforschte mit einem breiten Konsortium aus Unternehmen, Wissenschaft und Technikentwicklung, wie dies gelingen kann. Die Ergebnisse der Forschungsarbeiten werden in der vorliegenden Publikation veröffentlicht.

Im Projekt spielte nicht nur die Entwicklung der Technik eine Rolle, sondern auch die menschbezogenen Aspekte bei der Einführung von KI-Systemen. Denn: Die Einführung von KI in Unternehmen kann mit Ängsten und Unsicherheiten bei den Beschäftigten einhergehen. Häufig wird mit Technik- und KI-Einführung Arbeitsplatzverlust oder Überwachung assoziiert. Eine daraus resultierende mangelnde Akzeptanz kann dem erfolgreichen Einsatz von KI-Systemen im Betrieb entgegenwirken. Aus diesem Grund wurde ein menschzentrierter, soziotechnischer Ansatz verfolgt, mit dem Ziel, ein System zu entwickeln, das von dem Mitarbeitenden gebraucht wird und gewollt ist. Damit sollte eine höchstmögliche Akzeptanz der Technik erreicht werden. Die entwickelten Maßnahmen und Instrumente wurden als Leitfaden in dieses Werk integriert.

Diese Publikation soll Unternehmen und Institutionen Ideen für den Einsatz von KI liefern und sie bei der nutzerorientierten Einführung von Wissensmanagement mit

KI unterstützen. Die in diesem Werk vorgestellten Inhalte und Ergebnisse basieren überwiegend auf den im Projekt KI_eeper gesammelten Erfahrungen und liefern praxisorientierte Hinweise und Methoden, mit denen eine Entwicklung, Umsetzung und Gestaltung KI-basierter Assistenzsysteme unterstützt wird.

Im Laufe der zweieinhalb Projektjahre ist ein Netzwerk entstanden aus weiteren an den Ergebnissen interessierten Betrieben sowie Projekten und Start-ups, die sich mit KI und Wissensmanagement beschäftigten. Umso erfreuter und dankbarer sind wir, dass Gastbeiträge dieser Projekte und Start-ups das Buch bereichern. Ein Blick über den Tellerrand lohnt sich immer!

Wir wünschen Ihnen eine spannende Lektüre und viele Inspirationen zur Nutzung von KI-basierten Assistenzsystemen.

Düsseldorf
im Mai 2025

Nicole Ottersböck
Projektleiterin und wissenschaftliche
Mitarbeiterin des ifaa – Institut für
angewandte Arbeitswissenschaft e. V.

Prof. Dr.-Ing. Holger Dander
Professor an der Hochschule Niederrhein

Prof. Dr.-Ing. habil. Sascha Stowasser
Direktor des ifaa – Institut für
angewandte Arbeitswissenschaft e. V.

Danksagung und Förderhinweis

Das Forschungs- und Entwicklungsprojekt „KI_eeper – Digitale KI-basierte Assistenz zur Wissensaufnahme, -verarbeitung, -speicherung und -anwendung an produktionsgebundenen Arbeitsplätzen“ (Förderkennzeichen: 02L20C500–02L20C505) wurde vom Bundesministerium für Bildung und Forschung (BMBF) gefördert und vom Projektträger Karlsruhe (PTKA) betreut. Die Verantwortung für den Inhalt der einzelnen Beiträge liegt bei den Autoren.

KIeeper
Know how to keep

GEFÖRDERT VOM

Bundesministerium
für Bildung
und Forschung

BETREUT VOM

PTKA
Projektträger Karlsruhe
Karlsruher Institut für Technologie

Inhaltsverzeichnis

1 Trends und Entwicklungen in der Arbeitswelt – Hintergründe zur Erforschung von KI-basiertem Wissenstransfer im Projekt KI_eeper

Nicole Ottersböck und Isabella Urban

Zusammenfassung

Die Babyboomer-Generation geht in Rente. Dies bedeutet, dass eine Vielzahl an erfahrenen Beschäftigten die deutschen Unternehmen verlässt. Ihr essenzielles Wissen nehmen sie mit, wenn Betriebe dieses Wissen nicht frühzeitig identifizieren und für nachfolgende Arbeitskräfte sichern. Das ist nur eine von vielen Entwicklungen, die ein effizientes Wissensmanagement notwendig machen. Der Beitrag zeigt auf, warum es für Betriebe notwendig ist, sich dem Thema anzunehmen und dafür zu sorgen, das Wissen ihrer erfahrenen Beschäftigten zu identifizieren und langfristig für nachfolgende Arbeitskräfte zu sichern.

1.1 Trends und Entwicklungen erschweren Wissenstransfer und -erhalt

Unternehmen in Deutschland sind aktuell mit verschiedenen Trends und Entwicklungen konfrontiert, die es erforderlich machen, das Thema Wissenstransfer und -erhalt stärker in den Fokus zu rücken. Allem voran gehen der demografische Wandel und die massenhafte Verrentung langjähriger Beschäftigter, womit der Verlust von erfahrungsbasiertem – und für die Betriebe essenziellem – Know-how verbunden ist (s. Abschn. 1.1.1).

N. Ottersböck (✉)
ifaa, Düsseldorf, Deutschland
E-Mail: n.ottersboeck@ifaa-mail.de

I. Urban
Universität Duisburg-Essen, Essen, Deutschland
E-Mail: isabella.urban@ris.uni-due.de

N. Ottersböck et al. (Hrsg.), *Wissensmanagement mit Künstlicher Intelligenz*, ifaa-Edition, https://doi.org/10.1007/978-3-662-71591-8_1

Effektiver Wissenstransfer stellt somit eine zentrale, erfolgskritische Herausforderung für Unternehmen in Zeiten alternder Gesellschaften dar (Levy 2011). Intergenerationeller Wissenstransfer ist insbesondere relevant, um implizites Erfahrungswissen, das nur in den Beschäftigten selbst verankert ist, im Unternehmen zu halten (Harvey 2012). Die zunehmenden Arbeitskräfteengpässe können jedoch Wissenstransfer über häufig angewandte Maßnahmen, wie beispielsweise Mentoring „On the job", erschweren (Abschn. 1.1.2). Durch Zuwanderung versucht man, die Engpässe an Arbeitskräften (Abschn. 1.1.3) zu kompensieren. Der Anteil an Beschäftigten mit Migrationshintergrund oder ausländischer Staatsbürgerschaft ist in den letzten Jahren deutlich gestiegen (Destatis 2024). Doch die Integration von Menschen mit Migrationshintergrund ist auch mit Herausforderungen verbunden, die sich auch auf den Wissenstransfer und -erhalt auswirken (Abschn. 1.1.3). Ein weiterer Trend ist die Individualisierung von Produkten und auch Dienstleistungen. Diese Entwicklung trägt dazu bei, dass die Komplexität in den Betrieben steigt, denn die unterschiedlichen Produkte müssen teilweise auch sehr unterschiedlich gefertigt werden (Abschn. 1.1.4; Gu und Koren 2022).

1.1.1 Eine ganze Generation geht in Rente und damit wichtiges Erfahrungswissen verloren

Die Babyboomer-Generation, geboren in den geburtenstarken Jahrgängen von 1955 bis 1969, hat aktuell einen großen Anteil an der erwerbsfähigen Bevölkerung. Diese Generation wird in den kommenden Jahren verrentet.

Laut einer aktuellen Schätzung des Kompetenzzentrums Fachkräftesicherung (KOFA) werden in den kommenden zehn Jahren rund ein Viertel sozialversicherungspflichtiger Erwerbspersonen und damit rund 6,7 Mio. Beschäftigte den Arbeitsmarkt altersbedingt verlassen. Davon sind rund 4,5 Mio. Fachkräfte, denen nur etwa 3,2 Mio. Fachkräfte unter 30 Jahren entgegenstehen, um diese Lücke zu kompensieren (Arndt et al. 2024).

Der Verlust der Unternehmen an Arbeitskräften ist also nicht nur ein nomineller, sondern auch ein qualitativer, weil erfahrene Beschäftigte gehen, die zum Teil bereits seit Jahrzehnten in den Unternehmen arbeiten. Neben ihrem Fachwissen verfügen sie über essenzielles Erfahrungswissen, das ihnen und den Teams hilft, Tätigkeiten effizient, effektiv und qualitativ hochwertig auszuführen (Lehmann-Willenbrock und Kauffeld 2016). Darüber hinaus kommt das Erfahrungswissen auch zum Tragen, wenn herausfordernde Situationen auftreten. Die Erfahrenen können diese Situationen meist zügig und effizient bewältigen, während unerfahrene Beschäftigte längere Zeit zur Lösungsfindung benötigen (Seiferling 2019; Nonaka und Takeuchi 2012). Dadurch geht den Unternehmen Wertschöpfung verloren.

Da Informationen und Wissen in der heutigen Wissensgesellschaft als immaterielles Kapital und als wichtige ökonomische Ressource betrachtet werden können, ist der Erhalt von Wissen hochrelevant für den langfristigen Unternehmenserfolg (Levy 2011).

1.1.2 Die Arbeitskräftelücke wächst: Wissensübertragung wird schwieriger

Mentoring und altersgemischte Teamarbeit eigenen sich als Methoden, um das Erfahrungswissen von Beschäftigten zu identifizieren und zu sichern. Hierbei werden unerfahrene Beschäftigte in der Zusammenarbeit mit erfahrenen Beschäftigten im Arbeitsprozess begleitet und angeleitet. Dadurch machen sie selbst Erfahrungen und bauen Erfahrungswissen on the Job auf. Aufgrund zunehmender Arbeitskräfteengpässe bleiben offene oder zukünftig zu besetzende Stellen immer länger unbesetzt. Laut einer Befragung des Instituts für Arbeitsmarkt- und Berufsforschung (IAB) stieg die durchschnittliche tatsächliche Dauer von Stellenbesetzungen von 70 Tagen im Jahr 2010 auf 95 Tage im Jahr 2023 stark an (IAB 2024). Darüber hinaus stieg bis 2023 auch die Stellenüberhangsquote für qualifizierte Arbeitskräfte in Westdeutschland branchenübergreifend auf zuletzt 45,6 % sehr deutlich an. Diese definiert den Anteil der offenen Stellen, für die keine passend qualifizierten Arbeitslosen in der jeweiligen Region zur Verfügung stehen (Kunath et al. 2024).

Über 50 % der befragten Unternehmen haben laut der Deutschen Industrie- und Handelskammer (DIHK) Schwierigkeiten, Stellen zu besetzen, insbesondere im industriellen Sektor (DIHK 2023). Eine Analyse des IAB aus dem Jahr 2023 prognostiziert, dass die Zahl der Erwerbstätigen bis 2060 um rund fünf Millionen schrumpfen wird. Auch Maßnahmen wie etwa die zunehmende Integration von Frauen und älteren Menschen in den Arbeitsmarkt können den Mangel nicht ausgleichen. Dazu tragen die niedrige Geburtenrate und die Alterung der Bevölkerung bei (Hellwagner et al. 2023; Abb. 1.1).

Nachdem sich beispielsweise schon seit dem Jahr 2010 ein Mangel an qualifizierten Fachkräften zeigte, fehlten in der Metall- und Elektroindustrie zwischen Juli 2021 und Juni 2022 bereits über 110 000 Fachkräfte, insbesondere innerhalb der Hauptberufsgruppen:

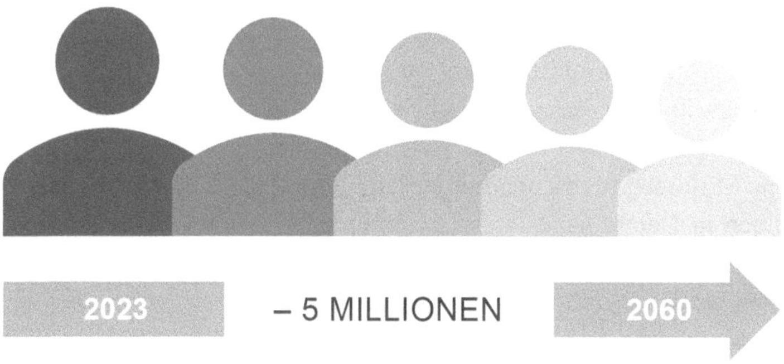

Abb. 1.1 Schematische Darstellung der IAB-Prognose – Schwund von fünf Millionen Arbeitskräften bis 2060 (Hellwagner et al. 2023, eigene Darstellung)

- Metallberufe (Metallerzeugung und -bearbeitung),
- Maschinen- und Fahrzeugtechnikberufe,
- Mechatronik-, Energie- und Elektroberufe,
- technische Forschungs-, Entwicklungs-, Konstruktions- und Produktionssteuerungsberufe.

Zum Fachkräftemangel in den Hauptberufsgruppen kommt ein Fachkräftemangel in weiteren Fachbereichen, die relevant für die Metall- und Elektroindustrie sind, insbesondere in der Informatikbranche (Malin et al. 2023).

Dieser Trend setzt sich weiterhin fort. So zeigt ein aktueller Konjunkturbericht des Dachverbands der Arbeitgeberverbände der Metall- und Elektroindustrie Gesamtmetall, dass viele Unternehmen trotz gleichzeitigem Personalabbau unter Fachkräfteengpässen leiden (Gesamtmetall 2024).

Dadurch sind die Möglichkeiten dieser Methoden der Wissensübertragung begrenzt. Ein Mangel an Zeit und Ressourcen sowie hohe Arbeitsbelastung erschweren neben weiteren Faktoren sowohl den Wissenstransfer als auch effektives Wissensmanagement in Organisationen (Santhose und Lawrence 2023) und stellen so insbesondere für kleine und mittlere Unternehmen (KMU) mit begrenzten Mitteln ein Hindernis dar (Burstedde und Werner 2018).

1.1.3 Multikulturelle Belegschaften erschweren Einarbeitung und Wissenstransfer

Die deutsche Gesellschaft wird bunter. Allein im Jahr 2023 war ein Zuzug von rund 1,5 Mio. Menschen nach Deutschland zu verzeichnen, davon gut 29 % aus den 27 EU-Mitgliedstaaten. Im Oktober 2023 lag die Beschäftigungsquote von nach Deutschland eingewanderten Ausländern bei 54,3 %, während die Arbeitslosenquote 14,6 % betrug (Brücker et al. 2024).

Insgesamt hatten Ende 2023 über 27 % der Bevölkerung in Deutschland einen Migrationshintergrund. Sowohl die Zahl an deutschen Staatsbürgern mit Migrationshintergrund als auch die Zahl an ausländischen Staatsbürgern mit Migrationshintergrund ist angestiegen (Destatis 2024; Abb. 1.2).

Über sechs Millionen Menschen mit ausländischer Herkunft waren Ende 2023 bereits in Unternehmen in Deutschland integriert, während das Potenzial besteht, weitere Hunderttausende in den deutschen Arbeitsmarkt einzubinden (Bundesagentur für Arbeit 2024). Die Gewinnung und Integration ausländischer Fachkräfte stellt eine wichtige Säule zur Bewältigung des Fachkräftemangels dar, was auch vonseiten der Gesetzgeber forciert wird (Becker et al. 2023). Im Jahr 2022 erreichte die Anzahl an registrierten Personen mit einem befristeten Aufenthaltstitel zum Zweck der Erwerbstätigkeit in Deutschland 351 400 und ist damit wie in den Vorjahren stetig gestiegen (Destatis 2023).

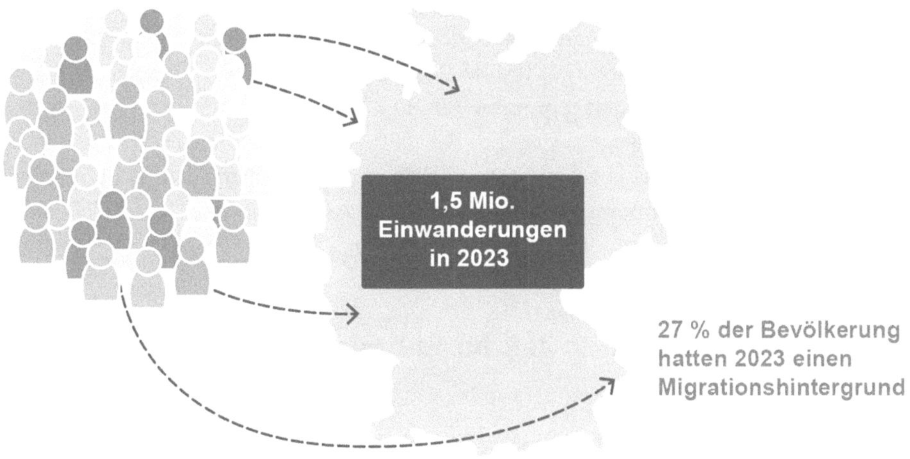

Abb. 1.2 Statistik zu Migrationsbewegungen in Deutschland im Jahr 2023. (Nach Brücker et al. 2024 und Destatis 2024, eigene Darstellung)

Trotz der Chancen für Unternehmen, auf diese Weise Arbeitskräfte zu gewinnen, geht die Integration von ausländischen Beschäftigten mit Herausforderungen einher. Selbst bei gut ausgebildeten Fachkräften betrachtet ein großer Teil der befragten Unternehmen Sprachdefizite als die bedeutendste Barriere, wenn es um deren Einstellung geht. Außerdem ist es bei einem Teil der ausländischen Beschäftigten nötig, fachliche Fähigkeiten aufzubauen oder zu erweitern (Pierenkemper et al. 2023).

Insbesondere an Produktionsarbeitsplätzen erschweren die unterschiedlichen sprachlichen und kulturellen Hintergründe der Beschäftigten die Vermittlung von arbeitsplatzbezogenem Wissen. Die reine fremdsprachliche Übersetzung von Arbeitsanweisungen ist häufig mit Missverständnissen und Fehlern im Arbeitsprozess verbunden und nur begrenzt effektiv, sodass es neuer, innovativer Ansätze beim Wissenstransfer bedarf (Menn et al. 2017).

1.1.4 Die Individualisierung von Produkten steigert die Komplexität und macht mehr Erfahrungswissen erforderlich

Standardprodukte werden zur Seltenheit. Dahingegen gewinnen individuelle, auf die Kunden zugeschnittene Produkte an Relevanz. Die Massenproduktion von individualisierten Produkten wird zunehmend zum Trend, der Produktionsstrategien und -systeme transformiert (Gu und Koren 2022). Individualisierte Güter in großem Umfang zu Preisen zu produzieren, die der Zahlungsbereitschaft von Kunden entspricht, stellt Unternehmen vor hohe Herausforderungen in Bezug auf Kostendruck und Komplexität, die sie zunehmend durch den Einsatz von Industrie-4.0-Technologien bewältigen (Winkelhaus et al. 2020). So steigt durch die Konfrontation mit veränderten Arbeitsprozessen und einem veränderten Arbeitsumfeld auch die Komplexität für die Beschäftigten (Hirsch-Kreinsen 2016).

Durch variantenreiche Montageprozesse nimmt die Bedeutung von motorischen Routinen ab, und die Komplexität für die Beschäftigten steigt mit der Variation der Handlungsalternativen. Das kann mit höheren Fehlerquoten einhergehen. Durch die bessere Bereitstellung von Informationen während des Arbeitsprozesses lässt sich diesen Auswirkungen entgegenwirken (Bornewasser 2020).

1.2 Fazit und Ausblick: Zeit für KI-basierten Wissenstransfer und -erhalt

Die vorgestellten Trends und Entwicklungen forcieren die Notwendigkeit eines effektiven und effizienten Wissensmanagements. Im Projekt „KI_eeper – Know-how to keep" war es das Ziel, mit und in Betrieben zu erforschen, welche Möglichkeiten Künstliche Intelligenz (KI) für die Identifikation und den Transfer von Wissen bietet. Der Fokus des Projekts lag dabei auf dem impliziten Erfahrungswissen. Dabei handelt es sich um Wissen, das den Beschäftigten nicht umfassend bewusst ist. Dies macht es schwierig für sie, es in Worte zu fassen oder gar aufzuschreiben. Learning by Doing in Kombination mit Mentoring gilt als eine der wenigen Möglichkeiten, implizites Wissen zu transferieren (Swap et al. 2001) und ist oftmals die einzige Möglichkeit für neue Beschäftigte, sich dieses Wissen anzueignen.

Somit war es das Ziel in KI_eeper, KI-basierte Technik dafür zu nutzen, Muster im Arbeitsprozess bei der Durchführung manueller Tätigkeiten in der Produktion automatisiert zu erkennen und daraus Rückschlüsse auf das implizite Erfahrungswissen der Beschäftigten ziehen zu können (Abb. 1.3). Die daraus entstehende Wissensbasis sollte parallel dazu von unerfahrenen Beschäftigten über eine digitale Assistenz zur korrekten Ausführung der Tätigkeiten genutzt werden können. Die Vision des Projekts ist in Abb. 1.3 vereinfacht dargestellt. Auf der linken Seite fertigt ein erfahrener Beschäftigter einen Artikel. An seinem Arbeitsplatz befinden sich technische Systeme, die während dieses Arbeitsprozesses Daten über den Vorgang erheben. Dies können etwa Sensordaten oder Daten aus einer Videoaufnahme sein. Diese Daten werden im Anschluss auf vielfache Weise von einem KI-System analysiert. Die Muster im Verarbeitungsprozess werden dadurch automatisiert identifiziert, abgespeichert und unerfahrenen Beschäftigten im Arbeitsprozess über eine digitale Assistenz (rechte Seite der Abb. 1.3) bedarfsgerecht zur Verfügung gestellt. Somit würde ein selbstlernendes KI-Assistenzsystem entstehen, das nicht oder nur geringfügig manuell mit Informationen aufgebaut werden muss (Abb. 1.3).

Im Beitrag 2 „Betriebliche Anwendungsfälle für KI-basierten Wissenstransfer im Produktionsbereich des Forschungsprojekts KI_eeper" in diesem Sammelband werden die

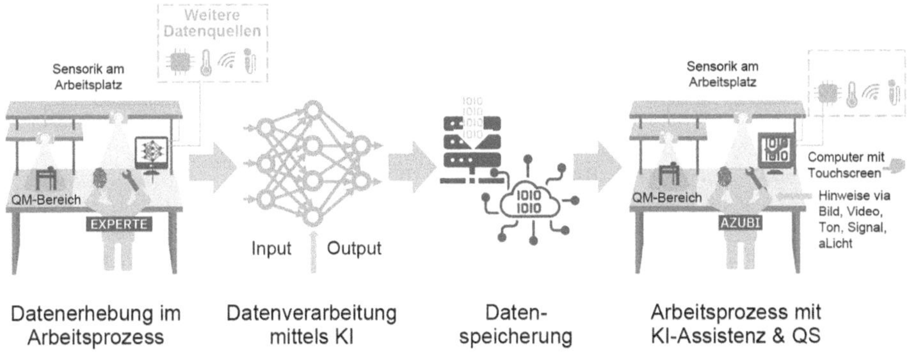

Abb. 1.3 Vereinfachte grafische Darstellung der KI_eeper-Vision eines selbstlernenden, KI-basierten Assistenzsystems für manuelle Tätigkeiten in der Produktion (Ottersböck und Rusch 2022, modifiziert)

Anwendungsfälle der beiden betrieblichen Anwendungspartner im Projekt vorgestellt. Im Beitrag 3 „Technische Umsetzung des Forschungsvorhabens KI_eeper" geht es um den Stand der technologischen Entwicklung sowie die Erkenntnisse aus dem Projekt. Beitrag 4 „Methoden-Toolkit für den KI-Change-Prozess aus dem Projekt KI_eeper" gibt einen umfassenden Einblick in die Vorgehensweise im Projekt, um in der Belegschaft der Betriebe die Akzeptanz für KI und Wissensmanagement zu schaffen. Dieser Beitrag soll als Anleitung für Unternehmen dienen, um KI-Projekte im eigenen Unternehmen partizipativ und akzeptanzfördernd durchzuführen und den Change-Prozess nachhaltig zu gestalten.

Literatur

Arndt F, Tiedemann J, Werner D (2024) Ältere Beschäftigte am Arbeitsmarkt – wertvolle Erfahrung stärker als Potenzial nutzen, Studie im Rahmen des Projekts Kompetenzzentrum Fachkräftesicherung (KOFA) in Zusammenarbeit mit dem Bundesministerium für Wirtschaft und Klimaschutz (BMWK), Köln

Becker E, Graf J, Heß B, Huber M (2023) Entwicklung der Fachkräftemigration und Auswirkungen des beschleunigten Fachkräfteverfahrens: Begleitforschung zum Fachkräfteeinwanderungsgesetz. Nürnberg. Bundesamt für Migration und Flüchtlinge

Bornewasser M (2020) Montage und Komplexität. In: Bornewasser, M., Hinrichsen, S. (eds), Informatorische Assistenzsysteme in der variantenreichen Montage. Springer Vieweg, Berlin, Heidelberg. https://doi.org/10.1007/978-3-662-61374-0_3

Brücker H, Hauptmann A, Keita S (2024) Zuwanderungsmonitor 2024. Institut für Arbeitsmarkt und Berufsforschung. Nürnberg, https://doi.org/10.48720/IAB.ZM.2405

Bundesagentur für Arbeit (2024) Migration und Arbeitsmarkt. https://statistik.arbeitsagentur.de/DE/Navigation/Statistiken/Interaktive-Statistiken/Migration-Zuwanderung-Flucht/Migration-Zuwanderung-Flucht-Nav.html#mzf_vi_anchor_zr?ThemaProzent3DzrProzent26DR_Region1Prozent3DdPro-zent26DR_Indikator1Prozent3D10Prozent26DR_Staat1Prozent3DAuslaenderProzent26mapHadSe abgerufen am 18. August 2024

Burstedde A, Werner D (2018) Unternehmen müssen mehr Zeit für Personalsuche einplanen. Institut der deutschen Wirtschaft (IW)-Kurzbericht Nr.17, 28. Februar 2018

Destatis (2024) Statistik, Migration und Integration. https://www.destatis.de/DE/Themen/Gesellschaft-Umwelt/Bevoelkerung/Migration-Integration/_inhalt.html. Zugegriffen: 18. Aug. 2024

Destatis (2023) Pressemitteilung Nr. 165 vom 27. April 2023 https://www.destatis.de/DE/Presse/Pressemitteilungen/2023/04/PD23_165_125.html. Zugegriffen: 18. Aug. 2024

Deutsche Industrie- und Handelskammer (2023) DIHK Report Fachkräfte 2023/24

Gesamtmetall (2024) Konjunkturbericht. Konjunkturbericht – Arbeitgeberverband Gesamtmetall, abgerufen am 18. August 2024

Gu X, Koren Y (2022) Mass-individualisation – the twenty first century manufacturing paradigm. Int J Prod Res 60(24):7572–7587

Harvey JF (2012) Managing organizational memory with intergenerational knowledge transfer. J Knowl Manag 16(3):400–417

Hellwagnerh T, Söhnlein D, Weber E (2023) Modeling Migration Dynamics in Stochastic Labor Supply Forecasting (IAB-Discussion Paper 05/2023), Nürnberg, 48 S. https://doi.org/10.48720/IAB.DP.2305

Hirsch-Kreinsen H (2016) Digitalisierung und Einfacharbeit. In: WISO Diskurs (Hrsg), Abteilung Wirtschafts- und Sozialpolitik der Friedrich-Ebert-Stiftung

Institut für Arbeitsmarkt- und Berufsforschung (2024) IAB-Stellenerhebung. IAB-Stellenerhebung – IAB – Institut für Arbeitsmarkt- und Berufsforschung, abgerufen am 18. August 2024

Kunath G, Malin L, Werner D (2024) Fachkräfteengpässe in West- und Ostdeutschland: ähnliche Probleme, unterschiedliche Lösungsansätze. KOFA Kompakt 06/24

Lehmann-Willenbrock N, Kauffeld S (2016) Altersheterogene Arbeitsgruppen – Auswirkungen des demografischen Wandels auf die Gruppenarbeit. In: Jöns I (eds). Erfolgreiche Gruppenarbeit. Gabler Verlag, Wiesbaden. https://doi.org/10.1007/978-3-8349-4762-815

Levy M (2011) Knowledge retention: minimizing organizational business loss. J Knowl Manag 15(4):582–600

Malin L, Jansen A, Köppen R (2023) Die Fachkräftesituation in Metall- und Elektroberufen, KOFA-Studie, No. 1/2023, Institut der deutschen Wirtschaft (IW), Kompetenzzentrum Fachkräftesicherung (KOFA), Köln

Menn JP, Duc BM, Müller BC, Seliger G (2017) Language independent transfer of assembly knowledge. Procedia Manufacturing 8:495–502

Nonaka I, Takeuchi H (2012) Die Organisation des Wissens: Wie japanische Unter-nehmen eine brachliegende Ressource nutzbar machen. Campus Verlag, Weinheim, 2. Auflage

Ottersböck N, Rusch T (2022) Babyboomer weg – Wissen weg. In: ifaa – Institut für angewandte Arbeitswissenschaft (Hrsg) Werkwandel – Zeitschrift für angewandte Arbeitswissenschaft 3/22:28–32

Pierenkemper S, Jansen A, Orange F (2023) Internationale Fachkräfte in KMU –Weniger Bürokratie, mehr Fachkräfte (No. 3/2023). KOFA-Studie

Santhose SS, Lawrence LN (2023) Understanding the implementations and limitations in knowledge management and knowledge sharing using a systematic literature review. Current Psychology, 1–16

Seiferling N (2019) Älter werden im Beruf – Erfahrung als Ressource? Potenziale älterer Erwerbstätiger, in: Aurel Croissant (Hrsg.): Studium Generale, Ressourcen, Heidelberg: Heidelberg University Publishing, 2021, S 49–63. https://doi.org/10.17885/heiup.studg.2021.1.24409

Swap W, Leonard D, Shields M, Abrams L (2001) Using mentoring and storytelling to transfer knowledge in the workplace. J Manag Inf Syst 18(1):95–114

Winkelhaus S, Grosse E, Bauer M (2020) Digitale Verzahnung in variantenreicher Fertigung. Industrie 4:55–58

Betriebliche Anwendungsfälle für KI-basierten Wissenstransfer im Produktionsbereich des Forschungsprojekts KI_eeper

2

Nicole Ottersböck und Jannik Ternes

Zusammenfassung

Zwei kleine und mittlere Unternehmen sind Teil des KI_eeper-Projektkonsortiums. In und mit diesen beiden Unternehmen wurde die Entwicklung eines selbstlernenden, KI-basierten Assistenzsystems erprobt. In diesem Beitrag werden die beiden Unternehmen, ihre Motivation zur Mitwirkung am Projekt sowie die zwei betrieblichen Anwendungsfälle vorgestellt. Der Artikel schließt mit einem Ausblick auf weitere Anwendungsfälle in Betrieben, die sich für einen innerbetrieblichen Transfer der Technik eignen könnten.

2.1 Die Ennepetaler Schneid- und Mähtechnik GmbH und der Anwendungsfall Richtprozess

2.1.1 Das Unternehmen Ennepetaler Schneid- und Mähtechnik GmbH

Die Ennepetaler Schneid- und Mähtechnik GmbH (nachfolgend ESM) ist ein Hidden Champion auf dem Gebiet der Schneidemessertechnologie. ESM stellt 12 000 verschiedene Schneidewerkzeuge für die Landwirtschaft her. Die hochwertigen Schneidemesser sind beispielsweise in Mähdreschern zu finden. Der mittelständische Betrieb hat ca. 70

N. Ottersböck (✉)
ifaa, Düsseldorf, Deutschland
E-Mail: n.ottersboeck@ifaa-mail.de

J. Ternes
apra-norm Elektromechanik GmbH, Mehren, Deutschland
E-Mail: J.Ternes@apra-norm.de

N. Ottersböck et al. (Hrsg.), *Wissensmanagement mit Künstlicher Intelligenz*,
ifaa-Edition, https://doi.org/10.1007/978-3-662-71591-8_2

Beschäftigte. Ein Großteil der Arbeiten in der Produktion erfolgt in Handarbeit oder teilautomatisiert. Die einzigartigen und individuell an die Kundenbedürfnisse angepassten Schneidewerkzeuge werden weltweit in über 40 Ländern vertrieben.

Das Durchschnittsalter der Beschäftigten liegt aktuell bei 48 Jahren. In den kommenden Jahren wird ein großer Teil der erfahrenen Beschäftigten das Renteneintrittsalter erreichen und aus dem Betrieb ausscheiden. Wegen des Verlusts von Erfahrungsträgern geht dem Unternehmen essenzielles Know-how in allen Arbeitsbereichen und vor allem in der Fertigung verloren, wenn man dem Wissensverlust nicht frühzeitig entgegensteuert. Dies hat das Unternehmen dazu bewogen, am Forschungsprojekt KI_eeper mitzuwirken, um Mittel und Wege zu erforschen, wie das Wissen der Erfahrenen effizient und langfristig gesichert werden kann (Ottersböck et al. 2023a).

2.1.2 Der Anwendungsfall Richten von Flachstahl

Zusammen mit den Projektpartnern hat ESM einen Anwendungsfall für die Entwicklung und Pilotierung des KI-basierten Assistenzsystems in der Fertigung ausgewählt. Fokussiert wurde ein Arbeitsplatz, an dem Flachstahl durch manuelle Maschinenzuführung gerichtet wird. Nach einer Sichtprüfung positionieren Beschäftigte das bis zu 3 m lange Rohmaterial so, dass an ausgewählten Materialstellen eine hydraulische Presse mit voreingestelltem Druck zum Einsatz kommt. Sowohl die Auswahl der mit Druck zu beaufschlagenden Materialstellen als auch die spezifische Druckbelastung werden von Beschäftigten nach individueller Sichtprüfung eigenständig bestimmt. Zusätzlich beeinflussen Material, Abmaße und Form des Bauteils die Entscheidung des Experten. Das Fertigungsergebnis ist ein gerichteter Flachstahl mit einer maximalen Abweichung von 2 mm pro laufendem Meter (Abb. 2.1, Ottersböck et al. 2023a).

Die Tätigkeit des Richtens mit der hydraulischen Presse können nur wenige Beschäftigte bei ESM ausführen. Learning-by-Doing und mit der Hilfe erfahrener Beschäftigter in dem Bereich haben sie sich das Erfahrungswissen angeeignet, um diese Tätigkeit ausführen zu können. Die Einarbeitung in diesem Arbeitsbereich dauert in der Regel mehrere Monate bis zu einem Jahr – auch deswegen, weil es den erfahrenen Beschäftigten schwerfällt, die Handhabung zu erläutern. Sie haben die korrekte Ausführung „im Gefühl“. Sie wissen einfach, auf welche Stellen die Presse wie viel und wie oft Druck ausüben muss. Auch die Auswahlkriterien für die am besten geeignete Kante zum Richten sind den Erfahrenen nicht bewusst. Sie sehen, welche der beiden Kanten gut geeignet ist für einen effizienten Richtprozess. Zudem spüren sie den Rhythmus der Presse (Ottersböck et al. 2023a).

Ein Teil der erfahrenen Experten wird in den kommenden Jahren das Unternehmen verlassen. Ihr Wissen muss bis zum Renteneintritt gesichert und an neue Arbeitskräfte vermittelt werden. Jedoch ist es nicht einfach, Arbeitskräfte für diese Tätigkeit zu finden. Durch die zunehmenden Fachkräfteengpässe wird dies auch zukünftig immer schwerer

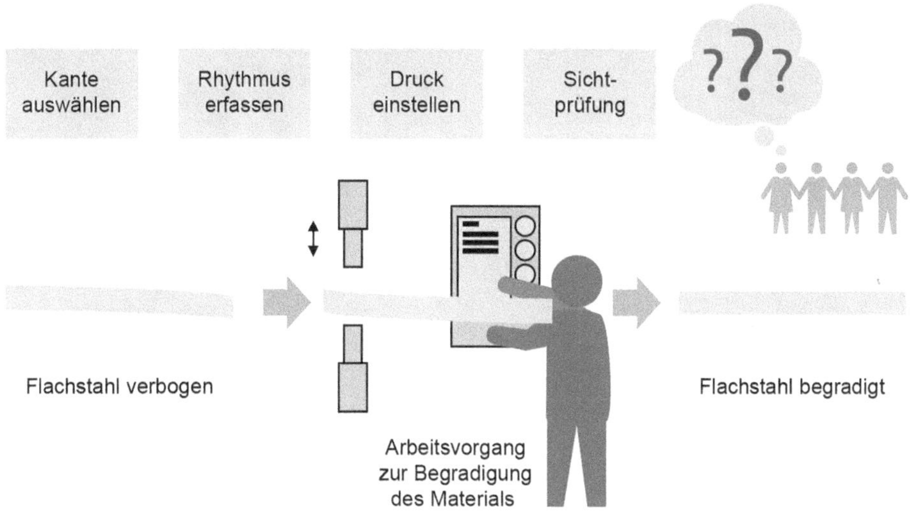

Abb. 2.1 Schematische Darstellung des Arbeitsvorgangs zur Begradigung von Flachstahl mit einer hydraulischen Presse (Ottersböck et al. 2023a, modifiziert)

werden, vermutet das Unternehmen. Die Belastung beim Richten von Flachstahl, insbesondere bei den sehr langen und schweren Balken, ist körperlich fordernd. Manche Balken wiegen bis zu 25 kg und sind bis zu 4 m lang. Das macht auch die Handhabung beim Richten schwierig. Die integrierten Hebevorrichtungen bieten Hilfestellung, führen jedoch auch dazu, dass die Bearbeitungszeiten der Balken verlängert werden. Neue Arbeitskräfte für diesem Arbeitsplatz zu gewinnen, gestaltet sich wegen der körperlichen Belastung und der Komplexität der Arbeit schwierig für den Betrieb (Ottersböck et al. 2023a). Ein KI-basiertes Assistenzsystem in diesem Arbeitsbereich könnte eine Erleichterung sein. Unerfahrene Beschäftigte könnten dann auch kurzfristig die Tätigkeiten übernehmen – ohne langwierige Einarbeitungszeiten von bis zu einem Jahr. Dies kann den derzeitigen Experten ermöglichen, auch in anderen Arbeitsbereichen tätig zu werden und somit einseitige Belastungen zu reduzieren.

2.2 Die Firma apra-norm Elektromechanik GmbH und der Anwendungsfall Oberflächentechnik

2.2.1 Das Unternehmen apra-norm Elektromechanik GmbH

Das Unternehmen apra-norm Elektromechanik GmbH (nachfolgend apra-norm) ist ein Teil der apra-gruppe. Der Standort von apra-norm befindet sich im ländlichen Mehren in der Vulkaneifel. Rund 275 Beschäftigte stellen hier Produkte vom Kleingehäuse über

Abb. 2.2 apra-norm Beispiele aus der Produktpalette. (Quelle: apra-norm Elektromechanik GmbH)

individuelle Industriegehäuse bis hin zur Schaltschrank- und Servertechnik her. Standardprodukte sind mit einem Produktionsvolumen unter 20 % mittlerweile die Minderheit. Über 80 % der Produkte, die von apra-norm gefertigt werden, sind kundenindividuelle Sonderlösungen. Daher verfügt das Unternehmen über eine sehr große Variantenvielfalt. Rund 5000 unterschiedliche Verkaufsartikel gibt es derzeit (Abb. 2.2) (Ottersböck et al. 2023b).

Auch bei apra-norm geht zukünftig ein großer Teil der Erfahrenen aus der Belegschaft in Rente. Dies bereitet dem Unternehmen Sorgen, denn die Variantenvielfalt sorgt für mehr Komplexität im Produktionsbereich und macht Erfahrungswissen umso notwendiger. Neben dem Verlust der erfahrenen Beschäftigten ist das Unternehmen auch von Arbeitskräfteengpässen betroffen, die durch die Lage im ländlichen Raum noch verstärkt werden. Das Wissen auf neue Arbeitskräfte zu übertragen, wird daher immer schwieriger. Die Aussicht, an eine effiziente technische Lösung für langfristigen Wissenstransfer zu gelangen, hat apra-norm dazu bewogen, beim Projekt KI_eeper mitzuwirken (Rusch et al. 2023; Ottersböck et. al 2023b).

Statement Stefan Meffert (technischer Geschäftsführer apra-norm Elektromechanik GmbH).

„Der Einsatz von Künstlicher Intelligenz in Industrieunternehmen birgt ein enormes Potenzial zur Effizienzsteigerung und Prozessoptimierung. Doch trotz des technologischen Fortschritts bleibt die Umsetzung oft hinter den Erwartungen zurück. Häufig fehlt es an einer umfassenden KI-Strategie und an einer klaren Vision für den tatsächlichen Mehrwert von KI-Innovationen. Zudem stellt die Komplexität der Einführung, einschließlich der Integration in bestehende Systeme und der Notwendigkeit, Mitarbeitende entsprechend zu schulen, eine erhebliche Herausforderung dar. Ohne klare Struktur und strategische Ausrichtung bleibt der Nutzen der KI begrenzt und verfehlt das transformative Potenzial, das sie verspricht."

2.2.2 Der Anwendungsfall Aufhängeprozess in der Oberflächentechnik

In der Oberflächentechnik (OFT) von apra-norm werden die fertigen Gehäuseteile lackiert. Auf rund 260 Laufwagen pro Tag im 2:20 Minutentakt werden die verschiedensten Verkaufsartikel bearbeitet (Abb. 2.3). Die Oberflächenbehandlung ist dabei ein mehrstufiger Prozess. In den drei Hauptstationen werden die Gehäuseteile aufgehängt (Station 1), lackiert (Station 2) und einer Qualitätskontrolle (Station 3) unterzogen. Vor- und nachgelagert sowie dazwischen gibt es noch weitere Arbeitsschritte wie etwa Abklebe- oder Spülvorgänge, die je nach Produktvariante unterschiedlich zu handhaben sind (Abb. 2.4). Die einzelnen Stationen sind über eine SPS-Förderanlage (speicherprogrammierte Steuerung) miteinander verbunden, die eine individuelle Arbeitsfolge für unterschiedliche Bauteile ermöglicht (Rusch et al. 2023; Ottersböck et al. 2023b).

Der Demonstrator des KI-basierten Assistenzsystems wurde in der Aufnahmestation der OFT entwickelt und pilotiert. Die Aufnahmestation ist die erste Station im OFT-Prozess. Die Station wurde ausgewählt, da die Arbeit hier maßgeblich über die Qualität der Produkte und die Effizienz der Anlage entscheidet. Passend zu den KI_eeper-Projektzielen, ist dies auch die Station, an der am meisten Erfahrungswissen für eine erfolgreiche Ausführung der Tätigkeiten benötigt wird. Aufgrund der gestiegenen Variantenvielfalt ist die Komplexität der Tätigkeiten in den vergangenen Jahren gestiegen, was bei den Beschäftigten zu Unsicherheiten in der Ausführung führt. Belastungen und ein erhöhtes Stressempfinden haben deshalb zugenommen (Rusch et al. 2023; Ottersböck et al. 2023b).

Die Arbeit in der Aufnahmestation kann wie folgt beschrieben werden: In jeder Schicht arbeiten zwei Beschäftigte an dieser Station. Zu bearbeitende Artikel werden

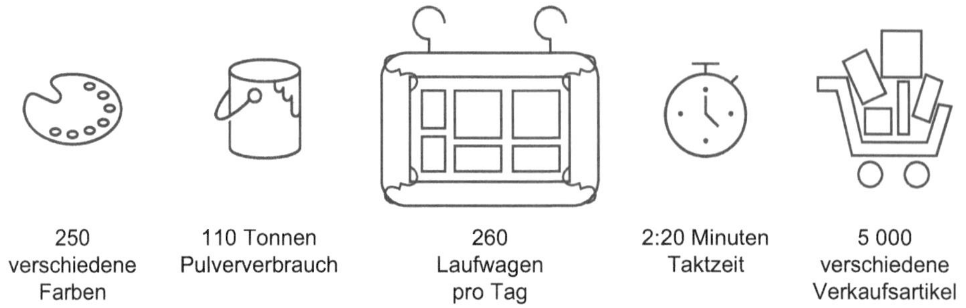

Abb. 2.3 Die Oberflächentechnik in Zahlen, Stand: Geschäftsjahr 2023 (apra-norm Elektromechanik GmbH 2023)

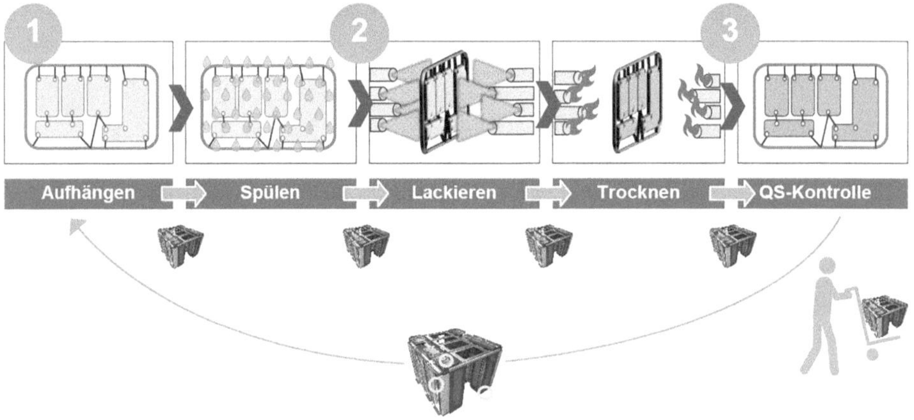

Abb. 2.4 Darstellung der Arbeitsprozesse in der gesamten Oberflächentechnik der Firma apra-norm (Ottersböck et al. 2023c, modifiziert)

von den Beschäftigten auf Förderwagen der Anlage gehängt und im Anschluss über die Maschinensteuerung der Förderanlage zu den nachfolgenden Stationen geschickt. Um die Tätigkeiten korrekt auszuführen, ist in dieser Station viel Erfahrung notwendig. Zwei bis drei Jahre dauert es ungefähr, bis ein Beschäftigter genügend Erfahrung hat, um selbstständig und ohne Unterstützung der Bereichsleitung arbeiten zu können. Die Beschäftigten müssen beispielsweise wissen, wie die 2600 unterschiedlichen Einzelteile auf die Wagen gehängt werden müssen. Dabei ist zu berücksichtigen, welche Haken und Traversen passend sind, ob Artikel abgesteckt oder abgeklebt werden müssen und ob es notwendig ist, diese in schrägen Lagen zu positionieren, damit das Wasser vom Spülvorgang abfließen kann. Darüber hinaus gilt es zu wissen, wie viele Artikel von welcher Sorte auf den Wagen platziert werden können, um eine effiziente Auslastung des ressourcenintensiven Gasofens zu gewährleisten. Eine wesentliche Rolle bei der Ressourceneffizienz spielt die Kombination unterschiedlicher Artikel auf den Wagen und die Wagenreihenfolge. Dies wird auch als Routenplanung bezeichnet. Diese Routenplanung ist aufgrund der Variantenvielfalt und der vielen weiteren Einflussparameter (wie etwa die Einbrenntemperatur, die Lackierdauer der einzelnen Artikel usw.) sehr komplex. Nur wenige erfahrene Beschäftigte wissen, wie die optimale Routenplanung funktioniert. Des Weiteren muss die Farbreihenfolge berücksichtigt werden. 260 verschiedene Farben erhöhen die Komplexität, denn Farbreste dunkler Farben in den Pulverkabinen könne die Oberflächen von hell lackierten Teilen verunreinigen. Eine ungenügende Qualität ist die Folge und die Artikel müssen aufwendig nachbearbeitet oder gar aus der Wertschöpfungskette herausgenommen werden (Rusch et al. 2023; Ottersböck et al. 2023b, c).

Die Auslastung der gesamten Anlage ist damit abhängig von der Arbeit der Beschäftigten in der Aufnahmestation. Erfahrene Beschäftigte kennen die relevanten Einflusskriterien und sind durch ihr umfangreiches Erfahrungswissen in der Lage, für eine gute Qualität und effiziente Auslastung zu sorgen. Das Ziel von KI_eeper war es, dieses Wissen zu identifizieren, langfristig und regelmäßig zu sichern und allen Beschäftigten der Station zugänglich zu machen (Ottersböck und Rusch 2022).

Beim Aufhängen der einzelnen Bauteile in entsprechende Rahmen werden auch Löcher bzw. Flächen abgeklebt, die nicht beschichtet werden sollen. Dieser Schritt kann sowohl direkt an einem Wagen durchgeführt werden als auch an einem extra dafür eingerichteten Arbeitsplatz. An letzterem werden vor allem komplexe Gehäuse o. Ä. bearbeitet, die deutlich mehr Zeit in Anspruch nehmen als die zur Verfügung stehende Taktzeit von 2:20 min, in der die unterschiedlichen Wagen nacheinander in die Prozessfolge geschickt werden. Die aufgehängten Teile werden in der Reinigung mit Wasser von allen Verunreinigungen befreit, und es findet zusätzlich eine Lackiervorbereitung zur Optimierung der Lackhaftung statt. Ob die gereinigten Bauteile den Anforderungen entsprechen, wird in einer Zwischenkontrolle vor dem Beschichten überprüft. Anforderung ist hier ein trockenes und fettfreies Bauteil. Sollten weiterhin Unreinheiten auf der Oberfläche festzustellen sein, wird der Wagen erneut in die Reinigung umgeleitet. Bei dem sich anschließenden „Pulvern" werden auf den Bauteiloberflächen Farbpigmente in Pulverform aufgetragen (Abb. 2.5) (Rusch et al. 2023; Ottersböck et al. 2023b, c).

Dies kann automatisiert, teilautomatisiert oder manuell erfolgen. Die Auswahl des Applikationsverfahrens ist dabei abhängig von der Losgröße, der Bauteilgeometrie und dem Pulverbedarf. So müssen nicht durch den Roboter zu erreichende Stellen wie innenliegende Flächen oder Hinterschnitte manuell gepulvert oder nachgepulvert werden.

Nachdem das Pulver gleichmäßig aufgetragen wurde, muss dieses in die Oberfläche eingebrannt werden. Dafür werden die einzelnen Wagen durch einen Ofen befördert. In dem energieaufwendigen Prozess erfolgt die Polymerisation (das Verschmelzen) der Pulverpartikel zu einer homogenen Lackoberfläche. In der sich anschließenden Qualitätskontrolle werden die fertigen Bauteile erneut einer Sichtprüfung unterzogen und

Abb. 2.5 Pulverbeschichtung in der Lackieranlage der Oberflächentechnik der Firma apra-norm (apra-norm Elektromechanik GmbH 2024)

vom Rahmen abgehangen. Sollten hier Mängel auffallen, können die betroffenen Wagen gegebenenfalls erneut zur Nacharbeit umgeleitet werden.

Neben der Aufhängstation, die am meisten Einfluss auf die Qualität und die Auslastung der Anlage hat, gibt es zahlreiche weitere Einflussparameter, die sich negativ auf den Gesamtprozess auswirken können, so z. B. die Umgebungstemperatur oder die Temperatur im Ofen. Auch die Arbeiten in den nachfolgenden Stationen sind von entscheidender Bedeutung. Einflussfaktoren sind hier nicht nur die eigentlichen Prozesszeiten, sondern auch die Arbeitsergonomie, der Pulververbrauch, die Lackschichtdicke und die Bauteiltemperaturen. Diese Parameter werden sowohl durch die Tätigkeiten der Mitarbeitenden als auch durch die Maschinensteuerung gesteuert und modifiziert. Diese Parameter werden im aktuellen System noch nicht berücksichtigt. Geplant ist jedoch der Transfer des Systems auf die Lackierstation und die Qualitätskontrolle der OFT, damit der Prozess Schritt für Schritt und langfristig optimiert werden kann und das Wissen des gesamten Teams der OFT aus allen Stationen einfließt.

Statement Jannik Ternes (Projektleiter apra-norm Elektromechanik GmbH).

„Die Oberflächentechnik steht im Zuge der fortschreitenden Produktindividualisierung vor einer zunehmenden Komplexität, bedingt durch eine hohe Variantenvielfalt und eine gleichzeitige Reduktion der Losgrößen. Dies erfordert ein tiefgehendes

Prozesswissen und stellt hohe Anforderungen an die Steuerung und Qualitätssicherung. Ein Assistenzsystem zur Unterstützung der Mitarbeitenden ist seit Jahren geplant, scheiterte jedoch bislang an administrativen Hürden. Zukünftig soll Künstliche Intelligenz diese Barrieren überwinden, indem sie datenbasierte Entscheidungsprozesse optimiert, die Komplexität beherrschbar macht und die Effizienz sowie Prozesssicherheit steigert."

2.3 Fazit und Ausblick

In beiden Anwenderunternehmen im Projekt KI_eeper standen verschiedene Anwendungsfälle zur Auswahl. Die beiden hier beschriebenen Anwendungsfälle wurden ausgesucht, weil besonders in diesen Arbeitsbereichen zukünftig vermehrt erfahrene Beschäftigte die Unternehmen verlassen werden. Obwohl es sich um Basistätigkeiten handelt, für die nicht unbedingt eine Ausbildung erforderlich ist, sind die Einarbeitungszeiten lang. Da die steigende Variantenvielfalt zu mehr Komplexität führt, kann es unter Umständen zwei bis drei Jahre dauern, bis Mitarbeitende bei apra-norm die Bearbeitung aller Artikel beherrschen. Auch beim Richtprozess der Firma ESM ist eine lange Einarbeitungsphase von mindestens sieben Monaten erforderlich. Bislang arbeiten die erfahrenen Beschäftigten immer die neuen Beschäftigten durch Mentoringverfahren ein. Doch es stehen nur wenige Informationsmaterialien mit Hinweisen zur Ausübung der Tätigkeiten zur Verfügung. Wenn erfahrene Beschäftigte in diesen Arbeitsbereichen ausfallen, hat dies negative Auswirkungen auf den gesamten Wertschöpfungsprozess. Assistenzsysteme, wie sie in KI_eeper exemplarisch entwickelt wurden, können so zukünftig helfen, Arbeitskräfte schneller einzuarbeiten und Ausfällen entgegenwirken. Zudem können sie erfahrene Arbeitskräfte durch Hilfestellungen im Arbeitsprozess entlasten.

Literatur

Ottersböck N, Prange C, Dander H, Ochterbeck J, Peters S (2023a) Flexibler Arbeitskräfteeinsatz durch KI-basierten Wissenstransfer. In: ifaa – Institut für angewandte Arbeitswissenschaft (Hrsg) Werkwandel – Zeitschrift für angewandte Arbeitswissenschaft 1/23:40–43

Ottersböck N, Prange C, Dander H, Rusch T (2023b) Babyboomer weg, Wissen weg – Partizipative Entwicklung eines KI-basierten Assistenzsystems zur Erfassung und Sicherung erfahrungsbasierten Wissens in der Produktion. In: Gesellschaft für Arbeitswissenschaft (Hrsg) Bericht zum 69. Arbeitswissenschaftlichen Kongress. Vom 01–03. März 2023. Nachhaltig Arbeiten und Lernen – Analyse und Gestaltung lernförderlicher und nachhaltiger Arbeitssysteme und Arbeits- und Lernprozesse (Beitrag B 1.5). GfA Press, Sankt Augustin

Ottersböck N, Prange C, Rusch T, Dander H (2023c) Entlastung von Beschäftigten In komplexen Produktionsumgebungen durch informatorische, KI-basierte Assistenztechnologien – Erfahrungswissen ermitteln, erhalten, transferieren und Prozesse optimieren. AI:MAG – The World of Tomorrow 1/2023:27–28

Ottersböck N, Rusch T (2022) Babyboomer weg – Wissen weg. In: ifaa – Institut für angewandte Arbeitswissenschaft (Hrsg) Werkwandel – Zeitschrift für angewandte Arbeitswissenschaft 3/22:28–32

Rusch T, Ottersböck N, Ternes J (2023) Partizipative Prozessaufnahme als Grundlage eines KI-basierten Assistenzsystems für den Wissenstransfer im Produktionsbetrieb. In: Gesellschaft für Arbeitswissenschaft (Hrsg) GfA Frühjahrskongress 2023, Hannover. Nachhaltig Arbeiten und Lernen – Analyse und Gestaltung lernförderlicher und nachhaltiger Arbeitssysteme und Arbeits- und Lernprozesse (Beitrag C 6.18). GfA-Press, Sankt Augustin

3 Technische Umsetzung des Forschungsvorhabens KI_eeper

Holger Dander, Christian Prange und Adrian Discher

Zusammenfassung

Das Forschungsvorhaben KI_eeper widmet sich der Entwicklung und Implementierung intelligenter Assistenzsysteme in industriellen Produktionsumgebungen zur Sicherung des impliziten Erfahrungswissens von Mitarbeitenden. Der vorliegende Buchbeitrag beleuchtet die technische Realisierung dieser Systeme anhand zweier exemplarischer Anwendungsfälle: das manuelle Richten von Balken an einer Eckoldpresse bei der Fa. ESM und die Oberflächentechnik (OFT) bei der Firma apra-norm. Im Kontext des Anwendungsfalls ESM wird die Konzeption und der Aufbau eines cyber-physischen Systems zur Unterstützung des Richtprozesses detailliert beschrieben. Dies umfasst die Auswahl und Integration geeigneter Scannertechnologien zur präzisen Erfassung der Bauteilgeometrie, die Evaluierung von Methoden zur Bestimmung der manuellen Krafteinwirkungspunkte des Bedieners sowie die technische Umsetzung der Datenerfassung und -verarbeitung. Ein besonderes Augenmerk liegt dabei auf der Entwicklung einer Software zur Visualisierung der Bauteilverbiegungen, um den Richtprozess transparenter und effizienter zu gestalten. Der Anwendungsfall apra-norm fokussiert auf die Optimierung der komplexen Abläufe in einer Oberflächentechnik-Anlage. Hierzu wird die Entwicklung eines Reihenfolgenmoduls zur automatisierten Planung der Arbeitsaufträge dargestellt. Dieses Modul berücksichtigt eine Vielzahl von Einflussfaktoren, darunter die Farbe der Aufträge, die Auslastung der Stationen, die Komplexität

H. Dander (✉) · C. Prange
Hochschule Niederrhein (HSNR), Krefeld, Deutschland
E-Mail: holger.dander@hs-niederrhein.de

A. Discher
Consipio Software Engineering GmbH, Heilbronn, Deutschland
E-Mail: adrian.discher@consipio.de

N. Ottersböck et al. (Hrsg.), *Wissensmanagement mit Künstlicher Intelligenz*,
ifaa-Edition, https://doi.org/10.1007/978-3-662-71591-8_3

der Bauteile und die Verfügbarkeit von Ressourcen. Des Weiteren wird die Konzeption und Implementierung einer flexiblen Softwarearchitektur zur Erfassung und Verarbeitung von Erfahrungswissen der Mitarbeitenden erläutert. Diese Architektur ermöglicht die Abbildung von Produktionsprozessen in Form von konfigurierbaren Abläufen und Aktionen und dient als Grundlage für die perspektivische Integration von KI-basierten Assistenzfunktionen. Im Rahmen des Forschungsvorhabens wurden grundlegende Untersuchungen zu Lernszenarien der KI, Klassifikations- und Regressionsverfahren sowie zu Problematiken beim Training neuronaler Netze (Overfitting) durchgeführt. Diese theoretischen Grundlagen bilden die Basis für die Entwicklung der Assistenzsysteme in den beiden Anwendungsfällen. Der Buchbeitrag schließt mit einer zusammenfassenden Betrachtung der erzielten Ergebnisse. Dabei wird insbesondere die Bedeutung der engen Zusammenarbeit mit den Industriepartnern und der kontinuierlichen Validierung der entwickelten Lösungen in realen Produktionsumgebungen hervorgehoben.

3.1 Einführung

Die Entwicklung eines KI-basierten Systems zur Erfassung, Verarbeitung und Bereitstellung impliziten Erfahrungswissens als Unterstützung für unerfahrene Werkerinnen und Werker erfordert die sukzessive Realisierung definierter Entwicklungsstufen. Diese werden in Abschn. 3.4 zusammenfassend dargestellt und in den nachfolgenden Unterkapiteln sowohl allgemein als auch anhand der Fallbeispiele des Projektes KI_eeper detailliert und anschaulich erörtert.

Ausgehend von der initialen Konzeption eines Systems zur Akquisition, KI-gestützten Analyse und Transformation impliziten Wissens in explizites, zugängliches Wissen für unerfahrene Mitarbeiterinnen und Mitarbeiter, konstituieren sich mehrere Bearbeitungsschwerpunkte. Folglich werden die nachstehenden Inhalte einer eingehenden Betrachtung unterzogen, wobei sowohl spezifische Anwendungsfälle als auch allgemeingültige Darstellungen inklusive Handlungsempfehlungen Berücksichtigung finden:

- Die fundamentale Methodik zur Erstellung eines Lösungskonzeptes für die jeweiligen Anwendungsfälle.
- Die detaillierte Konzeption einschließlich der relevanten Technologien und Komponenten.
- Die Generierung eines cyberphysischen Systems zur Datenerfassung auf Basis der Detailkonzeption.

Der Aufbau eines Assistenzsystems zur Rückführung der verarbeiteten Daten und Erkenntnisse an die Beschäftigten.

Vor der eigentlichen Darlegung der methodischen Vorgehensweise und technischen Realisierung dieses Projektes erfolgt eine fundierte, jedoch zugängliche Einführung in die Grundlagen der Künstlichen Intelligenz. Anschließend werden die beiden vorliegenden Anwendungsfälle differenziert betrachtet und die zuvor genannten Inhalte detailliert thematisiert.

Das erste Unterkapitel zur Umsetzung präsentiert und diskutiert die übergeordneten Konzepte zur Realisierung der technischen Lösungen. Hierbei wird prägnant die Unterscheidung zwischen explizitem und implizitem Wissen der Mitarbeitenden in den Anwendungsfällen herausgestellt. Ferner werden verschiedene Instrumente vorgestellt, die bei der Ausarbeitung eines solchen Konzeptes dienlich sein können oder bereits die nachfolgende Implementierung unterstützen, wie beispielsweise UML-Methoden zur Optimierung der Kommunikation zwischen Entwicklerinnen und Entwicklern und Anwenderinnen und Anwendern.

Für die erfolgreiche Implementierung der Konzepte ist die Erfassung notwendiger Daten und deren Bereitstellung für die Künstliche Intelligenz unerlässlich. Folglich bedarf das Konzept und die Auswahl geeigneter Hardware zur Akquisition relevanter Informationen aus dem Wissen der Mitarbeitenden einer eingehenden Analyse. Das zweite Unterkapitel widmet sich somit explizit der Detailkonzipierung sowie der Präsentation verschiedener technischer Hardwareoptionen, die für die Realisierung des Systems in Betracht gezogen werden können.

Das darauffolgende Kapitel fokussiert die initiale Installation der zuvor beschriebenen technischen Komponenten. Die Methodik zur Integration der verschiedenen Sensortechnologien wird detailliert erörtert. Weiterhin wird die erste Softwarelösung zur Datenerfassung vorgestellt. Ein wesentlicher Aspekt bei der Einrichtung dieser Technologien ist die Bewältigung potenzieller Fehler. Daher werden auch die Problembehebung und Optimierung der Erstinstallation eingehend behandelt.

Abschließend werden die technischen Realisierungen der Assistenzsysteme präsentiert, welche die durch die Künstliche Intelligenz gewonnenen Informationen den Mitarbeitenden auf verständliche Weise zugänglich machen. Die Implementierung der Assistenzsysteme in den betrieblichen Kontext wird vorgestellt und ein kurzer Einblick in mögliche Optimierungsprozesse diskutiert.

3.2 Grundlagen Künstliche Intelligenz

Die Künstliche Intelligenz (KI) konstituiert ein avanciertes Feld der Informatik, welches sich der Entwicklung von Algorithmen widmet, die die Fähigkeit besitzen, Aufgaben zu bewältigen, deren Ausführung traditionell der kognitiven Leistungsfähigkeit des Menschen vorbehalten war. Hierzu gehören insbesondere das Lernen aus Erfahrung, die Verarbeitung und das Verständnis natürlicher Sprache, die visuelle Objekterkennung sowie das Treffen autonomer Entscheidungen. Folglich inkludieren Anwendungen, die bereits ubiquitär im Alltag anzutreffen sind – wie etwa Empfehlungssysteme im elektronischen Handel, Filtermechanismen zur Eliminierung unerwünschter elektronischer Nachrichten oder satellitengestützte Navigationssysteme – genuine Ausprägungen der KI. Die gegenwärtig vorherrschenden KI-Systeme firmieren als sogenannte „schwache" oder „enge" KI, deren Entwicklung auf spezifische Aufgabenbereiche abzielt und die in der Bearbeitung dieser Aufgaben die menschliche Leistungsfähigkeit bereits signifikant übertreffen können (man denke beispielsweise an das strategische Brettspiel Schach oder die präzise Routenplanung). Im Gegensatz hierzu verbleibt die Konzeption einer „starken" oder „generellen" KI, welche als universelle Problemlösungsmaschine in nahezu allen kognitiven Domänen die menschliche Intelligenz übersteigen würde, gegenwärtig im Stadium theoretischer Überlegungen.

Der Terminus „Maschinelles Lernen" (ML) wird in der öffentlichen Diskussion oftmals synonym zur „Künstlichen Intelligenz" verwendet, obgleich er lediglich ein Subsegment derselben darstellt. Das Maschinelle Lernen fokussiert auf die Entwicklung von Systemen, die es Computern ermöglichen, autonom aus Daten zu lernen und auf dieser Basis Prognosen zu erstellen oder Entscheidungen zu treffen, ohne dass hierfür eine explizite Programmierung erforderlich ist. Ein ML-Modell wird zumeist spezifisch für den jeweiligen Anwendungsfall konzipiert und orientiert sich beispielsweise an der Komplexität oder dem Typus der zu verarbeitenden Daten (tabellarische Daten, Bilddaten etc.) (Sonnet 2022).

Das „Deep Learning" (DL) wiederum bildet ein Subfeld des Maschinellen Lernens, bei dem Algorithmen und Verarbeitungseinheiten in einer tief gestaffelten Struktur sequenziell miteinander verbunden werden. Hierdurch entstehen komplexe Architekturen, die in der Lage sind, intrikate Korrelationen in hochdimensionalen Datensätzen zu erkennen, deren Analyse durch menschliche Kognition kaum mehr nachvollziehbar ist (Sonnet 2022). Die Struktur solcher DL-Netzwerke weist Analogien zur Organisation biologischer Gehirne auf und wird daher auch als künstliches neuronales Netz bezeichnet (Aggarwal 2023). Die gegenwärtigen technologischen Kapazitäten ermöglichen die Realisierung hochkomplexer Netzwerke dieser Art, welche die Grundlage für fortschrittliche Systeme wie beispielsweise ChatGPT bilden.

Resümierend lässt sich konstatieren, dass der gegenwärtig im allgemeinen Sprachgebrauch präsente Begriff der KI-Systeme beschreibt, die Aufgaben erfüllen können, welche traditionell der kognitiven Domäne des Menschen zugeordnet waren. Das Teilgebiet des Maschinellen Lernens innerhalb der KI umfasst Modelle, die autonom aus Daten lernen, um ihre Performanz zu optimieren oder präzise Vorhersagen zu treffen. Das Deep Learning schließlich konstituiert ein Subsegment des Maschinellen Lernens, bei dem komplexe Modelle trainiert werden, die zumeist künstliche neuronale Netze nutzen, deren Architektur sich an der Struktur des menschlichen Gehirns orientiert (Abb. 3.1).

Um einem Modell des Maschinellen Lernens (in Analogie auch einem Deep-Learning-Modell) die Fähigkeit zu akkuraten Prognosen zu verleihen, ist ein sogenannter Trainingsprozess unerlässlich. Dieser Prozess beinhaltet die Zufuhr eines spezifischen Datensatzes

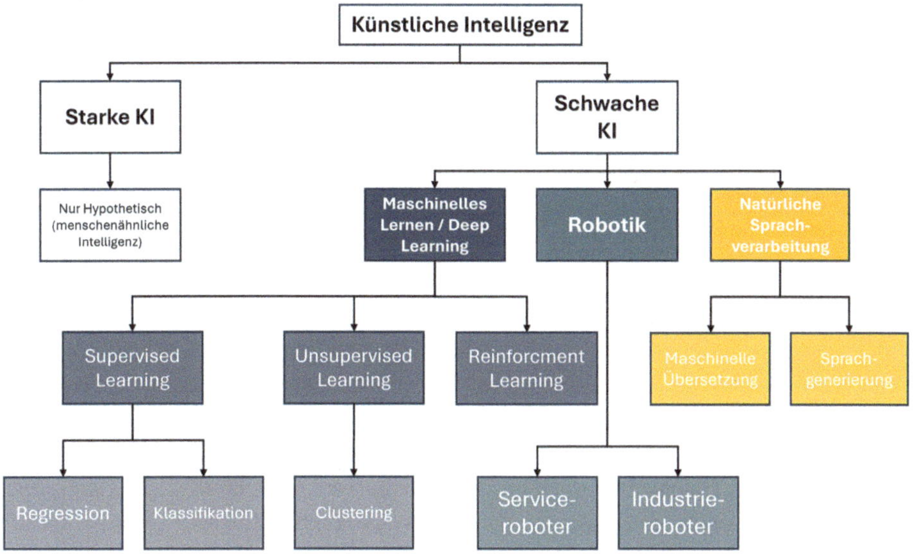

Abb. 3.1 Übersicht zur Einordnung Künstlicher Intelligenz (KI)

an das Modell sowie die sukzessive Optimierung seiner Parameter mit dem Ziel der Minimierung der Fehlerrate. Analog zur Einarbeitung einer Fachkraft in einem Produktionsbetrieb wird das Modell während des Trainingsprozesses auf eine singuläre Anwendung hin trainiert. Werden beispielsweise Daten zum Zweck der Diskriminierung zwischen Hunde- und Katzenbildern eingespeist, ist das daraufhin trainierte KI-System nicht in der Lage, ein Pinguinbild adäquat zu klassifizieren. In ähnlicher Weise ist eine Person, die in der Bedienung einer Fräsmaschine in der Fertigung instruiert wurde, nicht automatisch befähigt, eine Schweißanlage zu bedienen. In beiden angeführten Szenarien wäre sowohl für das KI-System als auch für die Arbeitskraft ein erneuter Trainingsprozess erforderlich, um die jeweils neue Aufgabe erfolgreich zu bewältigen.

3.2.1 Lernszenarien

Im Bereich des Maschinellen Lernens existieren verschiedene Lernszenarien, welche die Art und Weise beschreiben, wie ein ML-Modell Daten verarbeitet und daraus Erkenntnisse gewinnt. Die bedeutendsten dieser Szenarien sind das Supervised Learning (überwachtes Lernen), das Unsupervised Learning (unüberwachtes Lernen) und das Reinforcement Learning (verstärkendes Lernen).

Beim Supervised Learning (überwachtes Lernen) werden Modelle unter Zuhilfenahme von annotierten Trainingsdaten trainiert. Dies impliziert, dass für jeden Datensatz die gewünschte, also die korrekte Ausgabe des Modells bekannt ist. Ein Beispiel hierfür wäre eine umfangreiche Sammlung von Bildern, die sowohl Hunde als auch Katzen darstellen, wobei jedes Bild eineindeutig als „Hund“ oder „Katze“ klassifiziert ist. Während des Trainingsprozesses wird dem Modell wiederholt ein Bild präsentiert. Sollte das Modell eine fehlerhafte Klassifizierung vornehmen, werden die internen Parameter des Modells entsprechend justiert. Auf diese Weise erlernt das Modell, die distinktiven Merkmale einer Katze und eines Hundes zu identifizieren. Es extrahiert die relevanten Eigenschaften (Features) und ist somit in der Lage, auf neuen, während des Trainings nicht verwendeten Bildern zu differenzieren, ob diese eine Katze oder einen Hund abbilden (Mohri et al. 2018).

Im Gegensatz dazu basiert das Unsupervised Learning (unüberwachtes Lernen) auf dem Training eines Modells mit nicht-annotierten Daten, mit dem Ziel, dass es selbstständig Muster und inhärente Strukturen in den Daten erkennt. Typische Methoden umfassen beispielsweise Clustering-Algorithmen zur Gruppierung ähnlicher Datenpunkte. Unüberwachtes Lernen findet Anwendung in der explorativen Datenanalyse, der Mustererkennung sowie der Datenvorverarbeitung. Eine Herausforderung besteht in der sinnvollen Interpretation der detektierten Muster, da keine vordefinierten Labels existieren, um die Qualität der Ergebnisse zu evaluieren. Im Kontext der zuvor erwähnten Katzen- und Hundebilder könnte das Modell beispielsweise eigenständig die Bilder aufgrund von Ähnlichkeiten in zwei Kategorien einteilen, ohne jedoch den Kategorien die semantischen Konzepte „Katze“ und „Hund“ zuordnen zu können (Mohri et al. 2018).

Das Lernszenario des Reinforcement Learning (verstärkendes Lernen) befähigt einen Agenten oder eine Agentin, optimale Entscheidungsstrategien durch Interaktion mit seiner oder ihrer Umgebung zu entwickeln, wobei Feedback in Form von Belohnungen oder Strafen erfolgt. Anders als bei überwachten Lernmethoden, die auf gelabelten Daten basieren, lernt der Agent hier durch Versuch und Irrtum sowie die resultierenden Konsequenzen. Der Lernprozess umfasst die folgenden zentralen Aspekte:

- Agent: Die lernende Einheit, die Entscheidungen trifft und Aktionen ausführt.
- Umgebung: Der Kontext oder das System, innerhalb dessen der Agent operiert und Feedback erhält.
- Belohnung: Ein numerisches Signal, das die Qualität der ausgeführten Aktion bewertet.
- Strategie (Policy): Eine Richtlinie, die definiert, welche Aktion der Agent in einem spezifischen Zustand wählen sollte.

Der Agent oder die Agentin adaptiert seine oder ihre Strategie kontinuierlich, um die erhaltenen Belohnungen basierend auf den Rückmeldungen aus der Umgebung zu maximieren. Verstärkendes Lernen erweist sich insbesondere in Szenarien als effektiv, die komplexe Entscheidungsfindungsprozesse erfordern, bei denen zwar das Ziel bekannt ist, die spezifischen Aktionen zur Zielerreichung jedoch nicht unmittelbar evident sind. Typische Anwendungsfelder umfassen Spiele wie Schach und Go, autonome Fahrzeuge sowie robotergestützte Systeme. Beispielsweise ist bei einem selbstfahrenden Automobil das Ziel klar definiert: „Fahre zum Zielort und verursache keinen Unfall“. Die konkrete Realisierung dieses Ziels und die dafür notwendigen Aktionen sind jedoch deutlich komplexer. Um ein solches Ziel zu erreichen, erlernt ein Agent im Rahmen des Reinforcement Learnings eine spezifische Handlungsstrategie (Policy) (Sutton und Barto 2020).

3.2.2 Klassifikation/Regression

Während die Lernszenarien im Maschinellen Lernen primär die Frage beantworten, *wie* ein Modell lernt, fokussiert das Lernziel darauf, *was* im Lernprozess akquiriert werden soll. Die beiden prominentesten und insbesondere im Kontext des Supervised Learning häufig angewandten Lernziele sind die Klassifikation und die Regression. Der fundamentale Unterschied zwischen diesen beiden liegt in der Natur der Modellausgabe: Bei der Klassifikation resultiert die Ausgabe in einer kategoriellen Zuordnung, wohingegen die Regression eine numerische Vorhersage generiert (Mohri et al. 2018).

Das bereits zur Illustration des Supervised Learning herangezogene Beispiel der Hunde- und Katzenklassifikation dient exzellent zur Veranschaulichung des Lernziels der Klassifikation. Hierbei besteht die Aufgabe darin, zwischen zwei distinkten Kategorien zu diskriminieren und jede eingehende Instanz präzise einer dieser Kategorien zuzuordnen.

Im Kontrast hierzu könnte die Prognose eines Aktienkurses als paradigmatisches Beispiel für eine Regressionsaufgabe dienen. Die Trainingsdaten in einem solchen Szenario würden die historische Entwicklung verschiedener Aktien umfassen. Die Eingabe könnte beispielsweise die Kursentwicklung einer spezifischen Aktie über die vergangenen drei Jahre darstellen, während die intendierte Ausgabe die Vorhersage des zukünftigen Aktienkurses wäre.

3.2.3 Blackbox/Whitebox/XAI

Im Bereich des Maschinellen Lernens lässt sich eine fundamentale Unterscheidung zwischen sogenannten Blackbox- und Whitebox-Modellen treffen. Viele der gegenwärtigen KI-Systeme verwenden künstliche neuronale Netze, deren Architektur sich lose an der Struktur des biologischen Gehirns orientiert und deren Funktionsweise – ähnlich dem Gehirn selbst – eine hohe Komplexität aufweist. Bei solchen Netzwerken sind zwar die Eingaben (beispielsweise ein Bild einer Katze) und die resultierenden Ausgaben („Dies ist eine Katze“) bekannt, der kaskadenartige Prozess, der zu diesem Resultat führt, ist jedoch nicht unmittelbar nachvollziehbar. Daher spricht man in diesem Kontext von einer Blackbox, da die internen Verarbeitungsschritte im Verborgenen liegen und einer direkten, transparenten Erklärung schwer zugänglich sind.

Im Gegensatz dazu zeichnen sich Whitebox-Modelle durch eine klare und nachvollziehbare Entscheidungsfindung aus. Ein illustratives Beispiel hierfür könnte die

Verwendung eines Entscheidungsbaums zur Unterscheidung zwischen Katzen und Hunden sein. Ein solcher Baum würde basierend auf einer Sequenz klar definierter und verständlicher Entscheidungen ein eingegebenes Bild als Hund oder Katze klassifizieren. Eine Entscheidungsregel zur Unterscheidung könnte beispielsweise die Frage sein, ob das abgebildete Tier spitze Ohren besitzt. Hier kann eine Person oder ein Individuum unmittelbar nachvollziehen, warum eine Katze als Katze identifiziert wird. Allerdings müssen bei der Konstruktion eines solchen Entscheidungsbaums die relevanten Unterscheidungskriterien im Vorfeld durch menschliches Fachwissen festgelegt werden. Im Vergleich hierzu liegt ein signifikanter Vorteil neuronaler Netze als Blackbox darin, dass die relevanten Merkmale und deren Gewichtung automatisiert im Trainingsprozess erlernt werden (Abb. 3.2).

Ein weiteres bedeutendes Forschungsfeld stellt die „Erklärbare Künstliche Intelligenz" (Explainable Artificial Intelligence – XAI) dar. Dieses umfasst diverse methodische Ansätze, um die Entscheidungen von KI-Systemen transparent und nachvollziehbar zu gestalten. Auf diese Weise sollen Einblicke in die Blackbox künstlicher neuronaler Netzwerke ermöglicht werden (Barredo Arrieta et al. 2020).

Ein gängiges Verfahren in diesem Bereich ist beispielsweise die Visualisierung derjenigen Bildeigenschaften, die maßgeblich zur Entscheidungsfindung eines Modells beitragen. Mittels verschiedener Methoden können dabei die relevanten Areale des Bildes hervorgehoben werden, welche die Klassifizierung durch das Modell beeinflusst haben. Im Kontext des Hunde-/Katzen-Beispiels könnte somit visualisiert werden, anhand welcher spezifischen Merkmale das Modell die Tiere differenziert: sind es die Form der Ohren, die Beschaffenheit des Fells oder die Gestalt des Schwanzes?

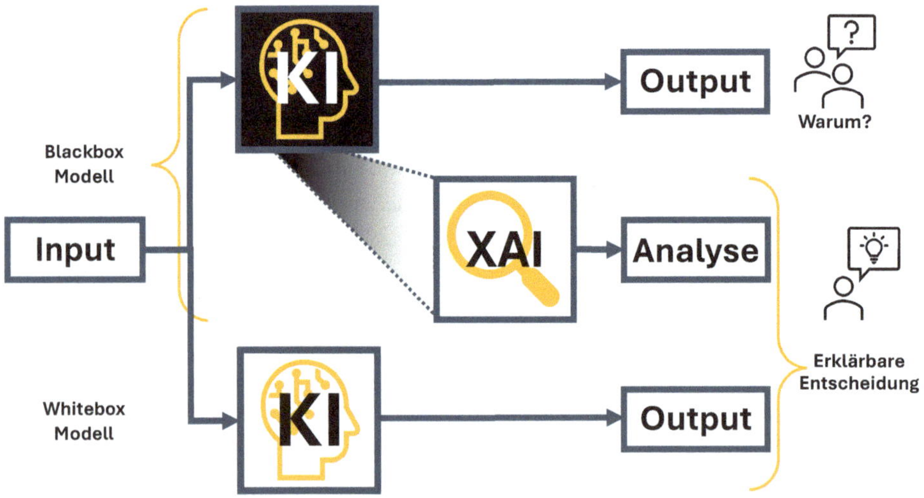

Abb. 3.2 Schematische Darstellung der Unterschiede und Zusammenhänge von Whitebox- und Blackbox-Modellen sowie XAI

Eine weitere methodische Vorgehensweise, um die Entscheidungen eines KI-Systems detaillierter zu analysieren und besser zu verstehen, stellen Simulationen und gezielte Versuche mit variierenden Eingabedaten dar. Durch die sorgfältige Beobachtung der korrespondierenden Ausgaben eines Modells in Reaktion auf diverse Eingaben lässt sich präzise evaluieren, wie akkurat das Modell agiert und wie es auf ein breites Spektrum von Eingabevariationen reagiert. Diese systematische Untersuchung ermöglicht es, die Sensitivität des Modells gegenüber spezifischen Eingabemerkmalen zu erfassen und potenzielle Schwachstellen oder Verzerrungen in der Entscheidungsfindung zu identifizieren.

3.2.4 Problematiken beim Training (Overfitting)

Beim Training eines Modells des Maschinellen Lernens spielt die Qualität der Trainingsdaten eine entscheidende Rolle. Ein wohlbekanntes Problem im Bereich des ML ist das sogenannte „Garbage In, Garbage Out"-Prinzip. Inkorrekte oder fehlerhafte Trainingsdaten führen dazu, dass diese Fehler vom ML-Modell internalisiert werden und die Genauigkeit späterer Vorhersagen beeinträchtigen. Werden beispielsweise im Kontext des überwachten Lernens beim Hunde-/Katzen-Beispiel fälschlicherweise einige Katzenbilder als Hunde annotiert, kann das Modell nicht akkurat trainiert werden. Auch subtilere Probleme in den Daten können zu unerwünschten Ergebnissen führen. Wenn etwa in den Trainingsbildern ausschließlich weiße Katzen und schwarze Hunde repräsentiert sind, kann das Training des KI-Systems dazu führen, dass es primär die Farbe als Unterscheidungsmerkmal erlernt und folglich weiße Hunde fälschlicherweise als Katzen und schwarze Katzen als Hunde klassifiziert.

Eine weitere zentrale Problematik beim Trainieren von ML-Modellen stellt das sogenannte Overfitting (die „Überanpassung") dar. Zu Beginn des Trainingsprozesses befindet sich ein ML-Modell in einem Zustand des Underfitting (der „Unteranpassung"), was bedeutet, dass es die relevanten Charakteristika der Trainingsdaten noch nicht hinreichend erfasst hat und somit keine präzisen Vorhersagen treffen kann. Im weiteren Verlauf des Trainings besteht jedoch die Gefahr des Overfittings. In diesem Szenario hat sich das Modell übermäßig stark an die spezifischen Trainingsdaten angepasst und diese gewissermaßen auswendig gelernt. Die Konsequenz ist, dass die während des Trainings verwendeten Bilder zwar korrekt interpretiert werden, die Performanz bei der Verarbeitung neuer, unbekannter Bilder jedoch signifikant abnimmt (Ying 2019; Sonnet 2022).

Zur Reduktion oder Vermeidung von Overfitting existieren verschiedene Strategien. Eine effektive Maßnahme ist die Vergrößerung des Umfangs der Trainingsdaten und deren möglichst variable Gestaltung (beispielsweise im Hunde-/Katzen-Beispiel die Verwendung einer Vielzahl unterschiedlicher Katzenbilder anstelle vieler ähnlicher Aufnahmen derselben Katze). Dies erschwert es dem Modell, sich an die komplexeren Daten zu stark anzupassen. Ein weiterer Ansatz betrifft die Komplexität des ML-Modells selbst. Ein

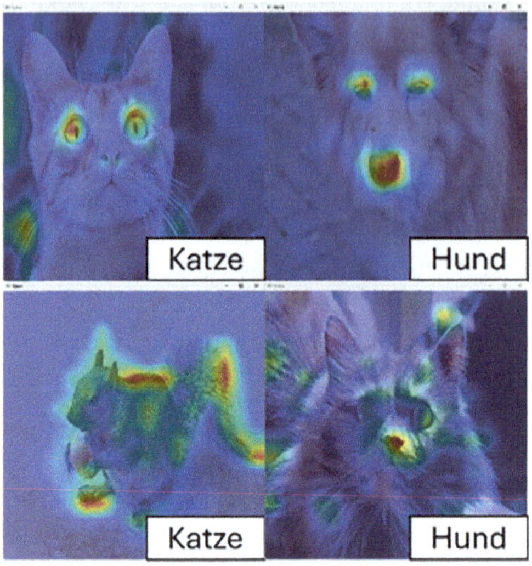

Abb. 3.3 Mittels eines Klassifikation-ML-Modells (basierend auf Tensorflow mit Keras (TensorFlow Developers 2024)) wurde eine freie Bildbibliothek (Vittorio Ferrari et al. 2022) zur Klassifikation von Hunden und Katzen trainiert. Mittels XAI wurden die relevanten Stellen der Bilder für das ML-Modell in Form einer Heatmap hervorgehoben. Katzen werden bei der Erkennung vor allem über Augen (s. oben links), aber auch über die Ohren und den Schwanz identifiziert. Hunde hingegen über die Schnauze und die Augen (s. oben rechts). Einige Bilder werden dabei falsch klassifiziert (s. unten rechts); durch XAI kann nachvollzogen werden, dass das Modell die Nase der Katze als Hundeschnauze identifiziert und daher die falsche Klasse zuordnet. Wird ein Bild ohne Hund oder Katze eingegeben (s. unten links) wird trotzdem nur in eine der beiden Klassen eingeordnet

Modell mit einer inadäquat hohen Anzahl an Parametern kann theoretisch jeden Datensatz vollständig memorieren und somit zum Overfitting neigen. Daher sollte für einfachere Aufgaben ein angemessen komplexes Modell gewählt werden (Ying 2019).

Zusammenfassend lässt sich festhalten, dass für ein erfolgreiches Training eines KI-Systems sowohl die Verfügbarkeit adäquater und qualitativ hochwertiger Daten als auch die Auswahl eines passenden ML-Modells von essenzieller Bedeutung sind (Abb. 3.3).

3.3 Anwendungsfall ESM im Forschungsvorhaben KI_eeper

In diesem Unterkapitel soll die technische Realisierung des Anwendungsfalls bei der Firma ESM detailliert erörtert werden. Wie bereits in Abschn. 3.3 dargelegt, identifizierten sich auch bei ESM verschiedene Aufgabenbereiche, die ein signifikantes Potenzial für das vorliegende Forschungsvorhaben aufwiesen. Bekanntermaßen fiel die Wahl auf das manuelle Richten von Balken auf der Eckoldpresse. Die Eckoldpresse selbst ist eine

Abb. 3.4 Nahansicht des Stempels der Eckoldpresse mit eingelegtem Flachstahl und Beschriftungen

hydraulisch betriebene Presse, die oszillierend eine justierbare Bewegung beziehungsweise einen einstellbaren Abstand mit dem Stempel ausführt. Die bedienende Person kann sowohl die Stempelkraft als auch die Höhe, bis zu der sich der Stempel bewegen soll, manuell festlegen (Abb. 3.4).

3.3.1 Allgemeine Planung

Nach der Selektion des spezifischen Anwendungsfalls erwies sich eine detaillierte Planung der technischen Realisierung als unerlässlich. In dieser initialen Phase erfolgte noch keine dezidierte Auswahl von Hard- und Softwarekomponenten; vielmehr wurde ein übergeordnetes Grobkonzept für einen potenziellen Lösungsansatz erarbeitet. Hierbei fanden sowohl die bereits vorhandenen Datenbestände als auch die zusätzlich zu akquirierenden Daten, deren Erfassung für den Erfolg des Systems als notwendig erachtet wurde, eingehende Berücksichtigung. In enger Abstimmung mit dem Unternehmen – einschließlich erfahrener Mitarbeitender, der Produktionsleitung, der Geschäftsführung und des Betriebsrats – sowie den Entwicklungspartnern wurde ein erster konzeptioneller Ansatz entworfen, welcher in den nachfolgenden Abbildungen visualisiert ist.

Hierbei ist zunächst zwischen der Datenerfassung durch das System (vgl. Abb. 3.5) und dem nachfolgenden Assistenzsystem (vgl. Abb. 3.6) zu differenzieren. Für die Datenakquisition sollen Informationen wie die Materialeigenschaften und die Soll-Dimensionen des zu richtenden Balkens aus dem Enterprise-Resource-Planning-System (ERP-System) zusammen mit der realen Geometrie des Flachstahls und denjenigen Punkten, an denen die erfahrene Fachkraft die Krafteinwirkung vornimmt, der Künstlichen Intelligenz als umfassender Datensatz zur Verfügung gestellt werden. Zur Erfassung der Ist-Dimensionen ist der Einsatz eines 3D-Scanners vorgesehen, während für die Positionsbestimmung beziehungsweise die Beobachtung der arbeitenden Person zu diesem Zeitpunkt verschiedene Kamerasysteme in Betracht gezogen wurden. Basierend auf diesen Datensätzen soll ein Modell des Maschinellen Lernens generiert und trainiert werden, welches anschließend Druckpunkte in Abhängigkeit von der individuellen Verbiegung eines Flachstahls präzise vorhersagen kann (Prange et al. 2023).

Im zweiten Schritt soll mithilfe der KI das implizite Wissen an die unerfahrenen Kolleginnen und Kollegen weitergegeben werden. Dafür ist es auch hier notwendig, dass zunächst eine Erfassung des Ist-Zustandes des Flachstahls generiert wird, welche anschließend mit dem ML-Modell analysiert wird. Die aus dieser Analyse resultierenden Vorhersagen sollen mittels visueller Signale der arbeitenden Person präsentiert werden. Die dabei neu gewonnenen Daten sollen erneut der Datenbank hinzugefügt werden, sodass das KI-System iterativ neue Trainingszyklen durchlaufen kann.

Wie bereits in dieser groben Konzeption ersichtlich wird, ist der Anwendungsfall des Richtens stark sensorgetrieben. Das implizite Wissen wird lediglich passiv durch die Arbeitsweise der erfahrenen Mitarbeitenden erfasst und generiert. Andere Daten, die der Datenbank hinzugefügt werden, sind bereits im ERP-System vorhanden. Entsprechend sind keine aktiven Eingaben der bedienenden Person notwendig (mit Ausnahme der Erfassung der Ist-Abmessungen des Flachstahls).

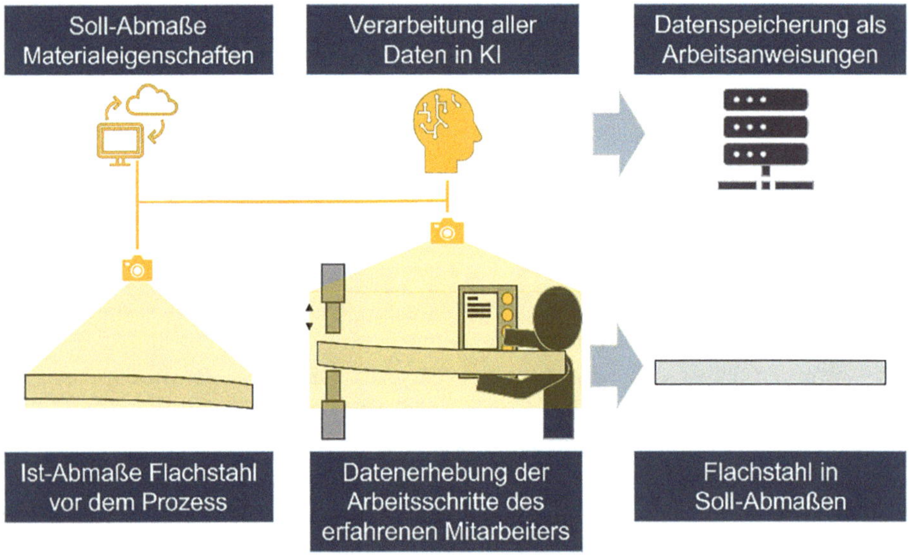

Abb. 3.5 Darstellung des Ablaufs zur Datenaufnahme für das Training der KI. Das abgebildete Vorgehen spiegelt die erste Grobkonzeptionierung dar, ohne nähe spezifische Technik zu berücksichtigen (Prange et al. 2023, modifiziert)

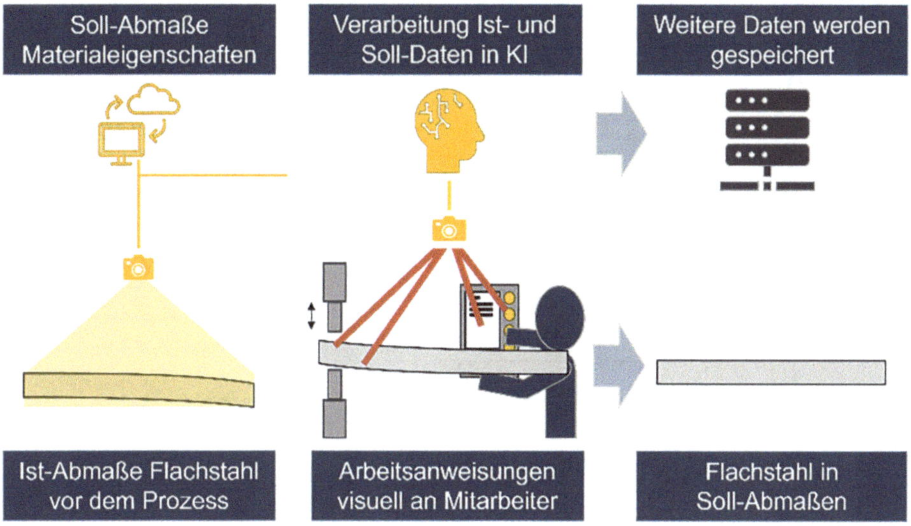

Abb. 3.6 Darstellung des Ablaufs des Assistenzsystems: Das abgebildete Vorgehen spiegelt die erste Grobkonzeptionierung dar, ohne nähe spezifische Technik zu berücksichtigen (Prange et al. 2023, modifiziert)

Neben der bereits aufgezeigten Darstellung wurde auch das Verhalten der einzelnen Komponenten mittels eines Sequenzdiagramms dokumentiert, um im späteren Verlauf des Projektes die „Rollen“ der einzelnen Komponenten und deren Interaktion untereinander bereits zu definieren (Abb. 3.7).

Ein Sequenzdiagramm ist Bestandteil der UML (Unified Modeling Language), einer standardisierten visuellen Modellierungssprache, die zur Spezifikation, Konstruktion und Dokumentation von Softwaresystemen verwendet wird. Das Sequenzdiagramm beschreibt dabei den Austausch von Nachrichten zwischen verschiedenen Objekten innerhalb eines Systems im zeitlichen Verlauf. Es dient dazu, die Interaktionen zwischen Objekten detailliert zu visualisieren, insbesondere die chronologische Abfolge dieser Interaktionen. Sequenzdiagramme sind hilfreich, um die Abläufe in komplexen Systemen zu verstehen und zu dokumentieren, Anforderungen zu spezifizieren und die Implementierung von Funktionen zu planen. Sie unterstützen Entwicklerinnen und Entwickler sowie Stakeholder dabei, die dynamischen Aspekte eines Systems klar und präzise zu kommunizieren (Booch et al. 1999).

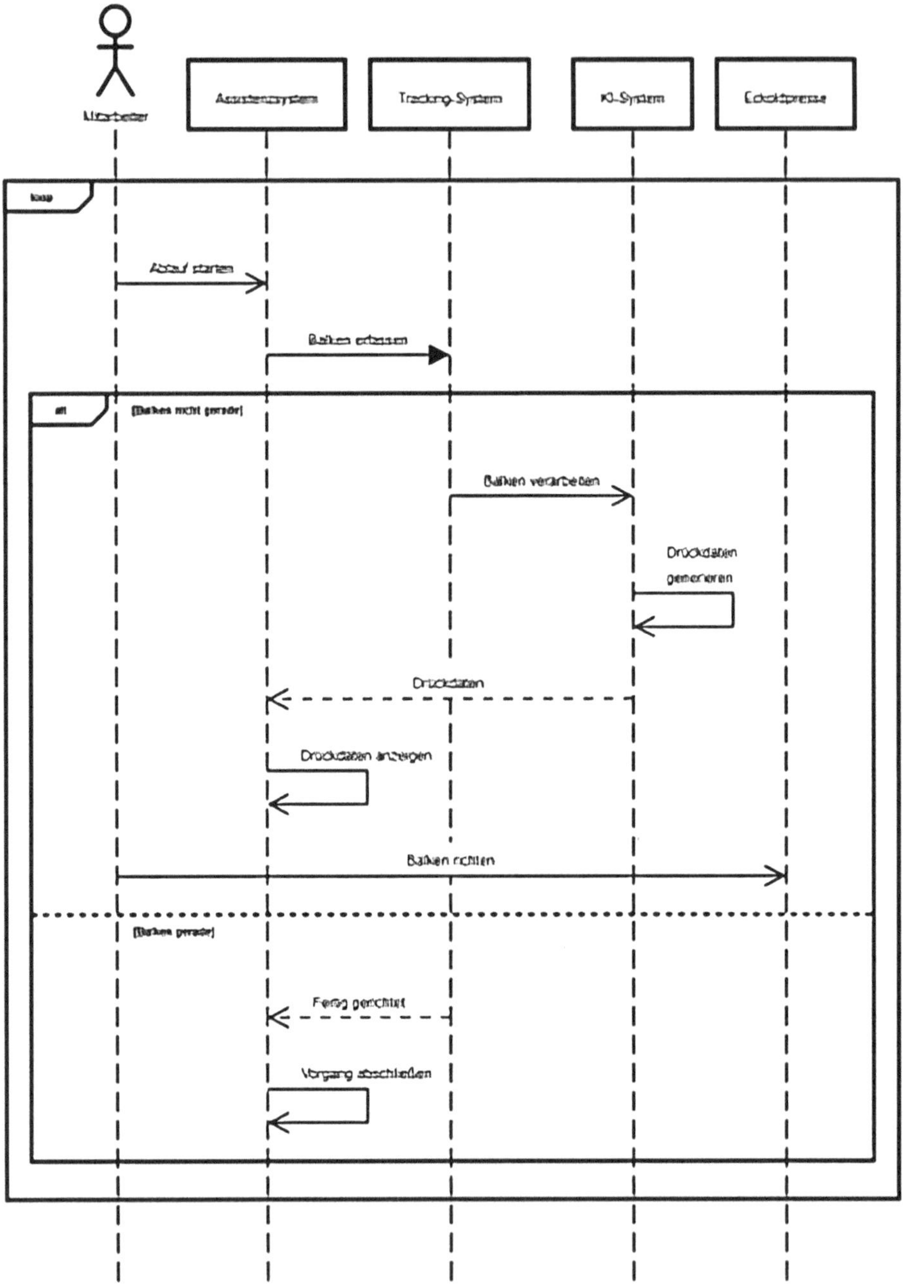

Abb. 3.7 Vereinfachtes Sequenzdiagramm des Anwendungsfalls bei ESM. Es wird der Ablauf/Kommunikation zwischen Mitarbeitenden und einzelnen Teilsystemen (Assistenzsystem, Tracking-System, KI-System und Eckoldpresse) dargestellt. Der ganze Ablauf ist im „loop" also als Schleife aufgebaut. Mittels „alt" kann ein unterschiedliches Vorgehen für gerade und ungerade Balken abgebildet werden

Tipp
Für die Umsetzung von UML-Diagrammen wie dem Sequenzdiagramm gibt es verschiedene Online-Tools, welche häufig kostenlos zur Verwendung stehen. Das Entwicklerteam hat für die Darstellung der Sequenzdiagramme die Seite https://sequencediagram.org/ (NoSpareTime AB 2014). Dieses Tool ermöglicht es Benutzern, auf einfache Weise Sequenzdiagramme zu zeichnen, indem ihnen eine intuitive Benutzeroberfläche und Unterstützung für die Diagrammsprache geboten wird.

3.3.2 Detailkonzipierung und Komponentenauswahl

Durch die Festlegung des Grobkonzeptes konnten sich die einzelnen Entwicklungspartner auf ihre jeweiligen Aufgaben fokussieren und diese parallel bearbeiten. Im Folgenden soll die Detailkonzipierung und die Auswahl der Komponenten dargelegt werden, welche sowohl für das spätere Assistenzsystem als auch für die Erfassung des impliziten Wissens erforderlich sind. Dies lässt sich in mehrere funktionale Bereiche untergliedern:

- Die Selektion eines adäquaten Scannersystems.
- Die Auswahl geeigneter Technologie zur Erfassung der Druckpunkte.
- Die technische Realisierung der Auslesung der Einstellungen der Eckoldpresse.

Tipp
Zum Zeitpunkt der Komponentenwahl ließ sich noch keine relevante Aussage bezüglich der benötigten Computerhardware für die Künstliche Intelligenz treffen. Die Spezifikationen der erforderlichen Hardware sind maßgeblich von dem verwendeten ML-Modell, dem Umfang und den Typen der zu verarbeitenden Daten sowie den angestrebten Berechnungszeiten abhängig. Da diese Parameter erst zu einem späteren Zeitpunkt im Projektverlauf festgelegt werden konnten, wird die detaillierte Beschreibung der Auswahl der Computerhardware entsprechend nachfolgen.

3.3.3 Auswahl eines geeigneten Scannersystems

Zunächst soll das System betrachtet werden, welches zur Erfassung der 3D-Geometrie eines Balkens vorgesehen ist. Ein solches System erfordert nicht nur einen 3D-Scanner, sondern auch eine Methode, um ein längliches Objekt automatisiert zu scannen. Grundlegend existieren zwei Ansätze für die Erfassung einer solchen Geometrie: entweder die Bewegung des Balkens durch einen Scanner oder die Bewegung des Scanners über den Balken.

Würde der Balken durch den Sensor bewegt, wären ausreichend Freifläche vor und nach dem Scanner erforderlich, um die bis zu vier Meter langen Balken vollständig zu erfassen. Zudem müsste eine Technologie gewählt werden, die einen kontinuierlichen Vorschub des Balkens gewährleistet. Im Gegensatz dazu würde bei der Bewegung der Scaneinheit lediglich eine Vorrichtung benötigt, auf der ein Balken bis zu vier Meter Länge positioniert werden kann und der Sensor sich entlang dieses Balkens bewegen kann. Unter Berücksichtigung der begrenzten Stellfläche bei der Firma ESM und der bereits vorhandenen Richtbank an der Eckoldpresse erscheint die Entscheidung für die zweite Variante naheliegend. Daraus resultierte die Auswahl einer Lineareinheit.

Für die Auswahl des 3D-Scanners standen verschiedene technische Lösungen zur Verfügung, die auf unterschiedlichen physikalischen Prinzipien basieren. Der Fokus der betrachteten Scanner lag auf berührungslosen Technologien, zu denen unter anderem die Lasertriangulation, Lichtstrukturscanner, Laser Pulse (LIDAR) oder Time-of-Flight (ToF) Scanner gehören (Verykokou und Ioannidis 2023). Dabei waren diverse Einflussfaktoren maßgeblich für die Auswahl:

- Scangeschwindigkeit (zur Vermeidung unnötiger Verlangsamung des Richtprozesses durch den Scanvorgang).
- Scangenauigkeit (Verbiegungen des Balkens mussten mit einer Genauigkeit von mindestens einem Millimeter erfasst werden).
- Offene Schnittstellen bezüglich der Datenausgabe (für die Weiterverarbeitung der Daten zur Übergabe an die KI).

Eine Kombination aus Labortests, Konsultationen mit verschiedenen Scannerherstellern und theoretischer Recherche führte zur Festlegung auf die Lasertriangulation. Ausschlaggebend hierfür war die Erfüllung aller notwendigen Einflussfaktoren. Andere Technologien erwiesen sich zwar in der Theorie als umsetzbar, in der praktischen Anwendung jedoch als weniger geeignet. Hierzu zählt beispielsweise der Lichtstrukturscanner. Bei dieser Technologie wird ein Muster (z. B. Streifen oder ein Gitter) auf ein Objekt projiziert, und eine Kamera erfasst die durch die Form des Objekts verursachten Verzerrungen des Musters. Diese Verzerrungen dienen zur Berechnung der 3D-Form. Da die vorliegenden Bauteile jedoch eine sehr einfache Geometrie aufweisen können, sind entsprechende Verzerrungen schwer zu erkennen, ebenso wie die Bauteile selbst. Der Einsatz von Hilfsmitteln wie externen Referenzpunkten zeigte in den Labortests nur mäßigen Erfolg.

Bei der Lasertriangulation wird ein Laserstrahl auf ein Objekt projiziert, und das reflektierte Licht wird von einer Kamera erfasst, die in einem bestimmten Winkel zum

Laser positioniert ist. Durch die Messung des Winkels, unter dem das reflektierte Licht zurückkehrt, und die bekannte Distanz zwischen Laser und Kamera kann das System den genauen Abstand zum Punkt der Laserreflexion berechnen. Diese Berechnungen basieren auf den Prinzipien der Triangulation. Indem dieser Vorgang über die gesamte Oberfläche des Objekts wiederholt wird, entsteht eine detaillierte 3D-Punktwolke, die die Form des Objekts präzise abbildet (Fotis et al. 2006). Explizit entschieden wurde sich für einen Triangulationslaser der Firma Keyence (LJ-X8400) (Keyence Deutschland 2024).

Auch bei der Linearachse waren verschiedene Anforderungen zu berücksichtigen, die die Bauteilauswahl beeinflussten. Da die grundlegenden Funktionsprinzipien einer Linearachse hierbei eine untergeordnete Rolle spielten, wird auf weitere Details verzichtet. Die relevanten Kriterien waren:

- Geschwindigkeit der Achse (zur Vermeidung unnötiger Verlangsamung des Richtprozesses durch eine langsame Bewegung).
- Beschleunigung der Achse (eine geringe Beschleunigung hätte einen höheren Aufwand bei der Berechnung der Punkte bedeutet, da die Distanz bei voller Geschwindigkeit reduziert würde; Punkte außerhalb der maximalen Geschwindigkeit müssten somit bei der Erzeugung einer 3D-Geometrie umgerechnet werden).
- Länge der Achse (der Anbieter musste eine Länge von mindestens vier Metern realisieren können).
- Wiederholgenauigkeit der Achse.

Bei der Auswahl wurde eine Linearachse der Firma ITEM gewählt (KRF 8 80×40 ZR mit einer Länge von 4,5 m) (item Industrietechnik GmbH 2017).

Eine Option wurde offengelassen, die Achse im späteren Verlauf um Magnetsensoren und Magnetbänder als Endschalter zu erweitern, falls in den Laborversuchen eine geringere Präzision der Standpunktbestimmung des Schlittens erreicht werden sollte.

3.3.4 Auswahl der Technologie zur Druckpunktbestimmung

Das Ziel der zweiten Technologiekomponente besteht darin, die Druckpunkte auf dem Balken zu lokalisieren, an denen die Eckoldpresse mittels ihres Stempels eine Kraftübertragung bewirkt. Hierzu wurden drei Konzepte detailliert ausgearbeitet, die im Folgenden kurz vorgestellt werden sollen.

Die ersten beiden Konzepte (vgl. Abb. 3.8) sehen vor, seitlich auf den Balken einen einzigartigen Nonius aufzubringen, dessen Position und der exakte Zeitpunkt einer Stempelkollision mithilfe einer Kamera, die auf den Stempel der Eckoldpresse ausgerichtet ist, erfasst werden soll. Die Einzigartigkeit des Nonius soll es ermöglichen, an jeder Stelle des Balkens sowohl die laterale Position als auch die geometrische Längsposition präzise zu bestimmen. Die beiden Konzepte differenzieren sich lediglich hinsichtlich der Methode des Noniusauftrags. Im ersten Konzept soll dieser mittels eines Lasergravurverfahrens eingebracht werden, während das zweite Konzept den Einsatz eines Tintenstrahlmarkierers vorsieht. Da beidseitig des Balkens ein Nonius für eine exakte Erkennung notwendig ist, kann zwischen Aufbauten mit einem einzigen Markiergerät oder mit zwei gegenüberliegend angeordneten Geräten unterschieden werden. Letztere Konfiguration würde lediglich einen Markiervorgang pro Bauteil erfordern, jedoch auch höhere initiale Kosten durch die doppelte Anschaffung der Technologie implizieren.

Die Machbarkeit, einen geeigneten Nonius in der erforderlichen Geschwindigkeit mittels eines Markierungslasers aufzubringen, wurde in Zusammenarbeit mit der Firma VideoJet (Videojet Technologies Inc. 2024) evaluiert. Hierzu wurden verschiedene Noniusmuster mit ausgewählten Lasersystemen auf kleinen Balkenabschnitten appliziert.

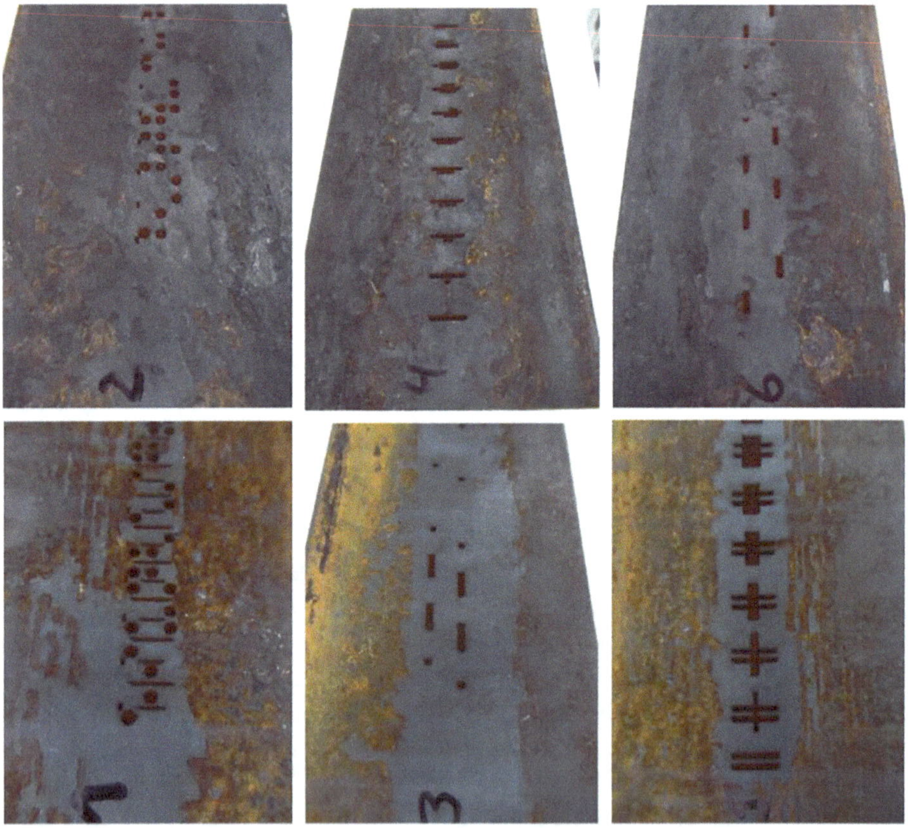

Abb. 3.8 Sechs unterschiedliche Noniusmuster auf jeweils 15 cm großen Balkenstücken aufgetragen. Der verwendete Laser hatte dabei folgende Eigenschaften: Wellenlänge = 1064 nm, Linse = 163 mm, Arbeitsabstand = 229 mm, verwendeter Markierkopf = SHF-100B

Die Bewertung umfasste sowohl die Auftragszeit als auch das visuelle Ergebnis hinsichtlich der eindeutigen Identifizierbarkeit einer spezifischen Position innerhalb des Noniusausschnitts.

Abb. 3.8 illustriert die verschiedenen Noniusmarkierungen. Hierbei ist deutlich erkennbar, dass die Gravur des Balkenmaterials eine schnelle Bildung von Flugrost zur Folge hatte. Weiterhin wurden signifikante Gravurzeiten festgestellt, welche eine zügige Applikation des Nonius nicht ermöglicht hätten. Da somit eine wesentliche Anforderung nicht erfüllt wurde und die zuverlässige Erkennung der einzelnen Muster nicht gewährleistet werden konnte, wurde dieser Lösungsansatz verworfen.

Die Alternative, anstelle eines Markierungslasers einen Tintenstrahlmarkierer einzusetzen, wurde ebenfalls nicht weiterverfolgt. Obwohl technisch eine deutlich schnellere Markierung des Balkens realisierbar gewesen wäre, bestand die erhebliche Gefahr des Abtragens der Markierung durch die Krafteinwirkung während des Pressvorgangs, insbesondere wenn der Nonius auf bereits rostigen Stellen (vgl. Abb. 3.8) appliziert worden wäre.

Darüber hinaus wären in beiden genannten Fällen signifikante Investitionskosten für die Anschaffung der jeweiligen Markierungstechnologie zu berücksichtigen gewesen.

Der dritte, technisch implementierte Ansatz beinhaltet die ausschließliche Erfassung der Druckposition mittels Kamerasystemen. Hierbei wurden zwei unterschiedliche 3D-Kameras am Richtarbeitsplatz installiert. Eine Kamera beobachtet den Stempel der Eckoldpresse und erfasst detailliert den Abstand des Balkens zum Stempel (und somit die präzise Y-Koordinate) sowie parallel den exakten Zeitpunkt einer Kollision zwischen Stempel und Balken. Zeitgleich wurde eine zweite, übergeordnete Kamera oberhalb des Arbeitsplatzes installiert, welche die Bewegungsabläufe der arbeitenden Person verfolgt und somit die Position (auf der X-Achse) sowie die Verdrehung des Balkens nachvollziehen kann. Alle drei konzeptionellen Ansätze sind in der Abb. 3.9 zusammenfassend dargestellt.

Im Zuge der Detailkonzipierung wurde die prinzipielle Funktionalität eines Lösungsansatzes auf Basis von Kamerasystemen evaluiert. Hierzu kam ein vortrainiertes KI-Modell zur Objektverfolgung zum Einsatz. Erste Ergebnisse dieser Laborversuche sind in der Abb. 3.10 visualisiert.

Tipp

Bei der Verwendung existierender und vortrainierter KI-Modelle ist die Beachtung der jeweiligen Lizenzbedingungen von essenzieller Bedeutung. Abhängig von der spezifischen Lizenzierung können finanzielle Aufwendungen entstehen oder eine Offenlegung des finalen Programms beziehungsweise der Anwendung erforderlich sein. Aus diesem Grund ist es ratsam, vor der Implementierung einzelner Modelle die entsprechenden Lizenzbestimmungen sorgfältig zu prüfen und gegebenenfalls eine juristische Absicherung hinsichtlich der Nutzungsbedingungen einzuholen.

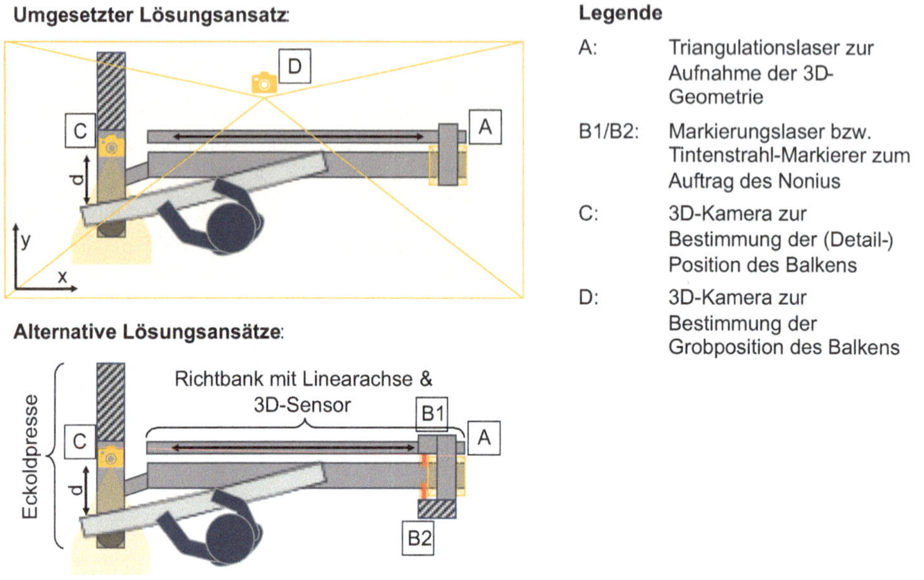

Abb. 3.9 Visualisierung (Draufsicht) der unterschiedlichen ausgearbeiteten technischen Lösungsansätze für den Anwendungsfall ESM. Der obere Lösungsansatz wurde zur Umsetzung ausgewählt, nach (Ottersböck et al. 2024)

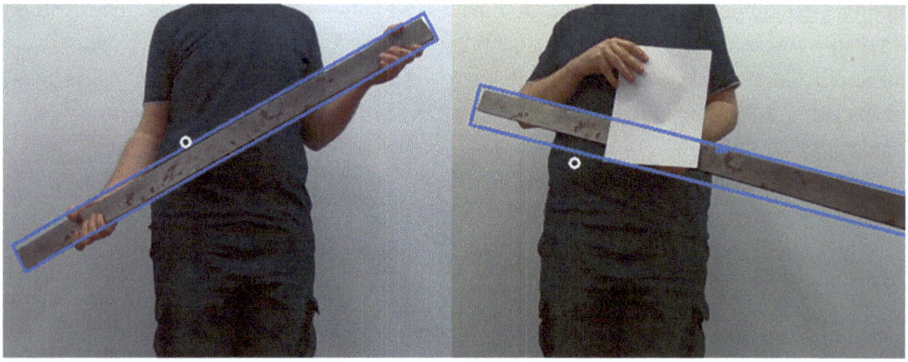

Abb. 3.10 Darstellung der Objekterkennung für Balken. Das Modell zeigt die erkannte Geometrie an und kann auch bei Einschränkungen des Balkens (rechts) diesen weiterhin noch als solchen klassifizieren

Auf Grundlage des so finalisierten Konzepts konnten bereits erste prototypische Darstellungen einer späteren 3D-Ansicht für die Mitarbeitenden generiert werden. Diese sind in der Abb. 3.11 kurz visualisiert. Da der Triangulationslaser Höhenwerte des Balkens erfasst und lediglich eine Linie in Y-Richtung scannt, muss die Ausdehnung in

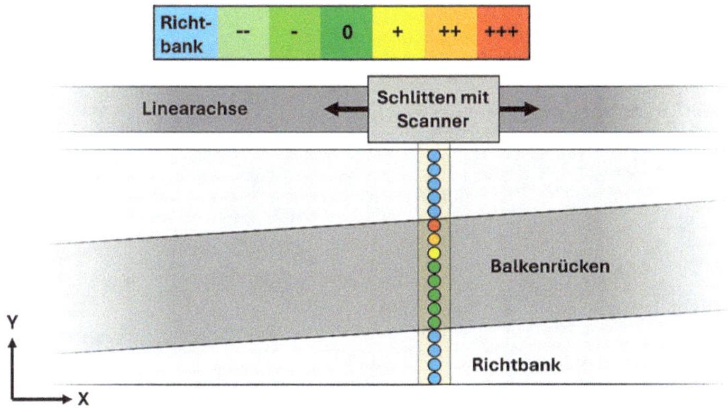

Abb. 3.11 Erster Ansatz in der Konzeptionierungsphase zur visuellen Anzeige der Balken des späteren Assistenzsystems für Mitarbeitende. Die Liniendaten (in Abbildung stark reduziert) des Triangulationslasers sollen farblich codiert werden, ähnlich einer topologischen Karte. So können Mitarbeitende auftretende Verbiegungen erkennen

X-Richtung durch die Bewegung der Linearachse abgebildet werden. Die gewonnenen Höhendaten sollen analog zu einer topographischen Karte farblich codiert werden, um es den Beschäftigten zu ermöglichen, Verbiegungen des Materials schnell visuell zu erfassen.

3.3.5 Technikauswahl zur Nutzung der Maschinendaten

Um die relevanten Maschinendaten der Eckoldpresse zu erfassen, wurde zunächst der naheliegende Ansatz verfolgt, die Steuerungssignale direkt digital auszulesen. Hierbei handelte es sich primär um die Einstellungen, welche die Mitarbeitenden hinsichtlich der Stempelhöhe und der Stempelkraft während des Richtprozesses vornehmen.

Nach Rücksprache mit dem Anlagenhersteller stellte sich jedoch heraus, dass ein direktes Auslesen der Daten ohne einen Eingriff in die Anlagensteuerung nicht realisierbar wäre. Ein solcher Eingriff hätte den Verlust der CE-Konformität des Herstellers zur Folge. Eine neue Konformitätsbewertung wäre erforderlich gewesen, und die Firma ESM wäre als Hersteller dieser modifizierten Anlage in die Verantwortung getreten. Aus diesen Gründen lehnte ESM eine direkte Intervention in die Anlagensteuerung ab.

Als alternative Lösung wurde die visuelle Erfassung der eingestellten Parameter gewählt. Neben der Eckoldpresse befindet sich ein Bildschirm, der den Beschäftigten die aktuellen Einstellwerte anzeigt. Eine Kamera soll nun auf diesen Bildschirm gerichtet werden, und mittels einfacher Bilderkennungssoftware sollen die relevanten Informationen visuell extrahiert werden (Abb. 3.12).

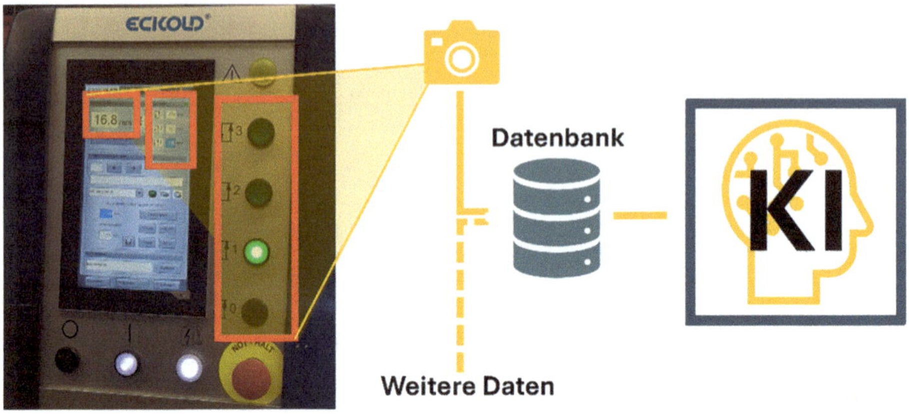

Abb. 3.12 Bedienpanel der Eckoldpresse mit skizzierter Darstellung der Datennutzung

3.3.6 Entwicklung eines Cyber-physisches System

Nach der Festlegung und Beschaffung der benötigten Komponenten erfolgte deren Integration zum Aufbau des erforderlichen cyberphysischen Systems für erste Tests in einer Laborumgebung.

Zu diesem Zweck wurde zunächst die Linearachse in einer ergonomischen Arbeitshöhe fixiert, bevor der Triangulationslaser mithilfe von Konstruktionsprofilen auf dem Schlitten der Achse montiert wurde. Die Entscheidung für die Konstruktionsprofile basierte auf deren einfacher und variabel einstellbarer Beschaffenheit, welche eine stabile Testumgebung gewährleistete. Ein Schaltschrank wurde mit den zugehörigen elektrischen Komponenten bestückt, und die Kabelführung zum Schlitten wurde durch eine Energiekette gesichert. Erste Sicherheitsvorkehrungen wurden implementiert. Hierzu zählte eine Ampelsignalanlage, die nach erfolgter Referenzierung, Freigabe und Stillstand der Anlage ein grünes Signal emittierte, während der Bewegung jedoch ein rotes. Weiterhin sollten zusätzliche Sicherheitsmaßnahmen bezüglich des Lasers implementiert werden. Der Sensorkopf LJ-X8400 besitzt die Laserschutzklasse 2M, welche das direkte Hineinstarren in den Laser untersagt und die Verwendung optischer Instrumente in dessen Nähe zu potenziellen Augenverletzungen führen kann (Bundesanstalt für Arbeitsschutz und Arbeitsmedizin 2018). Um dies zu verhindern, wurde der Schlitten inklusive des Sensorkopfes eingehaust, wodurch ein direkter Augenkontakt mit dem Laser effektiv unterbunden wird.

Ein Starttaster ermöglicht die Bewegung des Schlittens entlang der Linearachse, wobei sowohl eine Hin- als auch eine Rückfahrt durchgeführt wird. Parallel dazu wird die Erfassung der Sensordaten mit dem Start der Bewegung initiiert. Weitere Bedienelemente dienen der Freigabe des Systems, einem digitalen Stopp sowie der Aktivierung des Not-Aus-Schalters.

Die Linearachse wurde auf eine Geschwindigkeit von 1000 mm/s sowie eine Beschleunigungs- und Bremsbeschleunigungsrate von 1000 mm/s^2 eingestellt. Hieraus resultiert rein rechnerisch eine Messzeit inklusive Hin- und Rückfahrt von circa 11 s (genau: 10,996 s, bestehend aus je 5,498 s pro Fahrt, wobei jeweils eine Sekunde für die Beschleunigungs- und Bremsphase sowie 3,498 s für die Verfahrstrecke mit maximaler Geschwindigkeit anfallen).

Softwareseitig stellte die Firma Keyence passend zu ihren Geräten sowohl eine vorkonfigurierte Software als auch Programmierschnittstellen (APIs) zur Verfügung, die unter anderem in C++ oder C# implementiert sind. Basierend auf diesen Schnittstellen wurde ein eigenes Programm entwickelt, welches bei Betätigung des Starttasters die Sensordaten erfasst, diese in ein STL-Format transformiert und eine erste Visualisierung der Verbiegung des gescannten Bauteils generiert (vgl. Abb. 3.13).

Die vom Sensor erfassten Messwerte werden als CSV-Datei gespeichert. Einzelne Messpunkte, bestehend aus Breiten- und Höheninformationen, werden mit einem präzisen Zeitstempel versehen. Mithilfe der eingestellten Messrate von 1 kHz können unter

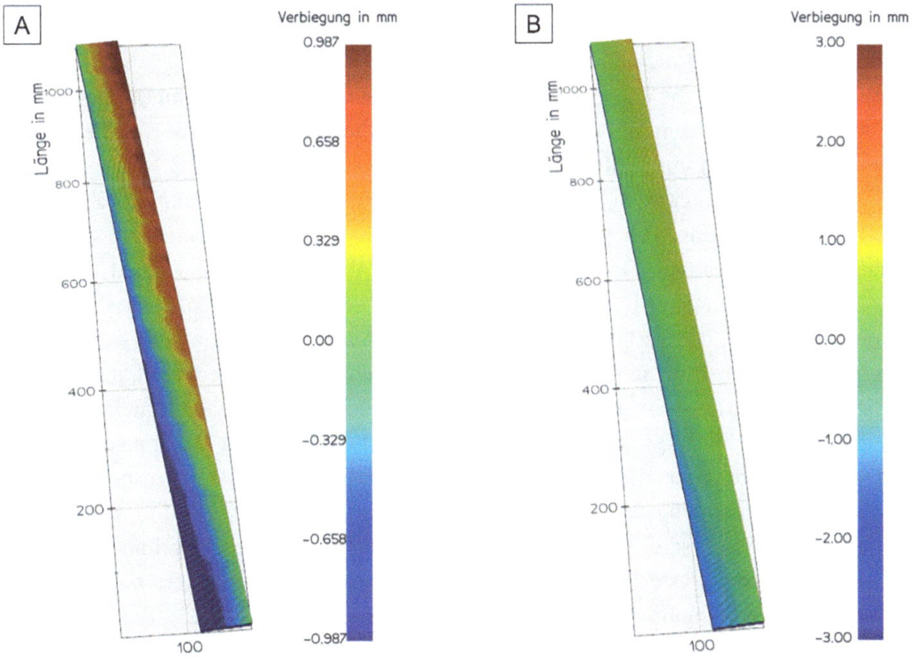

Abb. 3.13 Erste Visualisierung der gemessenen Daten eines Testbalkens mit unterschiedlichen Farbskalen bzgl. der Verbiegung auf der Oberfläche. In A ist eine geringere Skala bis jeweils + -1 mm angegeben, wobei in B die Skala bis jeweils + -3 mm reicht. Vor allem ist in A eine Schräglage des Balkens über die dimensionale Achse zu erkennen. Weiter lag der Balken nicht parallel zur Linearachse

Tab. 3.1 Einfluss des Auflösungsverhältnis auf Dateigröße und Berechnungsdauer des Geschriebenen Programmes. Der Sensor misst durchgehend mit 1 kHz

Messung	Auflösungsverhältnis in Messpunkte/mm		Dateigröße in MB	Berechnungsdauer in S
	Länge	Breite		
1	1	1	32	3,7
2	1	10	338	16,8
3	10	10	3388	205

Berücksichtigung der genannten Geschwindigkeiten und Beschleunigungen präzise 3D-Punktwolken erstellt werden. In der Messbreite wurde zunächst die maximale Anzahl von 3200 Messpunkten über eine Breite von 320 mm eingestellt. Um die Verbiegungen des Bauteils visuell hervorzuheben, werden die erzeugten STL-Körper in einer graphischen Darstellung präsentiert, welche farblich analog zu einer topographischen Karte codiert ist (vgl. Abb. 3.13). Eine rote Farbgebung indiziert einen Punkt auf dem Bauteil, der relativ zur Soll-Höhe zu hoch liegt, während eine blaue Farbe einen zu tief liegenden Punkt kennzeichnet. Mittels eines Schiebereglers kann die Intensität der Farbskala angepasst werden (vgl. linke und rechte Seite der Abb. 3.13).

Welchen Einfluss die Geschwindigkeit der Linearachse, die damit einhergehende messtechnische Auflösung des Bauteils und die resultierende Dateigröße auf die Berechnungszeit des Programmprototyps hat, soll anhand der folgenden Tab. 3.1 kurz illustriert werden. Hierbei bezieht sich die Berechnungsdauer ausschließlich auf die Zeitspanne zwischen dem Einlesen der gespeicherten CSV-Datei und der Generierung der zuvor visualisierten Darstellung. Das Auflösungsverhältnis quantifiziert die Anzahl der Messpunkte, die innerhalb einer Länge von einem Millimeter erfasst wurden. Dieses Verhältnis ist somit direkt von der Verfahrgeschwindigkeit der Achse abhängig.

Bei Messung 1 wurde die laterale Auflösung des Sensors digital reduziert, indem lediglich jeder zehnte Messwert gespeichert wurde. Generell ist deutlich erkennbar, dass die Dateigröße, wie erwartet, maßgeblich von der Anzahl der erfassten Messpunkte determiniert wird. Bei konstanter Computerhardware resultiert dies in einer korrespondierenden Zunahme der Berechnungsdauer. Für nachfolgende Untersuchungen wird in Abstimmung mit der Firma ESM festgelegt, welche Auflösung weiterhin Anwendung finden soll.

Das beschriebene System wurde in Zusammenarbeit mit der Firma apra-norm hinsichtlich seiner Allgemeingültigkeit evaluiert, indem ähnliche, zu richtende Bauteile digital erfasst und verarbeitet wurden. Die resultierenden Visualisierungen wurden mit den dortigen Expertinnen und Experten diskutiert. Aufgrund der Vertraulichkeit der Bauteilgeometrie können diese hier nur schriftlich beschrieben werden: Das zu richtende Bauteil wies einseitig eine longitudinale Nut sowie mehrere Bohrungen auf, wodurch die Geometrie komplexer als die der simplen Balken bei ESM war. Auch die unterschiedlichen

Ebenen der Nut konnten mithilfe des Programms visualisiert werden. Die Fachleute vor Ort beurteilten die Darstellung als hilfreich.

3.4 Anwendungsfall apra-norm im Forschungsvorhaben KI_eeper

Dieses Unterkapitel widmet sich einer detaillierten Erläuterung der Umsetzung des in Abschn. 3.3 beschriebenen Anwendungsfalls bei der Oberflächentechnik (OFT) der Firma apra-norm. Im Folgenden werden die Ansätze einer technischen Realisierung beziehungsweise einer Lösung der Forschungsfrage näher betrachtet.

Im Gegensatz zum Anwendungsfall des manuellen Balkenrichtens an der Eckoldpresse bei der Firma ESM ist der Anwendungsfall in der Oberflächentechnik der Firma apra-norm weniger stark durch Sensordaten getrieben. Dies soll im Folgenden ausführlicher dargelegt werden. Bevor jedoch auf den technischen Ansatz eingegangen wird, bedarf es einer präziseren Betrachtung des Anwendungsfalls aus technischer Perspektive, da hieraus die spezifischen Anforderungen an das zu entwickelnde Konzept resultieren.

Die Oberflächentechnik bei apra-norm stellt ein komplexes System dar, das aus mehreren miteinander verbundenen Arbeitsstationen besteht. Ziel dieses Systems ist die Veredelung der Oberflächen zuvor gefertigter Bauteile und deren Schutz, beispielsweise vor Korrosion. Die einzelnen Arbeitsstationen sind durch eine sogenannte „Power & Free“-Fördertechnik mit mehreren Kettenkreisen miteinander verbunden, was eine anspruchsvolle Steuerung der einzelnen Wägen, die in die Kettenförderer eingehängt werden, zur Folge hat. Die genutzten Kettenkreise sind dabei stark von den jeweiligen Arbeitsaufträgen abhängig, da beispielsweise nicht jedes Bauteil beziehungsweise nicht jeder Wagen eine Korrosionsschutzbehandlung erfordert (Abb. 3.14).

Im Folgenden werden die einzelnen Kettenkreise kurz erläutert:

A: Der Kreislauf der Aufhängestation. In diesem Bereich wird die Reihenfolge der Wägen festgelegt, und die Bauteile werden in die Wägen eingehängt beziehungsweise vorgefertigte Wägen an das Fördersystem übergeben.

B: Die Waschstraße. Diese dient sowohl der Reinigung als auch der Vorbehandlung der Bauteile. Hier können Wägen unterschiedliche Vorbehandlungen erfahren, müssen jedoch auch bei einer Teilvorbehandlung den kompletten Kettenkreis durchlaufen. Die einzelnen Vorbehandlungsstationen sind in hellem Rot dargestellt.

C: Der Ofen. Sämtliche gepulverten Bauteile müssen diesen U-förmigen Ofen durchlaufen, um eine dauerhafte

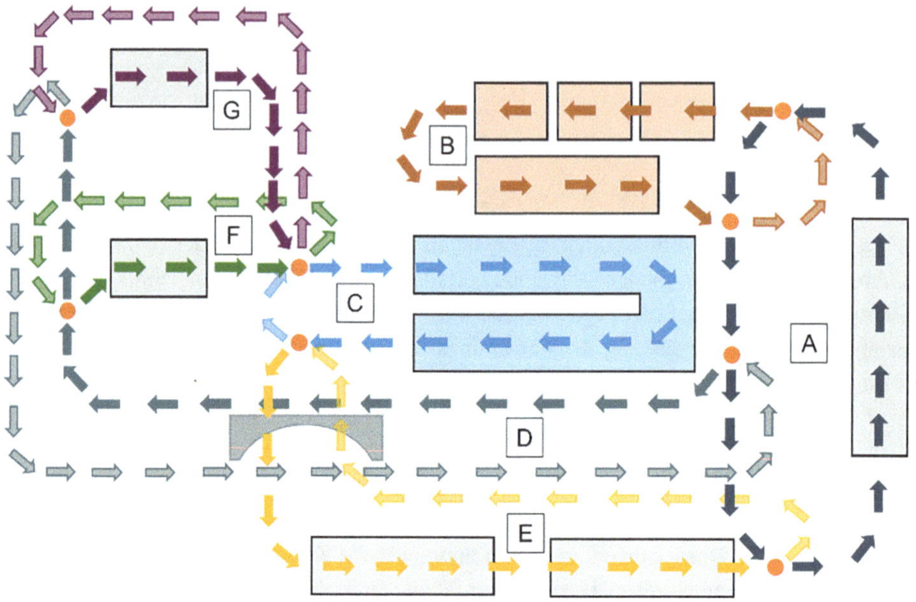

Abb. 3.14 Schematische Darstellung der Draufsicht der OFT. Die einzelnen farblichen Pfeilkreise bilden jeweils einen Kettenkreis der „Power & Free"-Fördertechnik. Die orangenen Kreise zeigen Knoten, an denen Wagen zu anderen Kettenkreise übergeben werden können. Die helleren Pfeile zeigen jeweils den „Rückweg" der Kettenkreise, an denen keine Wägen transportiert werden. Die hellgraue Brücke zeigt eine Überführung des Kreises D über den Kreis E, indem dort über zwei Etagen die Wägen transportiert werden. Die grauen Kästen markieren Arbeitsbereiche/-stationen

Haftung des Pulvers zu gewährleisten. Der Ofen ist in der Abb. 3.14 in hellem Blau dargestellt.

D: Der Förderkreislauf zu den Pulverstationen.

Dieser Kreislauf dient ausschließlich dazu, die Bauteile vom Kreislauf A zu einer der beiden Pulverstationen (F oder G) zu transportieren.

E: Die Qualitätskontrolle und Entladestation.

Dieser Kettenkreis dient sowohl der finalen Qualitätsprüfung der beschichteten Bauteile als auch dem Entladen der Wägen.

F: Die manuelle Pulverkabine.

In dieser Kabine tragen Mitarbeitende das Pulver noch manuell auf die Bauteile auf. Eine alternative Bezeichnung ist Verlustpulverkabine, da überschüssiges Material über eine Rückgewinnungsanlage erneut dem Prozess zugeführt werden kann.

G: Die automatische Pulverkabine (Wagnerkabine). Hier werden in der Regel größere Stückzahlen von Bauteilen mit meist einfacherer Geometrie automatisiert beschichtet.

An den Kreisläufen A, E, F und G sind Mitarbeiterinnen und Mitarbeiter tätig, deren implizites Erfahrungswissen mithilfe einer Künstlichen Intelligenz erfasst werden soll. Daher ist es für die technische Umsetzung notwendig, ein System zu entwickeln, welches nicht nur das individuelle Wissen aufnimmt, sondern das vollständige „Schwarmwissen" aller Beschäftigten einbezieht. Der Fokus der weiteren Betrachtung liegt jedoch auf der Aufhängestation im Kreislauf A, da dieser maßgeblich für die Qualität und den gesamten Ablauf in der Oberflächentechnik verantwortlich ist.

3.4.1 Allgemeine Planung

Das primäre Ziel des KI-basierten Assistenzsystems ist es, die unerfahrenen Mitarbeitenden bei möglichst vielen Entscheidungen im Produktionsprozess der Oberflächentechnik zu unterstützen. Dies umfasst insbesondere folgende Aspekte:

- In welcher sequenziellen Ordnung sollen die vorliegenden Aufträge abgearbeitet werden?
- Welche spezifischen Bauteile können sinnvoll und effizient gemeinsam auf einem Wagen platziert werden?
- Welche korrekten Materialien und Hilfsmittel müssen beim Aufhängen der Bauteile verwendet werden (Auswahl geeigneter Traversen und Haken, Abstecken von Gewinden etc.)?

Um eine möglichst barrierefreie Nutzung zu gewährleisten – da in der OFT Beschäftigte unterschiedlicher Nationalitäten und mit variierenden Deutschkenntnissen tätig sind – wurde bereits in der Planungsphase ein starker Fokus auf eine intuitive visuelle Unterstützung gelegt.

Als grundlegendes Konzept wurde die manuelle Eingabe des Erfahrungswissens an allen relevanten Arbeitsstationen (A, E, F, G) in Kombination mit einer automatisierten Bildaufnahme zur Unterstützung der Eingabeprozesse festgelegt. An diesen Stationen sollen benutzerfreundliche Eingabemöglichkeiten für die Mitarbeitenden geschaffen werden, um spezifische Informationen zu den bearbeiteten Bauteilen zu hinterlegen. Um die Taktzeit der OFT von 2,2 min nicht zu überschreiten, müssen die Eingabetools so konzipiert sein, dass sie weder zeitaufwendig noch komplex in der Handhabung sind und den Beschäftigten neben ihren primären Aufgaben ausreichend Zeit für die Dateneingabe verbleibt. Da ein Großteil der relevanten Informationen, insbesondere bezüglich der optimalen Aufhängeverfahren, bei den Kolleginnen und Kollegen der Station A vorhanden sein wird, ist dort mit den meisten Eingabeaufforderungen zu rechnen.

An den Lackierstationen (F und G) soll eine Beurteilung erfolgen, ob die aufgehängten Bauteile optimal für den nachfolgenden Pulverbeschichtungsprozess positioniert wurden. Das resultierende Feedback wird dabei auf eine einfache binäre Bewertung („gut" oder „nicht gut") beschränkt. Eine vergleichbare Rückmeldung soll auch an der Aufhängestation (A) und der Qualitätskontrolle (Station E) implementiert werden. Hier können zusätzlich manuell aufgenommene Fotos Hinweise auf potenzielle Beschädigungen der Bauteile dokumentieren. Das übergeordnete Ziel dieser Bewertungen ist es, fehlerhafte Datensätze idealerweise gar nicht erst in die Datenbank zu übernehmen oder sie entsprechend zu kennzeichnen, um die Qualität der Trainingsdaten zu gewährleisten.

Ergänzend wird nach dem eigentlichen Aufhängeprozess eine separate Bildaufnahmestation eingerichtet. Diese dient einerseits der Generierung von Referenzbildern („Gut"-Bilder), die als Vergleichsbasis für zukünftige Bewertungen dienen sollen. Andererseits sollen diese Bilder einer KI zugeführt werden, um latente Zusammenhänge zwischen den von den Mitarbeitenden eingegebenen Informationen und weiteren relevanten Daten aus dem ERP-System zu identifizieren. Hierdurch könnte zukünftig die Präzision der Vorhersage für das Aufhängen neuer Bauteile und Bauteilkombinationen auf einem Wagen signifikant verbessert werden. Das grundlegende Konzept der entsprechenden Eingabestationen ist der Abb. 3.15 zu entnehmen.

Derzeit erfolgt die Auftragsreihenfolgeplanung in der Oberflächentechnik (OFT) manuell durch eine erfahrene Fachkraft vor Beginn der ersten Schicht. Hierbei wird der tagesaktuelle Auftragsbestand abgerufen und in eine optimierte Bearbeitungsreihenfolge gebracht. Diese Reihenfolge wird durch verschiedene kritische Faktoren determiniert:

Farbe des Auftrags: Ähnliche Farbspektren sollten sukzessive bearbeitet werden, da Farbwechsel mit signifikantem Zeitaufwand verbunden sind. Zudem ist es erstrebenswert, den Wechsel zwischen hellen und dunklen Farben zu minimieren, idealerweise auf nur einen Wechsel pro Tag zu beschränken, um den Reinigungsaufwand der Pulverkabinen zu reduzieren und die resultierende Qualität der Bauteile zu gewährleisten.

Auslastung der einzelnen Stationen und Verfügbarkeit des Personals: Die Kapazitäten der verschiedenen Arbeitsstationen sowie die Verfügbarkeit der Mitarbeitenden müssen in der Planung adäquat berücksichtigt werden, um Engpässe zu vermeiden und einen reibungslosen Produktionsfluss zu gewährleisten.

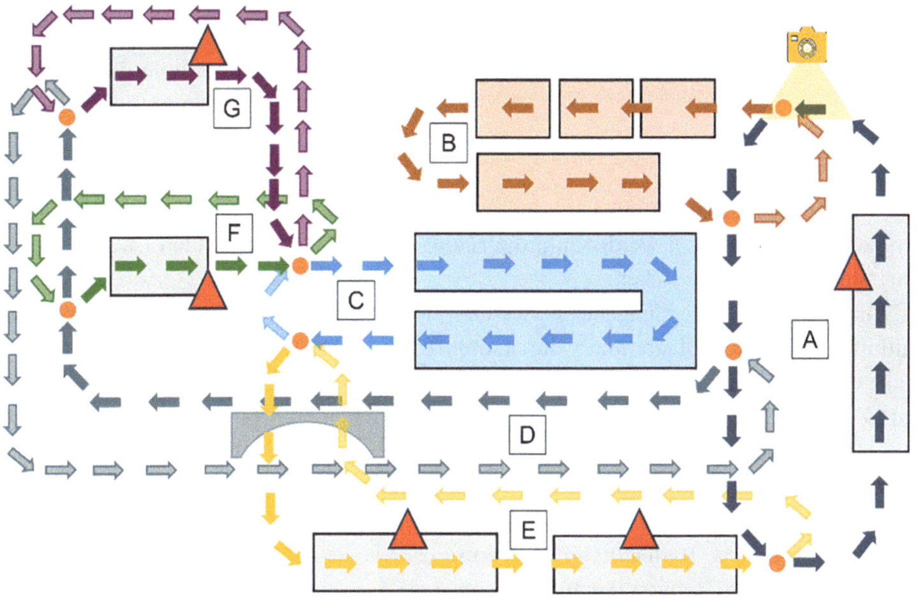

Abb. 3.15 Schematische Darstellung der Draufsicht der OFT. Die konzipierten Eingabestationen wurden mittels roter Dreiecke eingefügt, ebenso die Kamerastation nach dem Aufhängeprozess in Kreislauf A

Komplexität der Bauteile: Nicht alle Bauteile eignen sich für die Bearbeitung sowohl in der Verlustpulverkabine als auch in der automatischen Wagnerkabine. Komplexere Geometrien erfordern in der Regel mehr Bearbeitungszeit, weshalb ein Wechsel zwischen komplexen und einfachen, schnell zu lackierenden Bauteilen angestrebt werden sollte, um die vorgegebene Taktzeit einzuhalten.

Verfügbarkeit der Bauteile: Eine Überprüfung der physischen Präsenz der zu bearbeitenden Bauteile an der OFT zu bestimmten Zeitpunkten ist notwendig, um die Produktionsplanung an die tatsächlichen Gegebenheiten anzupassen.

Benötigte Vorbehandlungen der Wägen: Die spezifischen Vorbereitungen, die für die eingesetzten Wägen erforderlich sind, spielen ebenfalls eine relevante Rolle in der detaillierten Produktionsplanung.

Optimale Auslastung der Wägen: Es wird sorgfältig darauf geachtet, welche Bauteile und Aufträge sinnvoll kombiniert auf einem Wagen platziert werden können, um die Kapazität der Wägen maximal auszuschöpfen und somit die Effizienz des Gesamtsystems zu optimieren.

Die hier aufgeführten zentralen Einflussfaktoren müssen dem zukünftigen Assistenzsystem zugänglich gemacht werden, um die Entwicklung einer intelligenten Entscheidungsunterstützung zu ermöglichen.

Auch für den Anwendungsfall in der OFT wurde eine entsprechende Prozessplanung mithilfe von Sequenzdiagrammen durchgeführt. Das nachfolgend abgebildete Diagramm stellt eine vereinfachte Form der Kommunikation zwischen den einzelnen Teilsystemen dar. Zur besseren initialen Verständlichkeit des Anwendungsfalls wurden unter anderem der Operator und das ERP-System in dieser vereinfachten Darstellung zunächst ausgeblendet. Das Sequenzdiagramm bezieht sich dabei auf das angestrebte finale Assistenzsystem, ohne die initiale Phase der Datenerfassung zu berücksichtigen, und visualisiert somit die letztendlich intendierte Lösung.

Im Sequenzdiagramm ist der Informationsfluss des Assistenzsystems dargestellt, welches die relevanten Daten für die Generierung von Arbeitsanweisungen sowohl vom Reihenfolgenmodul als auch vom KI-Modul abruft und diese somit den unerfahrenen Mitarbeitenden zugänglich macht (Abb. 3.16).

3.4.2 Erzeugung eines Reihenfolgenmoduls

Für das Reihenfolgenmodul wurden zunächst detaillierte Experteninterviews mit den Verantwortlichen der morgendlichen Produktionsplanung durchgeführt, um ein umfassendes Verständnis der bereits implizit berücksichtigten Einflussfaktoren zu gewinnen. Diese Erkenntnisse ermöglichten die gezielte Integration dieser Faktoren in das entwickelte Modul. Die relevanten Daten zur manuellen Erstellung der Produktionsreihenfolge werden über das Enterprise-Resource-Planning-System proAlpha an die erfahrenen Planer übermittelt. Vor Beginn des Forschungsprojekts erfolgte die Erstellung dieser Reihenfolge mithilfe einer einfachen Excel-Tabelle, welche sämtliche Tagesaufträge enthielt und manuell in eine sinnvolle Abarbeitungssequenz sortiert wurde. Bei unvorhergesehenen Ereignissen, wie beispielsweise fehlenden Bauteilen an der Lackierstation oder dringenden, priorisierten Aufträgen, war die kontinuierliche Anwesenheit einer erfahrenen Fachkraft erforderlich, um zeitnah und adäquat reagieren zu können. Die bedeutendsten Einflussfaktoren, die im Rahmen der Analyse identifiziert wurden, wurden bereits im vorherigen Unterkapitel kurz umrissen.

Basierend auf den identifizierten Einflussfaktoren und den im proAlpha-System hinterlegten Daten wurde die Entscheidung getroffen, spezifische Sortieralgorithmen zu

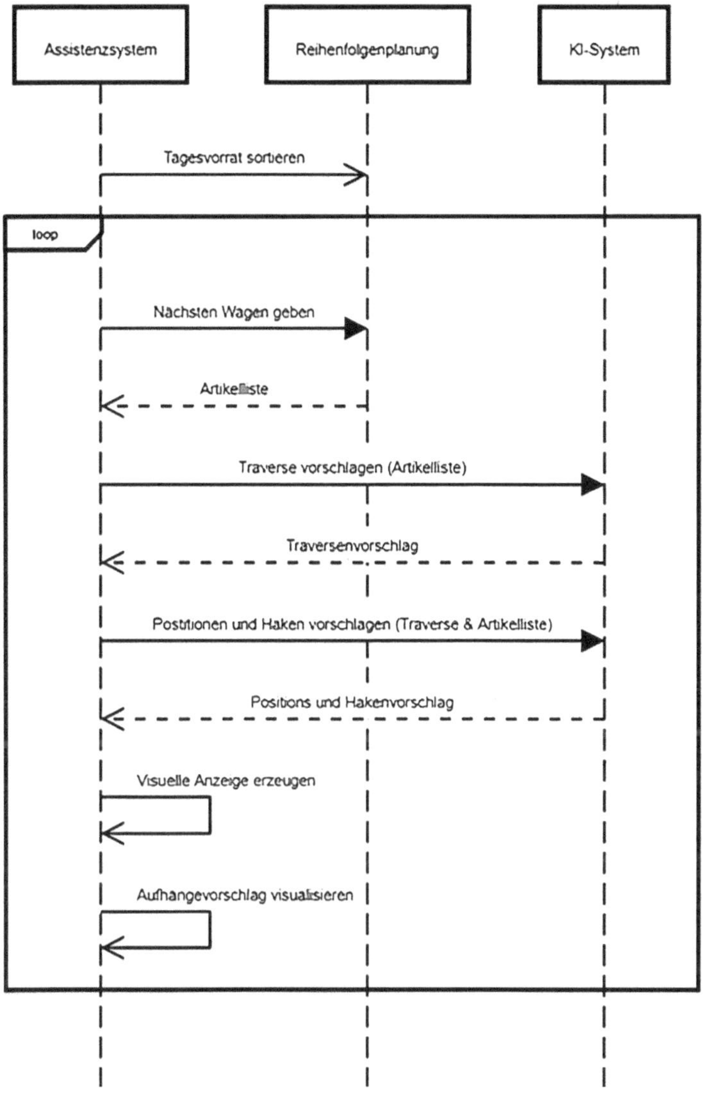

Abb. 3.16 Vereinfachtes Sequenzdiagramm zum Anwendungsfall apra-norm

implementieren, um die Generierung der Arbeitsauftragsreihenfolge zu automatisieren. Hierzu wurden zunächst dedizierte Sortieralgorithmen entwickelt, die auf den ermittelten Einflussfaktoren basieren, und diese wurden in einem iterativen Prozess kontinuierlich überprüft und verfeinert. Jeden Morgen um 5:00 Uhr erfolgte sowohl durch die erfahrenen Planer als auch durch die Entwickler ein paralleler Abruf der aktuellen Tagesaufträge. Beide Parteien erstellten, basierend auf denselben Daten, eine unabhängige Reihenfolge der Arbeitsaufträge, welche anschließend detailliert miteinander verglichen wurde. Bei festgestellten Diskrepanzen wurden in enger Kooperation mit dem Expertenteam neue Algorithmen oder Anpassungen in das bestehende Modul integriert, um die Präzision der automatisierten Reihenfolgegenerierung sukzessive zu optimieren.

Im Verlauf dieser Vorgehensweise traten rasch Datenanomalien beziehungsweise Dateninkonsistenzen zutage. Derartige Anomalien entstehen typischerweise durch fehlerhafte Eingabe, Modifikation oder Löschung von Datensätzen. Da die entwickelten Sortieralgorithmen auf eine spezifische Datenstruktur ausgerichtet sind, konnten abweichende Einträge in der Datenbank dazu führen, dass diese Anomalien vom Algorithmus nicht korrekt verarbeitet wurden und somit potenziell fehlerhafte Sortierergebnisse generiert wurden. Um eine fehlerfreie Verarbeitung der Daten und somit eine präzise Sortierung der Arbeitsaufträge sicherzustellen, war es unerlässlich, die identifizierten Datenanomalien im proAlpha-System zu lokalisieren und entsprechend zu korrigieren. Nur durch diese Bereinigung der Datenbasis konnte eine reibungslose und präzise automatische Sortierung der Arbeitsaufträge gewährleistet werden.

Tipp

Die Gewährleistung konsistenter Daten innerhalb einer Datenbank ist von fundamentaler Bedeutung für eine akkurate und effiziente Datenanalyse. Inkonsistente oder fehlerhafte Daten führen zu Verzerrungen in den Analysen, wodurch sowohl die Validität als auch die Reliabilität der resultierenden Erkenntnisse substanziell beeinträchtigt werden. Dateninkonsistenzen, die beispielsweise durch Anomalien in den Datenbanken entstehen können, bergen das Potenzial unvorhersehbarer Auswirkungen auf Datenbankabfragen und statistische Auswertungen, was die Aussagekraft der Analysen erheblich mindert. Im Gegensatz dazu gewährleistet Datenkonsistenz, dass sämtliche Datensätze widerspruchsfrei sind, und bildet somit die unerlässliche Grundlage für verlässliche und robuste Schlussfolgerungen. Die Normalisierung der Datenbank, insbesondere bis zur dritten Normalform (3NF), stellt hierbei einen zentralen methodischen Ansatz zur Prävention derartiger Anomalien dar (Härder und Rahm 2001).

Im Folgenden soll ein ausgewählter Teil der entwickelten Sortieralgorithmen detaillierter betrachtet werden, und zwar in Form von Programmablaufplänen (PAP). Ein PAP stellt ein grafisches Instrument dar, das mithilfe spezifischer Symbole und gerichteter Pfeile die einzelnen Schritte sowie deren sequenzielle Anordnung innerhalb eines Algorithmus oder eines Computerprogramms visuell abbildet. Dieser methodische Ansatz dient der signifikanten Erleichterung des Verständnisses der logischen Struktur und der prozessualen Abläufe eines Programms und erweist sich sowohl in der Planungsphase als auch bei der nachträglichen Analyse von Programmen als äußerst nützlich. Programmablaufpläne sind somit ein unverzichtbares Hilfsmittel im Bereich der Informatik und der Softwareentwicklung, da sie die Fähigkeit besitzen, komplexe Prozesse auf eine übersichtliche und leicht nachvollziehbare Weise zu visualisieren. Die in Programmablaufplänen verwendeten Symbole sind allgemein standardisiert und intuitiv verständlich; eine detaillierte Erläuterung dieser spezifischen Symbolik wird an dieser Stelle jedoch bewusst ausgespart (Knuth 2021).

In der Abb. 3.17 wird das Hauptprogramm des Reihenfolgenmoduls in Form eines Programmablaufplans (PAP) visualisiert. Der initiale Prozessschritt besteht in der Akquisition des aktuellen Arbeitsvorrats aus dem ERP-System proAlpha. Hierbei spielt der anfängliche Listenfilter, dessen detaillierte Funktionsweise später erläutert wird, eine zentrale Rolle bei der Selektion der relevanten Aufträge. Die anschließende Zuordnung der Farben stellt einen essenziellen Schritt dar, um distinkte Wägen mit spezifischen Bauteilen und zugehörigen Aufträgen zu konfigurieren. Aufgrund der spezifischen Struktur der Oberflächentechnik (OFT), welche eine separate Bearbeitung von Lackierwägen nach Farben erfordert, erfolgt in diesem Subprogramm eine erste elementare Sortierung der Aufträge nach ihren jeweiligen Farbzuordnungen.

Im nachfolgenden Schritt der Wagenbildung werden die einzelnen Bauteile den entsprechenden Wägen zugeordnet. Aufbauend auf der zuvor durchgeführten Farbsortierung ermöglicht dieser Schritt die optimale räumliche Anordnung der Artikel auf den Wägen, wodurch der vorhandene Platz effizient genutzt wird. Zudem werden sogenannte „Lackierbaugruppen" berücksichtigt – hierbei handelt es sich um Montagebauteile, die nach dem Lackierprozess zusammengefügt werden müssen und daher eine separate Lackierung erfordern. Die so konfigurierten Wägen werden anschließend hinsichtlich ihrer geschätzten Verarbeitungszeit für das Aufhängen und die Lackierung den verschiedenen Lackierkabinen zugeteilt. Bei dieser Zuweisung wird die Farbkompatibilität berücksichtigt, da nicht jede Lackierkabine die Verarbeitung aller Farbspektren ermöglicht.

Im vorletzten Schritt des Algorithmus erfolgt eine erneute Sortierung der Wägen nach Farben, mit dem primären Ziel, Farbwechsel zwischen hellen und dunklen Farbtönen zu minimieren. Farbwechsel an den Lackierstationen sind zeitintensiver als Wechsel zwischen chromatisch ähnlichen Farben, da sie einen erhöhten Reinigungsaufwand erfordern, um unerwünschte Farbmischungen zu vermeiden. Das angestrebte Optimum besteht darin, höchstens einen Wechsel von hell nach dunkel oder umgekehrt pro Produktionstag zu generieren. Darüber hinaus werden die Wägen so sequenziert, dass ein ausgewogenes Verhältnis zwischen der Bearbeitung großer, komplexer Bauteile und kleinerer, einfacherer Bauteile resultiert. Da große Bauteile einen höheren Lackieraufwand bedingen und selten innerhalb des regulären Takts der OFT behandelt werden können, werden einfachere Wägen zwischen komplexeren platziert, um die Einhaltung des Produktionsrhythmus zu gewährleisten.

Auf Basis dieser detaillierten algorithmischen Schritte wird schließlich die optimierte Reihenfolge der Arbeitsaufträge generiert und als Ergebnis ausgegeben (Abb. 3.18).

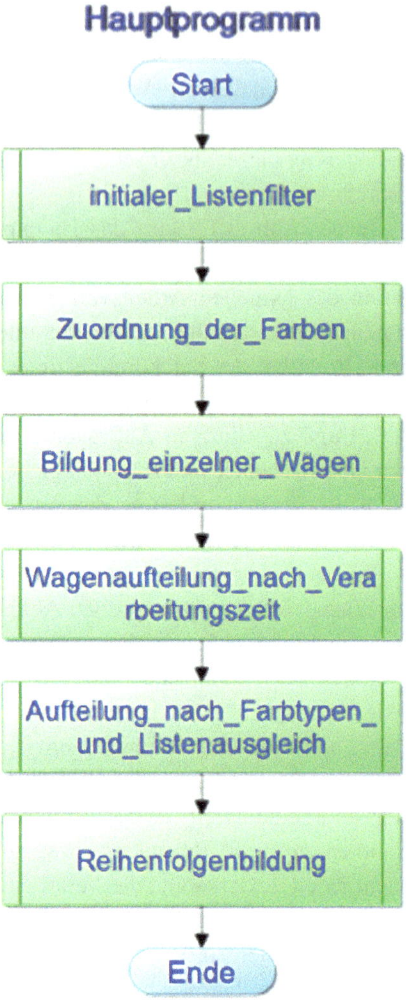

Abb. 3.17 PAP des Hauptprogramms der Reihenfolgenplanung. Für jeden Schritt im Ablaufplan werden die entsprechenden Subprogramme abgerufen und ausgeführt

Tipp

Programmablaufpläne (PAPs) erweisen sich als wertvolles Instrument zur Visualisierung und detaillierten Analyse von Algorithmen, indem sie eine präzise und strukturierte Darstellung sequenzieller Abläufe und involvierter Entscheidungsprozesse ermöglichen. Sie tragen maßgeblich zur Vereinfachung des Verständnisses der zugrundeliegenden Programmlogik und zur Optimierung der Kommunikation zwischen Entwicklerinnen und Entwicklern bei, indem sie komplexe prozedurale Abläufe in nachvollziehbare Einzelschritte zerlegen. Im Gegensatz zur Unified

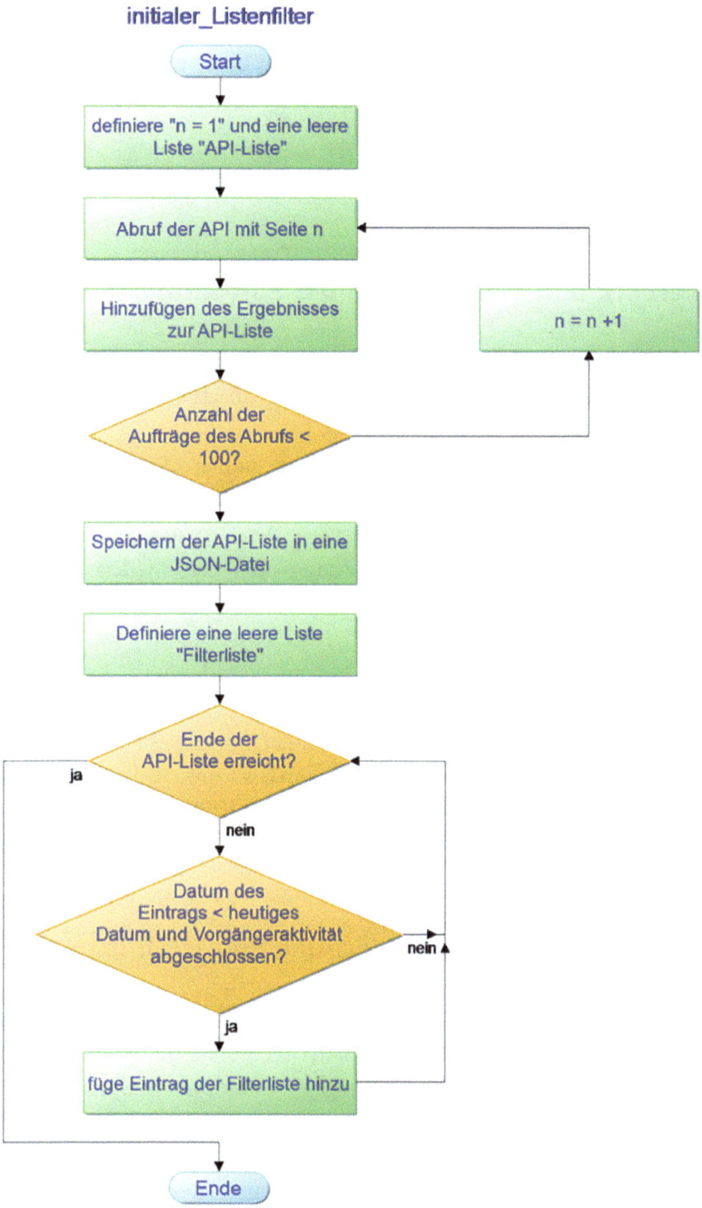

Abb. 3.18 Darstellung des PAP des Subprogrammes zur initialen Listenfilterung

Modeling Language (UML), welche eine umfassende Modellierung von Softwarearchitekturen und komplexen Softwaresystemen ermöglicht, fokussieren sich PAPs primär auf die detaillierte und schrittweise Darstellung der prozeduralen Ablauflogik eines spezifischen Programms (Hering 1989).

3.4.3 Überblick und Einführung in das Softwaresystem

Dieser Abschnitt vermittelt in kompakter Form ein grundlegendes Verständnis der entwickelten Software, welches in den nachfolgenden Abschnitten detaillierter ausgeführt werden soll.

Die Softwarearchitektur basiert auf einem sequenziellen „Schritt-für-Schritt"-System, bei dem Daten sukzessive sowohl manuell durch die Nutzenden als auch automatisiert über externe Geräte und Sensoren erfasst werden. Analog zu einem Installationsprozess mit mehreren aufeinanderfolgenden Seiten, auf denen verschiedene Konfigurationsoptionen zur Auswahl stehen, werden die einzelnen Erfassungsschritte über eine intuitiv gestaltete grafische Benutzeroberfläche (GUI) dargestellt. Die im jeweiligen Schritt akquirierten Daten werden anschließend zur weiteren Verarbeitung, beispielsweise durch Algorithmen der Künstlichen Intelligenz, persistent gespeichert. Dieses „Schritt-für-Schritt"-System ist flexibel einsetzbar und kann ebenfalls zu Assistenzzwecken verwendet werden, um relevante Informationen in Form von Bild- und Textdarstellungen kontextbezogen anzuzeigen. Die Kombination aller definierten Teilschritte resultiert in einem umfassenden Arbeitsablauf, dessen Struktur und Abfolge frei konfigurierbar ist.

3.4.4 Softwarearchitektur zur Erfassung von Erfahrungswissen

Die im vorangegangenen Abschnitt beschriebene Software ist als Webanwendung realisiert. Diese Implementierungsentscheidung bietet mehrere signifikante Vorteile, darunter eine zentralisierte Steuerung und Speicherung aller relevanten Daten sowie eine weitgehend uneingeschränkte Kompatibilität mit verschiedenen Endgeräten. Das Kernstück der Architektur bildet der Webserver, welcher die simultane Verbindung einer beliebigen Anzahl von Endgeräten ermöglicht. Jedes dieser Endgeräte repräsentiert eine spezifische Arbeitsstation innerhalb des Produktionsprozesses. An diesen Stationen erfolgt die Datenerfassung und -speicherung über sogenannte Abläufe. Diese Abläufe konstituieren sich aus einer sequenziellen Abfolge von Teilschritten, auch „Aktionen" genannt, welche die entsprechenden Dateneingaben strukturieren. Jede Station kann theoretisch eine beliebige Anzahl von Abläufen umfassen, die bei Bedarf geladen und ausgeführt werden können.

Für den vorliegenden Anwendungsfall erweist sich jedoch ein dedizierter Ablauf pro Station als ausreichend. Die beschriebene Systemarchitektur soll im Folgenden durch eine grafische Darstellung veranschaulicht und anschließend in ihren einzelnen Teilaspekten detaillierter erläutert werden.

Wie die Grafik zu erkennen gibt besteht jeweils eine 1 zu n Beziehung zwischen den einzelnen Komponenten der Architektur.

- An einem Webserver können n-viele Endgeräte und Sensoren angeschlossen sein.
- Jede Station verfügt über n-viele Abläufe.
- Jeder Ablauf besteht aus n-vielen Aktionen.

3.4.5 Aktionen im Softwaremodul

Wie die Abb. 3.19 verdeutlicht, besteht zwischen den einzelnen Komponenten der Softwarearchitektur eine relationale Struktur, die als Eins-zu-n-Beziehung charakterisiert werden kann:

- Ein einzelner Webserver ermöglicht die simultane Anbindung einer variablen Anzahl (n) von Endgeräten und Sensoren.
- Jede einzelne Station innerhalb des Systems kann eine variable Anzahl (n) von spezifischen Abläufen umfassen.

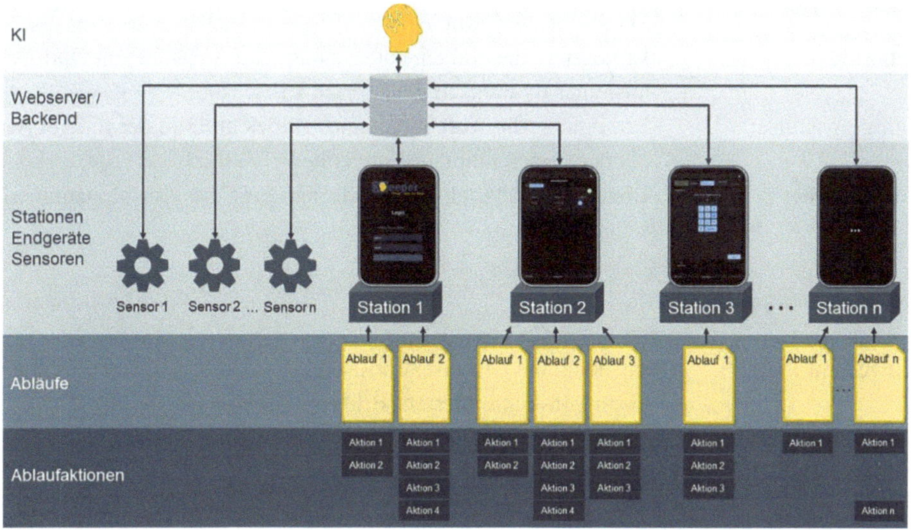

Abb. 3.19 Softwarearchitektur zur Erfassung von Aktionen mit elementaren Hierarchieebenen

- Jeder dieser Abläufe wiederum setzt sich aus einer variablen Anzahl (n) von einzelnen Aktionen zusammen.

Aktionen

Jede definierte Aktion innerhalb eines Ablaufs dient dem primären Zweck, entweder spezifische Informationen zu erfassen oder dem Nutzer relevante Daten wiederzugeben. Das gegenwärtige System beinhaltet insgesamt 17 solcher Aktionen, von denen die Mehrheit einen generischen Charakter aufweist und somit in verschiedenen Anwendungsfällen flexibel einsetzbar ist. Beispiele hierfür sind die Auswahl aus vordefinierten Optionen oder die numerische Eingabe von Werten. Die Datenerfassung erfolgt aktionsabhängig entweder manuell durch die Mitarbeitenden oder automatisiert über externe Sensoren, welche die erfassten Daten direkt an das System übermitteln.

Im Folgenden eine detaillierte Auflistung aller implementierten Aktionen mit einer kurzen erläuternden Beschreibung:

Manuelle Aktionen

Entscheidung: Präsentation eines Anzeigetextes, eines zugehörigen Bildes sowie zweier interaktiver Schaltflächen zur direkten Entscheidungsfindung durch den Nutzer.

Numerische Eingabe: Ermöglicht die Eingabe eines numerischen Wertes über ein dediziertes numerisches Bedienfeld mit Auf- und Ab-Navigation.

Ziffernblock Eingabe: Ermöglicht die Eingabe eines numerischen Wertes über einen klassischen Ziffernblock.

Auswahl: Ermöglicht die einfache oder mehrfache Auswahl von Optionen aus einer dynamisch generierten Liste.

Schnappschuss: Ermöglicht die Aufnahme eines Bildes mithilfe der integrierten Kamera eines mobilen Endgerätes.

Texteingabe: Bietet die Möglichkeit zur freien Eingabe von alphanumerischen Texten.

Reine Anzeigeaktionen

Anweisung: Dient der reinen Informationsanzeige für die bedienende Person in Form von kombiniertem Bild- und Textinhalt.

Zusammenfassung: Stellt Variableninhalte in einer strukturierten, blockweisen Darstellung in Form von Bild und Text dar.

Teilautonome Aktionen

Verzögerung: Implementiert einen Countdown einer voreingestellten Zeitspanne, welcher manuell durch den Nutzer vorzeitig beendet werden kann.

Sprung: Ermöglicht das bedingte oder unbedingte Springen (vorwärts oder rückwärts) zu einer spezifischen, im Ablauf definierten Stelle. Die Sprungbedingung kann entweder autonom (basierend auf Systemzuständen) oder manuell (durch eine Nutzerentscheidung) evaluiert werden und ermöglicht die Realisierung von Schleifenstrukturen.

Autonome Aktionen

Variable initialisieren: Erstellt und initialisiert Systemvariablen mit einem vordefinierten Initialwert (keine grafische Benutzeroberfläche).

Variablenexistenz prüfen: Überprüft die Existenz einer oder mehrerer definierter Systemvariablen.

Variable speichern: Speichert den aktuellen Wert einer ausgewählten Systemvariable als Ergebnis des jeweiligen Ablaufs.

OPCUA: Ermöglicht die bidirektionale Kommunikation mit einem OPCUA-Server zur Datenintegration.

REST: Ermöglicht die bidirektionale Kommunikation mit externen Systemen über definierte REST-Schnittstellen.

Daten ermitteln: Ermöglicht die Extraktion spezifischer Ergebniswerte aus vorhergegangenen Stationen innerhalb des Gesamtprozesses (keine grafische Benutzeroberfläche oder direkte Nutzerinteraktion).

Spezifische Aktionen

Vision Kamera: Ermöglicht die Bildaufnahme über eine spezifische Blackfly BFS-PGE-200S6C-C Kamera der Firma Teledyne FLIR (speziell entwickelt für den Anwendungsfall bei apra-norm).

Die Abb. 3.20 illustriert schematisch einen typischen Ablauf im Sinne der Datenerfassung, um das grundlegende Prinzip eines solchen Prozesses nochmals anschaulich zu verdeutlichen.

3.4.6 Funktionsweise des Softwaremoduls

Dieser Abschnitt dient der detaillierten Erläuterung des Prinzips und der spezifischen Funktionsweise der entwickelten Webanwendung. Das Hauptaugenmerk liegt hierbei auf den Abläufen, die sowohl der Erhebung relevanter Daten als auch deren nachfolgender

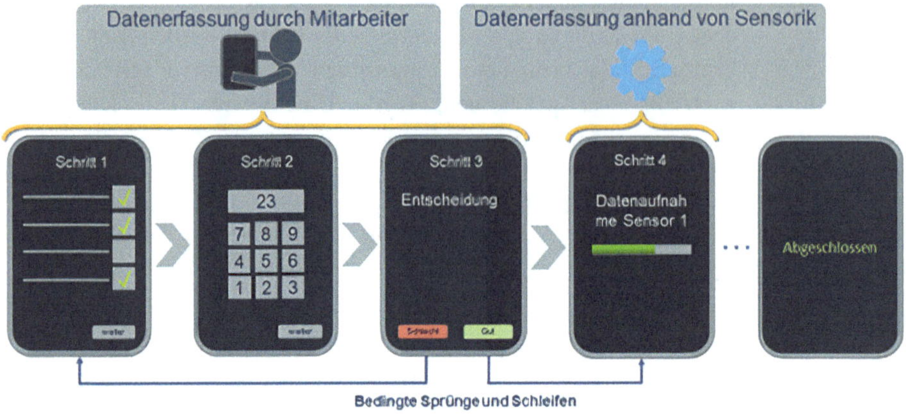

Abb. 3.20 Softwarearchitektur als Eingabebeispiel für Mitarbeitende. Entsprechende GUIs wurden partizipativ mit Mitarbeitenden entwickelt

Visualisierung dienen, sowie auf der Art und Weise, wie diese Prozesse implementiert sind. Wie bereits einleitend erwähnt, konstituiert sich ein Ablauf aus einer sequenziellen Kette von Aktionen, die in der Regel nacheinander abgearbeitet werden. Die Steuerung des Ablaufs selbst wird durch verschiedene Einflussfaktoren determiniert:

Steuerung durch die bedienende Person: Dies umfasst die Möglichkeit, den Ablauf aktiv zu beeinflussen, beispielsweise durch gezielte Sprünge zu anderen Schritten oder durch das Zurückkehren zu vorherigen Aktionen.

Steuerung durch definierte Ausführbedingungen: Hierbei handelt es sich um logische Bedingungen, deren Erfüllung oder Nichterfüllung die weitere Abarbeitung des Ablaufs bestimmt, beispielsweise das Überspringen bestimmter Aktionen in Abhängigkeit von zuvor erfassten Daten.

3.4.7 Steuerung der Software durch Bediener (Sprünge und Rücksprünge)

Die Steuerung des Ablaufs durch die bedienende Person ist intuitiv und unmittelbar nachvollziehbar. Innerhalb einer spezifischen „Sprung-Aktion“ hat die bedienende Person die Möglichkeit zu entscheiden, ob sie zu einer zuvor definierten Aktion innerhalb des Ablaufs springen oder den sequenziellen Ablauf regulär fortsetzen möchte. Darüber hinaus besteht bei Bedarf die Option, einen Rücksprung zu initiieren. Durch diese

Funktion wird der gesamte Ablauf in den Zustand der unmittelbar vorhergegangenen Aktion zurückversetzt, wodurch eine einfache Korrektur oder Wiederholung von Eingaben ermöglicht wird.

3.4.8 Konfiguration und Flexibilität

Um eine maximale Flexibilität und breite Anwendbarkeit des entwickelten Systems für verschiedene Einsatzbereiche zu gewährleisten, sind zahlreiche Aspekte der Systemarchitektur frei konfigurierbar. Diese Konfigurationen werden in Form von JSON-Dateien gespeichert. So verfügt jede Komponente – der zentrale Server, jede einzelne Arbeitsstation und jeder individuelle Ablauf – über eine eigene, dedizierte Konfigurationsdatei. Die Konfiguration eines Ablaufs beschreibt beispielsweise in groben Zügen, welche spezifischen Aktionen in welcher sequenziellen Reihenfolge ausgeführt werden sollen und wie sich die einzelnen Aktionen im Detail verhalten. Hierfür können Konfigurationstemplates der gewünschten Aktionen in der entsprechenden Reihenfolge in die Ablaufkonfigurationsdatei eingefügt und an die jeweiligen Bedürfnisse angepasst werden. Jedes Aktions-Template beinhaltet dabei spezifische Einstellmöglichkeiten, die auf die Funktionalität der jeweiligen Aktion zugeschnitten sind.

Parallel dazu wird in der Konfigurationsdatei einer Arbeitsstation festgelegt, welche spezifischen Funktionen diese Station bereitstellt und wie sich diese Funktionen im System verhalten sollen. Des Weiteren existieren pro Arbeitsstation separate Gerätekonfigurationsdateien, in denen gerätespezifische Einstellungen hinterlegt werden, wie beispielsweise die IP-Adresse eines angeschlossenen Gerätes.

3.4.9 Erweiterbarkeit

Aufgrund dieser flexiblen Architektur und der hohen Anpassbarkeit erweist sich die entwickelte Webanwendung als sehr gut erweiterbar. Bei Bedarf können problemlos Konfigurationen für zusätzliche Arbeitsstationen angelegt werden, wodurch diese unmittelbar im Gesamtsystem verfügbar sind. Sollte für einen spezifischen Anwendungsfall eine neue Aktion erforderlich sein, kann diese nachträglich entwickelt und in das System integriert werden, sodass sie fortan in jedem beliebigen Ablauf genutzt werden kann. Das gleiche Prinzip gilt für externe Geräte und Sensorik. Selbstverständlich erfordert die Integration neuer Hardware zunächst die Entwicklung eines entsprechenden Gerätetreibers und einer zugehörigen Aktion. Diese können jedoch anschließend auf sehr einfache Weise in das bestehende System integriert werden.

3.4.10 Assistenzfunktion

Aktuell findet die beschriebene Software primär im Kontext der Datenerfassung Anwendung. Prinzipiell besteht jedoch die Möglichkeit, sie auch in einer unterstützenden Funktion einzusetzen. Die konkrete Ausgestaltung dieser Assistenz ist stark vom jeweiligen Anwendungsfall und den zugrundeliegenden Daten abhängig. Durch den Einsatz einzelner Anweisungsaktionen könnte bereits ohne signifikanten Entwicklungsaufwand eine einfache Unterstützung in Form von erläuternden Texten und relevanten Bildern realisiert werden, um eine Arbeitskraft während einer bestimmten Tätigkeit mit notwendigen Informationen zu versorgen. Stellen wir uns beispielsweise vor, ein Mitarbeiter muss täglich verschiedene Geräte montieren, wobei es spezifische kritische Punkte gibt, die während des Montageprozesses besondere Aufmerksamkeit erfordern. Ein assistierender Ablauf könnte in diesem Szenario wie folgt strukturiert sein:

1. Die Montagekraft wählt aus einer übersichtlichen Liste das zu montierende Gerät aus. Noch effizienter wäre die Erfassung der Geräteidentifikation durch das Scannen der Materialnummer.
2. Das System identifiziert daraufhin automatisch den spezifischen Artikel.
3. Anschließend präsentiert der Ablauf eine detaillierte, auf den ausgewählten Artikel zugeschnittene Schritt-für-Schritt-Montageanleitung, durch die sich der Mitarbeiter interaktiv navigieren kann.

Eine derartige Assistenzfunktion ist jedoch eher statischer Natur und entspricht nicht dem primären Ziel des Forschungsprojekts. Ein vielversprechender Ansatz für den Einsatz von Künstlicher Intelligenz in diesem Kontext könnte daher wie folgt aussehen: Die im Rahmen der Datenerfassung gewonnenen Daten werden verwendet, um ein neuronales Netzwerk zu trainieren. Im Assistenzbetrieb würde dies bedeuten, dass die angezeigten Texte, Werte oder Bilder nicht mehr zwingend statisch aus der Systemkonfiguration stammen, sondern dynamisch zur Laufzeit von der trainierten KI generiert werden. So könnten beispielsweise während eines aktiven Ablaufs erfasste Daten, wie die aktuelle Artikelnummer, an die KI übermittelt werden, welche dann die relevanten Informationen zur direkten Anzeige bereitstellt. Selbstverständlich erfordert dies im Vorfeld eine präzise Definition der auszutauschenden Daten und der Art der Kommunikation mit der KI. Konkret muss festgelegt werden, welche Informationen die KI zur Laufzeit benötigt, welche Informationen sie als Antwort liefert und über welche Schnittstelle die Kommunikation erfolgen soll. Eine praktikable Möglichkeit wäre die Verwendung einer REST-Schnittstelle, da das entwickelte System bereits eine flexible Interaktion mit solchen Schnittstellen unterstützt.

3.4.11 Design

Das primäre Ziel bei der Gestaltung der Benutzeroberfläche (User Interface) war es, eine einfache und intuitive Handhabung des Systems zu gewährleisten und gleichzeitig alle erforderlichen Funktionen und Inhalte zugänglich zu machen, ohne die Nutzenden zu überfordern. Das Design wurde bewusst nutzerfreundlich und weitestgehend selbsterklärend konzipiert. Dieser Aspekt ist im praktischen Arbeitsumfeld von erheblicher Bedeutung, da Mitarbeitende dort oft nicht die Zeit oder die Geduld aufbringen können, sich in komplexe Softwaresysteme einzuarbeiten. Weiterhin wurde berücksichtigt, dass das System unter anderem auch über Touchscreen-basierte Endgeräte bedient werden wird. Aus diesem Grund wurden die Bedienelemente entsprechend großzügig dimensioniert, um die Interaktion über Touchscreens zu optimieren und die Bedienung zu erleichtern.

Abb. 3.21 illustriert einen spezifischen Ausschnitt des Ablaufs an der Aufhängestation bei der Firma apra-norm. Die dargestellte Aktion beinhaltet die Auswahl des verwendeten Hakens für den Aufhängeprozess. Am rechten Bildschirmrand werden die aktuellen Systemvariablen des aktiven Ablaufs angezeigt. Diese Ansicht ist standardmäßig ausgeblendet und kann bei Bedarf über die Variablen-Schaltfläche in der oberen rechten Ecke des Bildschirms eingeblendet werden. Über die beiden Schaltflächen in der oberen Funktionsleiste können Abläufe sowohl initiiert als auch beendet werden. Eine übersichtliche Darstellung der aufeinanderfolgenden Aktionen innerhalb des aktuellen Ablaufs wird am unteren Bildschirmrand angezeigt. Die Navigation zu den verschiedenen Menüpunkten des Systems erfolgt über das Hauptmenü auf der linken Bildschirmseite. Dieses Menü kann durch einen einfachen Klick ausgeblendet werden, um die verfügbare Bildschirmfläche optimal zu nutzen.

3.4.12 Implementierung des Anwendungsfalls bei apra-norm

Bisher fand die entwickelte Software ausschließlich bei der Firma apra-norm im Bereich der Oberflächentechnik Anwendung. Dort werden einzelne Bauteile auf sogenannte Traversen gehängt, welche anschließend über ein komplexes Transportsystem verschiedene Bearbeitungsstationen der Oberflächentechnik durchlaufen. Die Art und Weise der Aufhängung dieser Bauteile spielt eine entscheidende Rolle sowohl für den Produktionsdurchsatz als auch für die resultierende Qualität der Lackierung. Eine zu geringe Anzahl aufgehängter Teile kann zu einer Unterschreitung der vorgegebenen Taktzeiten führen, während eine fehlerhafte oder übermäßige Bestückung der Traversen das Lackierergebnis negativ beeinflussen kann. Aus diesem Grund war es ein zentrales Anliegen, das implizite Erfahrungswissen der Mitarbeitenden an der Aufhängestation systematisch zu erfassen. Da jedoch auch deren Expertise nicht immer fehlerfrei ist, werden an nachfolgenden Stationen zusätzliche Informationen über den Zustand des jeweiligen Wagens gesammelt und

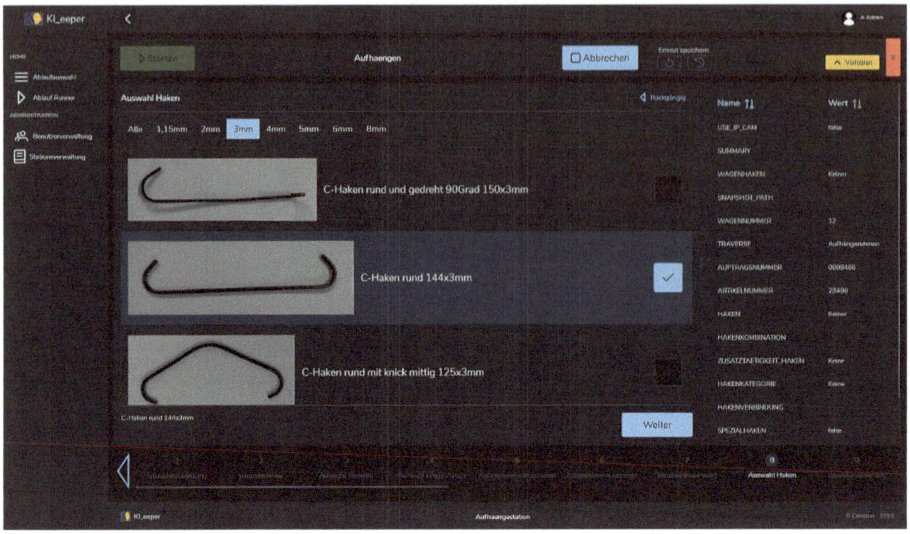

Abb. 3.21 Designentwicklung mit Mitarbeitenden: Ausschnitt des Ablaufs der Aufnahmestation bei apra-norm

dokumentiert. Hierdurch können beispielsweise frühzeitig Mängel identifiziert werden, die auf eine ungünstige oder inkorrekte Aufhängung der Bauteile zurückzuführen sind.

Um diese umfassende Datenerfassung zu realisieren, wurden an den folgenden relevanten Stationen Touchscreen-Panels zur Eingabe der entsprechenden Informationen installiert:

1. Aufhängestation
2. Station nach der Vorbehandlung
3. Lackierkabine 1 und Lackierkabine 2
4. Abhängestation

Im weiteren Verlauf des Projekts wurde zusätzlich eine separate Kamerastation integriert, um detaillierte Bilder der beladenen Wägen aufzunehmen. Diese Bildaufnahmen erfolgten zuvor direkt an der ursprünglichen Kamerastation. Aufgrund von Platzbeschränkungen war es dort jedoch nicht möglich, einen für qualitativ hochwertige Aufnahmen notwendigen adäquaten Kontrast zu gewährleisten, weshalb die Bildaufnahme nun an der neu eingerichteten, nachgelagerten Kamerastation erfolgt. Eine zentrale Anforderung an diese Kamerastation war deren autarke Funktionsweise. Um dies zu realisieren, wurde eine zusätzliche Systemfunktionalität implementiert, die einen automatischen Start eines spezifischen Bildaufnahmeablaufs ermöglicht („Triggerung“). Der Start dieses Ablaufs soll unmittelbar erfolgen, sobald ein Wagen am Stopper des Fördersystems an der Kamerastation zum Stillstand kommt. An dieser Position wird die eindeutige Nummer des Wagens extern über einen RFID-Reader ausgelesen und an einen OPCUA-Server übermittelt. Dieser Server wiederum informiert die Kamerastation über die Anwesenheit eines Wagens und liefert auf Anfrage zusätzlich die entsprechende Wagennummer. Sobald diese Informationen erfolgreich empfangen wurden, initiiert das System automatisch den Bildaufnahmeablauf, bei dem ein detailliertes Bild des Wagens aufgenommen und digital gespeichert wird.

Nachdem ein Wagen sämtliche relevanten Stationen durchlaufen hat, wird ein konsolidiertes Ergebnis aller an den einzelnen Stationen erfassten Informationen für diesen spezifischen Wagen persistent abgespeichert.

3.4.13 Optimierung und Generalisierung

Der erfolgreiche Zwischenstand des Projekts ist maßgeblich auf die enge Kooperation und den kontinuierlichen Informationsaustausch mit den Mitarbeitenden zurückzuführen. Während in der theoretischen Planungsphase viele Aspekte antizipiert werden können, offenbaren sich die tatsächlichen Herausforderungen und Optimierungspotenziale häufig erst im Rahmen der praktischen Implementierung und Anwendung. Der regelmäßige Dialog mit den Beschäftigten erwies sich daher als unerlässlich, um auftretende Probleme frühzeitig zu identifizieren und effizient zu lösen sowie wertvolle Verbesserungsvorschläge zeitnah in den Entwicklungsprozess zu integrieren.

Zwei konkrete Beispiele aus der partnerschaftlichen Zusammenarbeit mit der Firma apra-norm verdeutlichen diesen Umstand eindrücklich:

Beispiel 3.1: Wiederholtes Speichern vorheriger Ergebnisse

Im Rahmen der Datenerfassung an der Aufhängestation tritt häufig die Situation auf, dass mehrere Wagen in einer identischen Konfiguration direkt nacheinander bestückt werden. Die ursprüngliche Systemarchitektur sah diese wiederholte Konfiguration nicht explizit vor, was zur Folge hatte, dass die relevanten Daten für jeden einzelnen Wagen separat eingegeben werden mussten – obwohl die Bestückung bis auf die individuelle Wagennummer identisch war. Aus dieser praktischen Herausforderung resultierte der dringende Wunsch der Mitarbeitenden nach einer zusätzlichen Funktion, welche es ermöglicht, ein zuvor erfasstes Ergebnis unter Zuweisung einer neuen Wagennummer erneut zu speichern. Die zeitnahe Implementierung dieses Features reduzierte den Aufwand bei der Dateneingabe signifikant und führte zu einer spürbaren Entlastung der Kolleginnen und Kollegen an der Aufhängestation.

Beispiel 3.2: Zurückspringen im Ablauf
Ein weiteres, wiederholt geäußertes Anliegen der Mitarbeitenden betraf die Notwendigkeit, innerhalb des sequenziellen Prozessablaufs der Software zu vorherigen Schritten zurückkehren zu können. In der ersten Implementierungsphase der Software existierte diese Funktionalität nicht. Nach einer fehlerhaften Eingabe und dem bereits erfolgten Übergang zur nächsten Dateneingabe war eine nachträgliche Korrektur der fehlerhaften Information nicht mehr möglich. Die zügige Implementierung dieser Rücksprungfunktion stieß auf große Zustimmung und Zufriedenheit bei den Mitarbeitenden, da sie sich in ihren Bedürfnissen ernstgenommen fühlten und aktiv zur kontinuierlichen Verbesserung des entwickelten Systems beitragen konnten.

Diese beiden Beispiele verdeutlichen exemplarisch, dass in Projekten dieser Art eine ausgeprägte und konstruktive Zusammenarbeit sowie eine kontinuierliche Abstimmung zwischen allen beteiligten Akteuren von entscheidender Bedeutung sind, um ein für alle Seiten zufriedenstellendes und praxistaugliches Ergebnis zu erzielen.

3.4.14 Anwendung künstlicher Intelligenz

Die im vorherigen Unterkapitel beschriebene Software könnte bereits als Basis für ein Assistenzsystem dienen und würde durch die Eingabedaten der erfahrenen Mitarbeitenden ein gewisses Maß an implizitem Wissen enthalten. Da das primäre Ziel des Projekts jedoch die Entwicklung einer Künstlichen Intelligenz ist, die aus diesem impliziten Erfahrungswissen lernt und auch für zukünftige, potenziell unbekannte Bauteile eingesetzt werden soll, ist eine entsprechende Erweiterung des Systems unerlässlich.

Im spezifischen Anwendungsfall von apra-norm ist die Entscheidung, welche Artikel wann und wie zum Lackieren aufgehängt werden, von zentraler Bedeutung. Während die vorgelagerte Reihenfolgenplanung festlegt, welche Artikel auf den nächsten Lackierwagen gelangen und zu welchem Zeitpunkt dies geschieht, soll die Künstliche Intelligenz (KI) primär dazu dienen, Empfehlungen hinsichtlich der optimalen Aufhängestrategie für diese Artikel zu generieren.

Hierzu wurde ein detailliertes Konzept für die Integration und Anwendung der KI entwickelt. Die Implementierung eines zweistufigen KI-Systems wurde als zielführend erachtet, welches perspektivisch in der Lage sein soll, präzise Vorschläge für mögliche Positionen, geeignete Hakentypen, die optimale Bauteilanzahl sowie weitere relevante Parameter auch für Bauteile zu generieren, die bisher nicht in der Software-Datenbank erfasst sind. Dies schließt explizit Bauteile ein, die aktuell nicht im Produktionsportfolio von apra-norm enthalten sind. Darüber hinaus soll die KI die Fähigkeit besitzen, Aufgabenstellungen bildlich und schematisch darzustellen, um Artikelkombinationen auf einem Wagen vorherzusagen und deren approximative Positionierung auf einer Traverse oder innerhalb eines Wagens zu visualisieren.

Das entwickelte Assistenzsystem bei apra-norm erfasst kontinuierlich relevante Daten bezüglich der aktuellen Aufhängung der Artikel. Zu den wesentlichen Informationen gehören die verwendete Traverse, die spezifischen Hakentypen für die jeweiligen Artikel sowie detaillierte Bilder der Aufhängung, welche die exakten Positionen und Ausrichtungen der Artikel auf der Traverse dokumentieren. Zusätzlich wird ein qualitatives Feedback generiert, welches bewertet, ob während des Aufhängeprozesses Probleme oder Optimierungspotenziale identifiziert wurden. Auf diese Weise wird sichergestellt, dass gezielt nur die Datensätze für das effektive Training der KI verwendet werden, bei denen die Artikel zufriedenstellend und gemäß den Qualitätsstandards aufgehängt wurden.

Die zukünftige KI bei apra-norm soll in der Lage sein, basierend auf den aktuell aufzuhängenden Artikeln fundierte Vorschläge zur optimalen Aufhängung zu generieren. Dies umfasst die Empfehlung der geeigneten Traverse, der passenden Haken sowie der präzisen Positionierung der Artikel auf der Traverse. Während die Art der Traverse und die verwendeten Haken direkt aus den Eingaben der Mitarbeitenden stammen, sind die exakten Positionen der Artikel in den aufgenommenen Bildern visuell dokumentiert. Diese wertvollen Bilddaten müssen zunächst extrahiert und strukturiert werden, um als effektive Trainingsdaten für die KI dienen zu können. Perspektivisch ist geplant, dass ein weiteres, spezialisiertes KI-Modell diesen Extraktionsprozess automatisiert übernimmt. Die Realisierung dieser Automatisierung erfordert jedoch, dass alle aufgenommenen Bilder konsistente Aufnahmebedingungen erfüllen: einheitlicher Abstand zur Kamera, gleichbleibender Kamerawinkel und homogene Beleuchtung. Zusätzlich sollte ein einheitlicher Hintergrund implementiert werden, um die präzise Erkennung der Artikelpositionen durch die KI zu erleichtern.

Im Laufe des Projekts wurden die technischen Gegebenheiten der Fotostation bei apra-norm mehrfach umgebaut und optimiert, was dazu führte, dass die bisher aufgenommenen Fotos unterschiedliche Aufnahmebedingungen aufweisen. Aus diesem Grund wurden diese Fotos bislang nicht automatisiert durch eine KI ausgewertet, sondern manuell gelabelt. Dies bedeutet, dass die exakte Position jedes einzelnen Artikels, jedes verwendeten Hakens und der eingesetzten Traverse manuell in den Bildern markiert wurde. Obwohl mittlerweile eine signifikante Menge an gelabelten Daten vorliegt, ist deren Vergleichbarkeit aufgrund der variablen Aufnahmebedingungen begrenzt.

Basierend auf den aktuell verfügbaren, manuell gelabelten Daten wurden verschiedene Künstliche Neuronale Netze (KNNs) erstellt und trainiert (siehe Grundlagen). Eines dieser entwickelten Netzwerke ist beispielsweise bereits in der Lage, auf Basis der Informationen über die aktuell aufzuhängenden Artikel fundierte Vorschläge für die optimalen Traversentypen zu generieren.

Ein komplexeres neuronales Netzwerk wurde speziell mit den präzisen Positionen der Artikel in den vorhandenen Bilddaten trainiert. Dieses Netzwerk erhält als Eingabe eine Menge der aufzuhängenden Artikel und generiert als Ausgabe vielversprechende Vorschläge für die optimalen Positionen dieser Artikel innerhalb des Aufhänge-Rahmens der Traverse (Abb. 3.22 und 3.23).

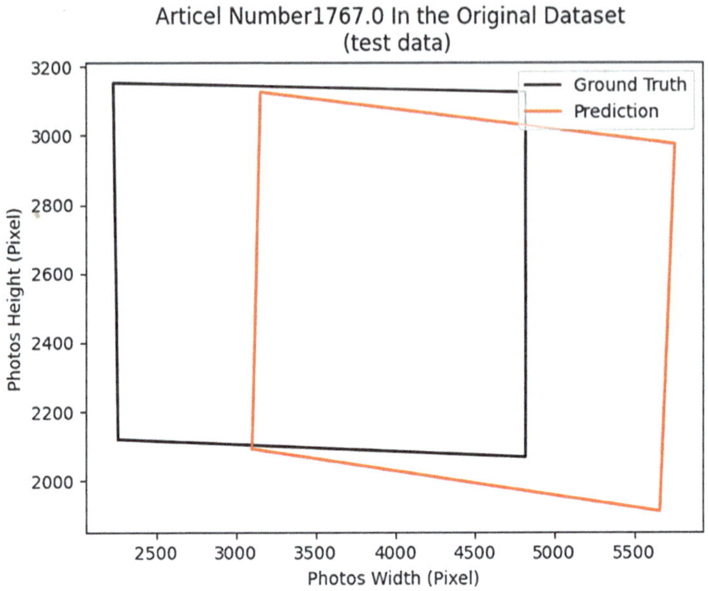

Abb. 3.22 Die ersten Ausgaben bzw. Vorhersagen der KI sind in Rot dargestellt und zeigen, wo ein bestimmtes Bauteil im Verhältnis zur Traverse aufgehängt werden sollte. In Schwarz ist der real gelabelte Datensatz abgebildet. Beide Bauteile werden als Pixelpositionen sowohl in X- als auch in Y-Richtung basierend auf der ursprünglichen Aufnahme angezeigt. Es ist eine deutliche Abweichung sowohl in der Position als auch in der Verdrehung des Bauteils zu erkennen

Die bisherigen Ergebnisse deuten vielversprechend darauf hin, dass es grundsätzlich realisierbar ist, auf Basis der systematisch gesammelten Daten durch den Einsatz von Künstlicher Intelligenz (KI) fundierte Vorschläge für die optimale Aufhängung von Artikeln zu generieren. Sobald die optimierte Fotostation bei apra-norm konsistente Bilder mit einem einheitlichen Hintergrund erfasst, wird es möglich sein, große Mengen an Bilddaten unter identischen Aufnahmebedingungen zu akquirieren. Perspektivisch können diese standardisierten Bilder dann automatisiert markiert (gelabelt) werden, wodurch der derzeitige manuelle Aufwand für diese zeitraubende Tätigkeit entfällt. Dies wird die signifikante Vergrößerung des für das KI-Training relevanten Datensatzes ermöglichen. Da Künstliche Neuronale Netze (KNNs) in ihrer Leistungsfähigkeit stark von der Größe und Qualität der ihnen zur Verfügung stehenden Trainingsdaten profitieren, kann die Präzision und Zuverlässigkeit der KI-gestützten Vorschläge bei apra-norm auf diese Weise substanziell optimiert werden.

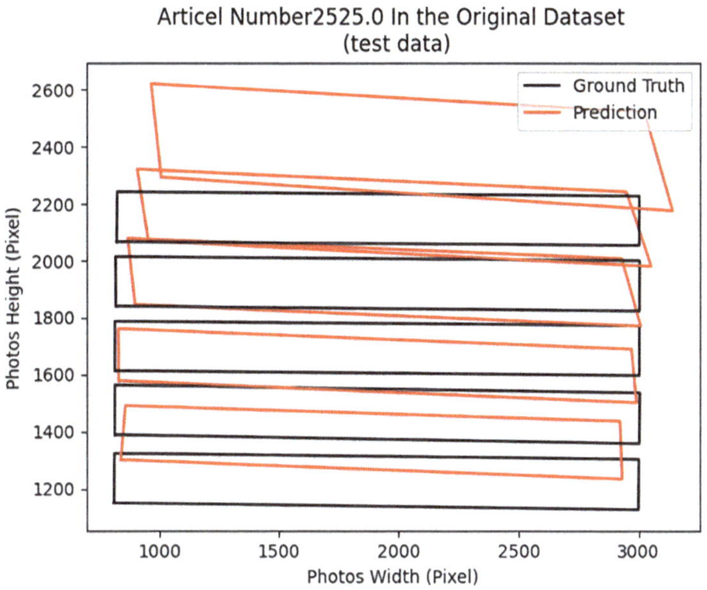

Abb. 3.23 Ähnlich wie in der vorherigen Darstellung zeigen auch andere Artikel, bei denen mehrere Bauteile pro Wagen aufgehängt werden, deutliche Abweichungen zwischen dem realen Erfahrungswissen (Schwarz) und den Vorhersagen der KI (Rot)

3.4.15 Systemgrenzen und weiterführende Entwicklung

Im Rahmen des Forschungsprojekts KI_eeper konnte während der Projektlaufzeit keine hinreichende Datenmenge akquiriert werden, um eine präzise Vorhersage der optimalen Bauteilpositionen auf einem Wagen mittels Künstlicher Intelligenz zu realisieren. Aus diesem Grund wird zunächst auf die direkte Integration der KI-basierten Positionsvorhersage verzichtet. Stattdessen wird der Fokus darauf gelegt, den Mitarbeitenden durch die bereits entwickelte, auf Expertenwissen basierende Reihenfolgenplanung und die intuitive Eingabesoftware ein effektives Assistenzsystem zur Verfügung zu stellen. Infolgedessen werden diese beiden Teilsysteme nahtlos miteinander verknüpft.

Vor dem Beginn des Projekts KI_eeper erfolgte die Abfrage des tagesaktuellen Produktionsbestands einmal täglich. Anschließend erstellte eine erfahrene Fachkraft manuell eine optimierte Bearbeitungsreihenfolge, welche den Mitarbeitenden an der Aufhängestation zur Verfügung gestellt wurde. Bei speziellen Konstellationen oder auftretenden Abweichungen erhielten die Beschäftigten zusätzliche Unterstützung durch die Experten. Mit der Implementierung der neuen, automatisierten Reihenfolgenplanung erfolgt die Generierung einer aktualisierten Reihenfolge nicht mehr nur einmal täglich, sondern dynamisch nach jeder erfolgreich abgeschickten oder aufgehängten Wagenladung. Hierdurch können neue, relevante Informationen, wie beispielsweise die veränderte Verfügbarkeit von unlackierten Bauteilen oder die Priorisierung dringender Aufträge, direkt durch das ERP-System erfasst und unmittelbar in die aktuelle Reihenfolge der Arbeitsaufträge integriert werden. Diese dynamische Anpassung berücksichtigt die inhärente Komplexität und die ständigen Veränderungen im Produktionsprozess der Oberflächentechnik (OFT) zwischen der regulären Vorbereitung und der Behandlung von Sonderfällen.

Die auf diese Weise generierten, optimierten Wagenkonfigurationen werden direkt an die entwickelte Webanwendung übermittelt. Sofern bereits als qualitätsgesichert („Gut") und vollständig gekennzeichnete Informationen zu den aufzuhängenden Artikeln im System vorhanden sind, wird dieser umfassende Datensatz den Mitarbeitenden an der Aufhängestation visuell präsentiert. Neben detaillierten Angaben zur verwendeten Traverse, den benötigten Haken und der optimalen Anzahl der Bauteile wird zusätzlich ein Referenzbild bereitgestellt, welches zuvor von der integrierten Fotostation aufgenommen wurde. Die konsequente Nutzung von visuellen Informationen ermöglicht eine barrierearme und intuitive Unterstützung der Mitarbeitenden und trägt maßgeblich zur Erleichterung ihrer täglichen Arbeit bei.

3.5 Fazit und Ausblick

Das Forschungsprojekt KI_eeper adressiert die Entwicklung intelligenter Assistenzsysteme zur Steigerung der Effizienz und Qualität in industriellen Produktionsprozessen sowie zur Speicherung des impliziten Erfahrungswissen von Beschäftigen. Zwei spezifische Anwendungsfälle wurden detailliert untersucht: das manuelle Richten von Balken an der Eckoldpresse bei der Firma ESM und die komplexen Abläufe der Oberflächentechnik (OFT) bei der Firma apra-norm.

Im Anwendungsfall des Balkenrichtens bei ESM wurde ein umfassendes System zur dreidimensionalen Geometrieerfassung verbogener Balken konzipiert und prototypisch umgesetzt. Dieses System kombiniert einen hochpräzisen 3D-Scanner, basierend auf dem Prinzip der Lasertriangulation, mit einer Linearachse zur automatisierten Abtastung der bis zu vier Meter langen Halbzeuge. Ergänzend wurden innovative Methoden zur Erfassung der manuellen Krafteinwirkungspunkte des bedienenden Personals evaluiert, wobei sich eine Lösung mittels zweier synchronisierter 3D-Kameras als technisch vielversprechend erwies. Die erfassten 3D-Daten ermöglichten die Entwicklung eines Softwareprototyps zur visuellen Darstellung der Materialverbiegungen in Form farbcodierter STL-Modelle, um Mitarbeitenden eine intuitive Bewertung des Richtprozesses zu ermöglichen.

Der Fokus des Anwendungsfalls in der Oberflächentechnik (OFT) bei apra-norm lag auf der Optimierung der komplexen Auftragsreihenfolgeplanung und der Unterstützung der Mitarbeitenden bei der Bauteilaufhängung. Für die automatisierte Generierung einer effizienten Produktionsreihenfolge wurden spezifische Sortieralgorithmen entwickelt, die eine Vielzahl relevanter Einflussfaktoren berücksichtigen. Hierzu zählen die Auftragsfarbe zur Minimierung von Farbwechselzeiten, die Auslastung der einzelnen Bearbeitungsstationen, die Komplexität der zu bearbeitenden Bauteile, deren aktuelle Verfügbarkeit, die notwendigen Vorbehandlungen der Transportwägen sowie die Optimierung der Wagenbeladung. Die entwickelten Algorithmen wurden in enger Abstimmung mit erfahrenen Planern iterativ verfeinert.

Kernstück der technischen Umsetzung in der OFT ist eine flexibel konfigurierbare Webanwendung, die auf einem sequenziellen „Schritt-für-Schritt"-Prinzip basiert. Diese Anwendung ermöglicht die strukturierte Erfassung relevanter Produktionsdaten sowohl manuell durch die Mitarbeitenden als auch automatisiert über diverse Sensoren und Geräte. Die intuitive Benutzeroberfläche wurde speziell für die Bedienung über Touchscreen-Endgeräte optimiert und ermöglicht die Erstellung individualisierter Arbeitsabläufe durch die Kombination verschiedener vordefinierter Aktionen. Obwohl die Software primär zur Datenerfassung konzipiert wurde, bietet ihre Architektur auch die Möglichkeit zur Integration assistierender Funktionen, perspektivisch auch unter Nutzung von Künstlicher Intelligenz.

Die geplante Integration eines KI-Modells zur automatisierten Vorhersage der optimalen Bauteilpositionierung auf den Transportwägen in der OFT konnte im Rahmen der Projektlaufzeit aufgrund einer unzureichenden Menge qualitativ hochwertiger Trainingsdaten noch nicht finalisiert werden. Um jedoch bereits frühzeitig einen Mehrwert für die Mitarbeitenden zu generieren, wurde ein hybrides Assistenzsystem realisiert. Dieses System verknüpft die Ergebnisse der automatisierten Reihenfolgenplanung nahtlos mit der entwickelten Eingabesoftware. Ergänzend werden visuelle Informationen in Form von Referenzbildern optimal aufgehängter Bauteile bereitgestellt, um den Beschäftigten eine intuitive und barrierearme Unterstützung bei ihrer täglichen Arbeit zu bieten und das implizite Wissen erfahrener Kolleginnen und Kollegen effektiv zu nutzen. Die enge und kontinuierliche Zusammenarbeit mit den Mitarbeitenden beider Unternehmen erwies sich als fundamental für den Erfolg des Projekts, da ihr praktisches Feedback maßgeblich zur Identifizierung von Optimierungspotenzialen und zur Entwicklung praxistauglicher Lösungen beitrug. Die entwickelten Systeme stellen somit vielversprechende erste Schritte auf dem Weg zu einer intelligenten und datengestützten Produktionsunterstützung dar, wobei die kontinuierliche Erfassung valider Daten die Grundlage für zukünftige, weiterführende Integrationen von Künstlicher Intelligenz bildet.

Literatur

Aggarwal CC (2023) Neural networks and deep learning: A textbook. Springer International Publishing AG, Cham

Barredo AA, Díaz-Rodríguez N, Del Ser J, Bennetot A, Tabik S, Barbado A, Garcia S, Gil-Lopez S, Molina D, Benjamins R, Chatila R, Herrera F (2020) Explainable Artificial Intelligence (XAI): Concepts, taxonomies, opportunities and challenges toward responsible AI. Information Fusion 58:82–115. https://doi.org/10.1016/j.inffus.2019.12.012

Booch G, Rumbaugh J, Jacobson I (1999) The unified modeling language user guide. Addison-Wesley object technology series. Addison-Wesley, Reading, Mass

Bundesanstalt für Arbeitsschutz und Arbeitsmedizin (2018) Regelwerk – TROS Laserstrahlung Teil Allgemeines: Technische Regel zur Arbeitsschutzverordnung zu künstlicher optischer Strahlung – TROS Laserstrahlung. https://www.baua.de/DE/Angebote/Regelwerk/TROS/TROS-Laser-Allgemeines.html. Zugegriffen: 12 Sept. 2024

Ferrari V, Pont-Tuset J, Duerig T, Gomes V (2022) Open Images Dataset V7. Google LLC. https://storage.googleapis.com/openimages/web/index.html. Zugegriffen: 12 Sept. 2024

Fotis GP, Gonos IF, Stathopulos IA (2006) Measurement of the electric field radiated by electrostatic discharges. Meas Sci Technol 17:1292–1298. https://doi.org/10.1088/0957-0233/17/6/001

Härder T, Rahm E (2001) Datenbanksysteme: Konzepte und Techniken der Implementierung, 2. Aufl. Springer, Berlin, Heidelberg

Hering E (1989) Programmablaufplan nach DIN 66 001. In: Schumny H, Hering E (Hrsg) Software-Engineering: Mit 25 Übungsaufgaben mit Lösungen, 2nd edn. Vieweg, Braunschweig, S 22–29. https://doi.org/10.1007/978-3-663-12366-8_4

item Industrietechnik GmbH (2017) Lineareinheit KRF 8 80x40 ZR: Anwendungs- und Montagehinweise. item24.com

Keyence Deutschland (2024) LJ-X8400 Sensorkopf: Datenblatt. https://www.keyence.de/

Knuth DE (2021) The art of computer programming. The classic work. Addison-Wesley, Boston

Mohri M, Rostamizadeh A, Talwalkar A (2018) Foundations of machine learning. The MIT Press, Cambridge, Massachusetts, London, England, Adaptive computation and machine learning

NoSpareTime AB (2014) SequenceDiagram.org – UML sequence diagram online tool. NoSpareTime AB. https://sequencediagram.org/. Zugegriffen: 12 Sept. 2024

Ottersböck N, Prange C, Dander H, Peters S (2024) Babyboomer weg, Wissen weg – Partizipative Entwicklung eines KI-basierten, selbstlernenden Assistenzsystems zur Erfassung und Sicherung von implizitem Wissen in der Produktion. Z. Arb. Wiss. 78:194–206. https://doi.org/10.1007/s41449-024-00419-4

Prange C, Ochterbeck J, Dander H, Peters S (2023) Flexibler Arbeitskräfteeinsatz durch KI-basierten Wissenstransfer. In: ifaa – Institut für angewandte Arbeitswissenschaft (Hrsg) Werkwandel – Zeitschrift für angewandte Arbeitswissenschaft 1/23:40–43

Sonnet D (2022) Neuronale Netze kompakt: Vom Perceptron zum Deep Learning, 1st edn. IT kompakt. Springer Fachmedien Wiesbaden, Wiesbaden. https://doi.org/10.1007/978-3-658-29081-8

Sutton RS, Barto A (2020) Reinforcement learning: An introduction. The MIT Press, Cambridge, Massachusetts, London, England, Adaptive computation and machine learning

TensorFlow Developers (2024) TensorFlow. Zenodo

Verykokou S, Ioannidis C (2023) An Overview on Image-Based and Scanner-Based 3D Modeling Technologies. Sensors (Basel) 23. https://doi.org/10.3390/s23020596

Videojet Technologies Inc (2024) Industrielle Kennzeichnungslösungen von Videojet. https://www.videojet.de/de/homepage.html. Zugegriffen: 12 Sept. 2024

Ying X (2019) An Overview of Overfitting and its Solutions. J. Phys.: Conf. Ser. 1168:22022. https://doi.org/10.1088/1742-6596/1168/2/022022

Methoden-Toolkit für den KI-Change-Prozess aus dem Forschungsprojekt KI_eeper

4

Nicole Ottersböck, Isabella Urban und Christian Cost Reyes

Zusammenfassung

Das Projekt KI_eeper legt den Schwerpunkt auf eine soziotechnische Vorgehensweise, die von Anfang an darauf abzielt, Ängste und Bedenken der Beschäftigten gegenüber dem Einsatz von KI-Lösungen und dem Wissenstransfer abzubauen. Dabei orientiert sich das Projekt an bestehenden Vorgehensmodellen und arbeitswissenschaftlichen Empfehlungen. Die entwickelte Vorgehensweise umfasst sechs zentrale Bausteine mit dazugehörigen Methoden und Instrumenten, die gemeinsam mit den beiden Anwenderunternehmen entwickelt und in der Praxis erprobt wurden. Dieser Beitrag erläutert die Vorgehensweise im Detail und stellt ihre einzelnen Bestandteile vor. Jeder Abschnitt schließt mit Tipps für die Praxis.

4.1 Die Motivation zum KI-Change-Toolkit

Sowohl Künstliche Intelligenz (KI) als auch der Wissenstransfer können negative Emotionen und Ängste in der Belegschaft hervorrufen. Im Arbeitskontext setzen sich Ängste gegenüber KI häufig aus verschiedenen Faktoren zusammen, wie der Sorge vor Verlust der Privatsphäre oder der Angst vor Arbeitsplatzverlust (Li und Huang 2020; Link et al. 2023). Empirische Studien zeigen insbesondere, dass viele Beschäftigte befürchten, durch den

N. Ottersböck (✉) · C. C. Reyes
ifaa, Düsseldorf, Deutschland
E-Mail: n.ottersboeck@ifaa-mail.de

I. Urban
Universität Duisburg-Essen, Essen, Deutschland
E-Mail: isabella.urban@ris.uni-due.de

N. Ottersböck et al. (Hrsg.), *Wissensmanagement mit Künstlicher Intelligenz*, ifaa-Edition, https://doi.org/10.1007/978-3-662-71591-8_4

Einsatz von KI ihren Arbeitsplatz zu verlieren (Nam 2019; Schlögl et al. 2019; Morikawa 2017). Darüber hinaus kann der Verlust des Expertenstatus in bestimmten Tätigkeitsbereichen Ängste hervorrufen und zu einer negativen Identifikation Beschäftigter mit dem Job führen (Mirbabaie et al. 2022). Die Einstellung gegenüber KI beeinflusst maßgeblich, inwieweit Beschäftigte aktiv und engagiert mit KI-Anwendungen interagieren – ein entscheidender Faktor für den Erfolg der KI-Einführung (Chiu et al. 2021).

Neben dem Einsatz von KI verfolgte das Projekt KI_eeper das Ziel, das Erfahrungswissen der Belegschaft zu identifizieren und für nachfolgende Generationen nachhaltig zu sichern. Trotz der hohen Bedeutung des Wissenstransfers für den langfristigen Unternehmenserfolg gibt es Gründe, warum Beschäftigte ihr Wissen in der Praxis häufig zurückhalten. Dazu zählen beispielsweise verstärkter Wettbewerb, Konkurrenzdruck sowie Unsicherheiten hinsichtlich Status und Arbeitsplatzsicherheit (He et al. 2021; Anand et al. 2020). Das Zurückhalten von Wissen kann sich negativ auf Kreativität und Zusammenarbeit auswirken, was wiederum die Unternehmensleistung beeinträchtigt und die Effizienz mindert (Chatterjee et al. 2021). Für die erfolgreiche Entwicklung eines technischen Assistenzsystems zum Wissenstransfer und -erhalt, wie es in KI_eeper umgesetzt wurde, ist es daher essenziell, dass die Beschäftigten ihr Wissen mit einfließen lassen. Durch die direkte Beteiligung der Nutzergruppe am Entwicklungs- und Designprozess sowie durch kontinuierliches Feedback kann sichergestellt werden, dass das System an den tatsächlichen Bedürfnissen der Anwender ausgerichtet wird (Keller et al. 2017) und einen spürbaren Mehrwert schafft.

Werden bestehende Ängste der Beschäftigten nicht überwunden, kann dies die Einführung technischer und KI-basierter Assistenzsysteme erschweren. Daher ist es entscheidend, diesen Ängsten und möglichen Vorbehalten frühzeitig mit gezielten informativen und partizipativen Maßnahmen entgegenzuwirken, um die Akzeptanz innerhalb der Belegschaft zu fördern (Jung und von Garrel 2021; Stowasser und Suchy 2020; Pokorni et al. 2021; Link et al. 2023). Im Projekt wurde hierzu eine soziotechnische Vorgehensweise entwickelt, die sich aus sechs aufeinander aufbauenden Bausteinen zusammensetzt. Diese orientiert sich am soziotechnischen Walkthrough von Herrmann (2012) sowie am Change-Management-Modell von Stowasser und Suchy (2020) und wurde erfolgreich in zwei Anwenderunternehmen erprobt. Im Rahmen des Projekts wurden die sechs Bausteine mit verschiedenen Methoden und Instrumenten, in Anlehnung an die Ausführungen in Stowasser 2023, entwickelt und in der Praxis pilotiert. Sie werden im nachfolgenden KI-Change-Toolkit detailliert und handlungsleitend vorgestellt (Abb. 4.1).

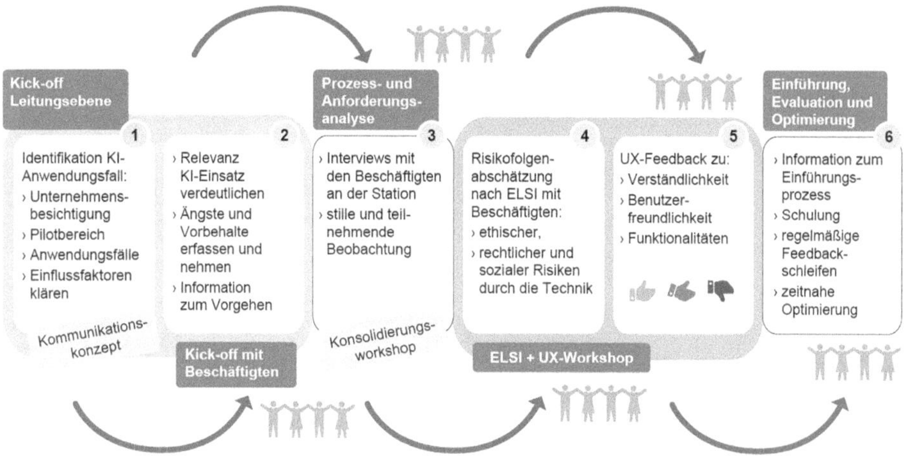

Abb. 4.1 KI-Change-Toolkit mit sechs aufeinander aufbauenden Bausteinen zur Akzeptanzförderung von KI-Technologien für Wissenstransfer und -erhalt in Unternehmen (Ottersböck et al. 2024a, modifiziert und erweitert)

4.2 Soziotechnische Vorgehensweise im Projekt KI_eeper – Detailvorstellung der einzelnen Bausteine mit Methoden und Instrumenten

4.2.1 Baustein 1: Den geeigneten Anwendungsfall für den KI-Einsatz finden und Projektziele gemeinsam festlegen

Im KI_eeper-Projekt war das Ziel, KI gezielt einzusetzen, um Erfahrungswissen aus manuellen Tätigkeiten in der Produktion zu identifizieren und zu transferieren. Dafür standen in beiden Unternehmen verschiedene betriebliche Anwendungsfälle für das Projekt und die Erforschung der Zielsetzung zur Auswahl. In einem ersten Schritt galt es daher, den am besten geeigneten Anwendungsfall zu identifizieren.

Die zentralen Fragen dabei waren:

1. Welcher Anwendungsfall passt am besten zur Zielsetzung des Projekts?
2. Welcher Anwendungsfall bietet den Unternehmen den größten Mehrwert?

Um diese Fragen zu beantworten, wurden zwei unterschiedliche Workshopkonzepte entwickelt und in den Anwenderunternehmen umgesetzt. Für die Workshops wurde eine Folienpräsentation erstellt, die folgende Inhalte umfasste:

- Information aller Beteiligten zum übergeordneten Projektziel,
- Information zu den Hintergründen und zur Motivation des Projekts,

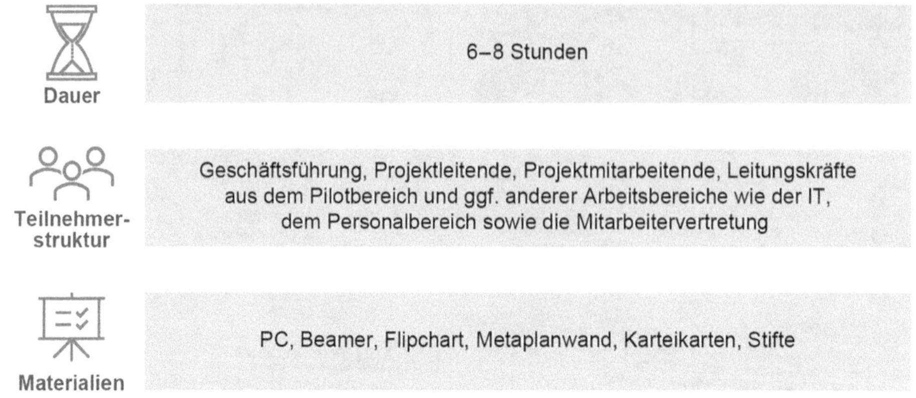

Abb. 4.2 Exemplarische Planung für einen Kick-off-Workshop zur Zielbildung und Identifikation eines geeigneten KI-Anwendungsfalls für Wissenstransfer und -erhalt

- Information über die Möglichkeiten von KI und digitalen Assistenzsystemen zur Identifikation und zum Transfer von Erfahrungswissen in der Produktion,
- Darstellung der Ziele und Vision der Geschäftsführung im Rahmen des Projekts,
- interaktive Workshopeinheit zur Identifikation des geeignetsten Anwendungsfalls in der Produktion.

Alle Inhalte sowie das Konzept des interaktiven Workshopteils wurden im Vorfeld mit den betrieblichen Projektleitern und Betriebsräten abgestimmt. Dies stellte sicher, dass keine relevanten Inhalte fehlen oder missverständlich aufbereitet sind und keine unbeabsichtigten Ängste oder Bedenken unter den Beschäftigten geweckt wurden. Zusätzlich wurden praktische Anwendungsbeispiele aus produktionsnahen Arbeitsbereichen sowie grafische Darstellungen genutzt, um mögliche Sprachbarrieren der Teilnehmenden zu überbrücken. In den Vorgesprächen wurden zudem die Zeiten und die jeweiligen Aufgaben für die Beteiligten im Workshop festgelegt (Abb. 4.2).

Beispiel: Planungsdetails für einen Projekt-Kick-off auf Leitungsebene

Der Workshop begann mit der Präsentation der Agenda sowie einer Vorstellungsrunde (Abb. 4.3). Im Anschluss wurden das KI_eeper-Projekt, dessen Motivation sowie die Vision vorgestellt. Dafür wurden grafische Darstellungen in einer Folienpräsentation genutzt. Darüber hinaus erhielten die Teilnehmenden einen Überblick über den geplanten Projektablauf.

Beispiel: Vorgehen Kick-off-Workshop mit Leitungskräften in der Praxis

Als Einstieg in das Thema Künstliche Intelligenz wurden die Teilnehmenden mittels einer digitalen Abfrage anonym dazu befragt, welche Assoziationen sie mit KI verbinden. Diese

Abb. 4.3 Exemplarische Agenda für einen Kick-off-Workshop zur Zielbildung und Identifikation eines geeigneten KI-Anwendungsfalls für Wissenstransfer und -erhalt

anonyme Eingangsfrage ermöglichte es, einen ersten Eindruck über den Wissensstand der Teilnehmenden zu gewinnen, ihre Wahrnehmung von KI zu erfassen und mögliche Ängste oder Bedenken gegenüber der Technologie zu identifizieren. Im weiteren Verlauf des Workshops konnten die Antworten der Teilnehmenden aufgegriffen und etwaige Bedenken thematisiert werden. Um Vorbehalte hinsichtlich des KI-Einsatzes abzuschwächen, kann es hilfreich sein, positive Anwendungsbeispiele aus dem Alltag aufzuzeigen. Den Teilnehmenden der beiden Anwenderunternehmen wurde daher veranschaulicht, in welchen gängigen Smartphone-Anwendungen bereits KI integriert ist und welchen Nutzen diese im privaten Alltag bietet.

Beispiele für KI-Anwendungen und -Applikationen sind

- Suchmaschinen wie Google,
- Navigations-Apps,
- Mediatheken von TV-Sendern oder Ähnlichem,
- Sprachübersetzungs-Apps,
- digitale Sprachassistenten wie Alexa, SIRI, Hey Google,
- Gesichtserkennung zur Entsperrung von Smartphones,
- Smart-Home-Apps.

Tipps für die Praxis

Machen Sie Ihren Beschäftigten bewusst, wie „normal" die Nutzung von KI auch in der Freizeit bereits ist!

Viele Smartphone-Applikationen, die täglich selbstverständlich genutzt werden, enthalten bereits KI. Dies kann den Beschäftigten verdeutlicht werden, indem gängige KI-gestützte Anwendungen auf Smartphones vorgestellt werden und ihr Mehrwert erläutert wird. Nutzen Sie hierfür auch Fragetechniken und lassen Sie die Beschäftigten die Frage nach ihrer KI-Nutzung im Alltag und dem daraus resultierenden Mehrwert selbst beantworten oder dazu Ideen zu sammeln. Fassen Sie die Ergebnisse für alle sichtbar auf einer Metaplanwand, einem Flipchart oder in digitaler Form auf einer Folienpräsentation zusammen.

Nach diesem Einstieg können die teilnehmenden Beschäftigten anhand einer Folienpräsentation in die betriebliche Nutzung von KI-Technologien eingeführt werden. Zur Veranschaulichung können grafische Darstellungen und Videos nützlich sein, um praxisnahe Anwendungsbeispiele KI-basierter Systeme im beruflichen Kontext zu präsentieren.

Das KI_eeper-System wurde speziell für manuelle Tätigkeiten in der Produktion entwickelt. Um den Bezug zur eigenen Arbeitsumgebung herzustellen, wurden den Teilnehmenden insbesondere bereits erfolgreich implementierte KI-Anwendungen vorgestellt, die vergleichbare Tätigkeiten in der Produktion unterstützen, darunter:

- selbststeuernde Maschinenüberwachung,
- Vorhersage von Werkzeugbrüchen,
- selbstlernende Oberflächenüberwachung,
- frei navigierende Transportfahrzeuge im Lager.

Tipps für die Praxis

Zeigen Sie Ihren Beschäftigten den Mehrwert von bereits erfolgreich in der Praxis eingesetzten KI-Anwendungen!

Beispiele für bereits etablierte Praxislösungen finden Sie auf den Webseiten der folgenden Institutionen:

- Plattform Lernende Systeme https://www.plattform-lernende-systeme.de/startseite.html
- KI-Kompetenzzentren wie WIRKsam, https://wirksam.nrw
- Zukunftszentrum für menschenzentrierte KI in der Produktionsarbeit (ZuKIpro) https://www.zukipro.de/
- Human Centered AI Network (HumAIne) https://humaine.info/en/
- Deutsches Forschungszentrum für Künstliche Intelligenz (DFKI) https://www.dfki.de/web/anwendungen-industrie/kompetenzzentren
- Institute for Machine Learning and Artificial Intelligence (LAMARR) https://lamarr-institute.org/research/industry-production/

- Munich Center for Machine Learning (MCML) https://mcml.ai/
- Tübingen AI Center https://tuebingen.ai/

Nutzen Sie vorhandene Bilder und Videos von diesen Webseiten, um Ihren Beschäftigten den Mehrwert von KI im Arbeitskontext anschaulich zu demonstrieren. Dies kann auch helfen, mögliche sprachliche Barrieren abzubauen, beispielsweise für Beschäftigte mit Migrationshintergrund.

Beispiel: Zielbildung im Leitungskreis

Im Anschluss an die inhaltliche Einführung stellten Geschäftsführung und betriebliche Projektleitung die Vision des Projekts vor.

Beim Unternehmen apra-norm wurde der Arbeitsbereich der Oberflächentechnik (OFT) als potenzieller Einsatzbereich für KI ausgewählt. Zu Beginn der Auftaktveranstaltung war jedoch noch unklar, welche der drei Arbeitsstationen den besten Anwendungsfall für die Projektziele darstellt und dem Unternehmen den größten Mehrwert bietet (s. Beitrag 2: Anwendungsfälle). Um diese Frage zu beantworten, wurde der Prozess der Oberflächentechnik interaktiv mit den teilnehmenden Prozessexperten auf einer Metaplanwand skizziert. Dabei erläuterten die erfahrenen Experten die einzelnen Prozessschritte und Tätigkeiten, während Projektleiter und Moderatoren die besprochenen Inhalte parallel dazu visuell aufbereiteten. Nach der vollständigen Erfassung des Prozesses wurden die Experten dazu befragt, an welchen Stellen im Prozess es zu Herausforderungen, Problemen, Störfaktoren kommen kann und wo Erfahrungswissen besonders wichtig ist (Abb. 4.4).

Im Workshop wurde deutlich, dass insbesondere an der Aufnahmestation – der ersten Arbeitsstation im Prozess der OFT – Erfahrungswissen eine zentrale Rolle spielt. Dieses Wissen ist entscheidend sowohl für die Produktqualität als auch für die effiziente Auslastung der gesamten Anlage, einschließlich der beiden weiteren Arbeitsstationen (s. Beitrag 2: Anwendungsfälle).

Tipps für die Praxis

Die Moderation des Workshops durch Personen, die den Prozess nicht kennen, kann dazu beitragen, die Prozesslandkarte deutlich detaillierter auszuarbeiten.

Externe Projektmitarbeiter, die weder mit dem Prozess noch mit den Tätigkeiten vertraut waren, moderierten den Workshop zur Prozesserfahrung. Aufgrund ihrer Unwissenheit stellten sie deutlich mehr Fragen, um die Erläuterungen der Experten zum Prozess und zu den Tätigkeiten verstehen und an der Metaplanwand skizzieren

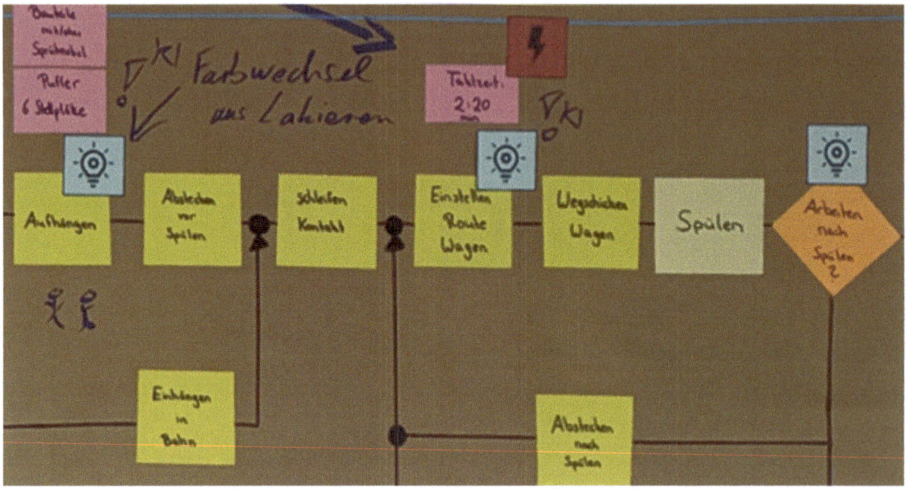

Abb. 4.4 Exemplarisches Ergebnis des Workshops zur Identifikation des geeigneten Anwendungsfalls. Das Symbol „Glühbirne" markiert die Stellen, wo Erfahrungswissen wichtig ist, das Symbol „Blitz" diejenigen, wo Herausforderungen, Probleme, Störfaktoren auftreten können (Rusch et al. 2023)

zu können. Diese Nachfragen machten Prozessschritte und Herausforderungen sichtbar, die den Experten selbst nicht mehr bewusst waren, da sie Teil ihrer täglichen Routine sind. Diese Methode führt nicht nur zu einer detaillierteren Prozessdarstellung, sondern eignet sich auch hervorragend für den Wissenstransfer im Team. Die Diskussionen über die Prozessschritte und die visuelle Darstellung auf der Metaplanwand machen unbewusstes Erfahrungswissen für alle Beteiligten ersichtlich (Ottersböck et al. 2024a).

4.2.2 Baustein 2: Beschäftigte für Technik und KI begeistern

Bevor erste Maßnahmen zur Beteiligung der Beschäftigten an den Arbeitsstationen umgesetzt werden konnten, war es wesentlich, sie über das Projekt, seine Ziele sowie die Potenziale von KI und Technik zu informieren. Für diesen Projektauftakt, das sogenannte Kick-off, eignen sich Informationsveranstaltungen in den Pilotarbeitsbereichen mit den Beschäftigten besonders gut.

Diese Veranstaltungen bedürfen einer sorgfältigen Vorbereitung. Die Inhalte sollten gezielt auf die Bedarfe und Merkmale der Zielgruppe – also die Beschäftigten – zugeschnitten sein. Dabei ist zu berücksichtigen, dass sowohl die Zusammensetzung der

Teilnehmenden als auch ihr Vorwissen zu KI und technologischem Einsatz in der Produktion sehr unterschiedlich sein können. Daher sollte die Teilnehmerstruktur vorab gemeinsam mit betrieblichen Akteuren abgestimmt werden, die die Beschäftigten kennen und einschätzen können.

Die Vorgespräche zur Veranstaltungsplanung mit Projektverantwortlichen, Bereichsleitern und Betriebsräten haben sich beim Projekt KI_eeper als sehr nützlich erwiesen. In diesen Gesprächen wurden die Informationsmaterialien – insbesondere Präsentationsfolien mit Inhalten zu KI, dem Projekt KI_eeper und der geplanten Vorgehensweise – detailliert besprochen. Ziel war es, potenzielle Missverständnisse zu klären und sicherzustellen, dass keine relevanten Informationen fehlen, damit die Beschäftigten ein umfassendes Verständnis des Projektziels erhalten. Zudem wurden Erwartungen sowie mögliche Ängste der Beschäftigten erörtert, um diese gezielt mit geeigneten Maßnahmen ansprechen und reduzieren zu können. Die eingesetzte Bildsprache milderte mögliche Sprachbarrieren und daraus resultierende Verständnisprobleme ab (Ottersböck et al. 2024a).

Für die Veranstaltung wurde eine Folienpräsentation erstellt, die sich an der Präsentation aus Baustein 1 (Abschn. 4.2.1) orientiert und folgende Inhalte umfasst:

- Informationen zum übergeordneten Projektziel für alle Beteiligten,
- Hintergründe und Motivation des Projekts,
- Beispiele für KI-basierte Applikationen, die bereits im Alltag – etwa von Smartphones – verwendet werden,
- Möglichkeiten von KI und digitalen Assistenzsystemen zur Identifikation und zum Transfer von Erfahrungswissen in der Produktion.

Tipps für die Praxis

Beschäftigte in ihrer Sprache ansprechen (Ottersböck et al. 2024a)!

Sprechen Sie zu vermittelnde Inhalte vorab mit betrieblichen Akteuren und Vertrauten durch, die die Beschäftigten in Unternehmen und Pilotbereich gut kennen und einschätzen können. Das können Leitungskräfte, Projektverantwortliche oder beispielsweise die Mitarbeitervertretung sein. Klären Sie mit ihnen, ob die Inhalte für die Beschäftigten verständlich aufbereitet sind, ob wesentliche Aspekte fehlen und ob die aufgeführten Inhalte Ängste in den Beschäftigten schüren könnten.

Versuchen Sie, möglichst viele visuelle Darstellungen einzubringen, um eventuelle Sprachbarrieren von Beschäftigten mit Migrationshintergrund zu überbrücken. Praxisnahe Beispiele aus dem Betriebsalltag eignen sich gut, um die Potenziale von Technik und Künstlicher Intelligenz anschaulich zu vermitteln.

Am Ende der Veranstaltung sollte ausreichend Zeit für Fragen und Diskussionen eingeplant werden.

Beispiel: Durchführung von Kick-off-Workshops mit Beschäftigten in der Praxis

Der Kick-off-Workshop mit den Beschäftigten der Pilotarbeitsbereiche wurde auf zwei Stunden festgelegt. Neben den Beschäftigten nahmen auch Vertreter der Mitarbeitervertretung, Mitglieder der Geschäftsführung sowie die Projektleitenden an der Veranstaltung teil. Zur Unterstützung nutzten die Beteiligten PC, Beamer, Präsentationsfolien und ein Flipchart für Notizen (Abb. 4.5).

Nach einer kurzen Vorstellungsrunde wurden das Projekt sowie dessen Ziele erläutert. Anschließend erhielten die Teilnehmenden Informationen zu KI-Anwendungen sowohl im Alltag als auch in Produktionsbetrieben. Im weiteren Verlauf wurden Fragen der Beschäftigten zum geplanten KI-Einsatz beantwortet und das weitere Vorgehen dargestellt (Abb. 4.6).

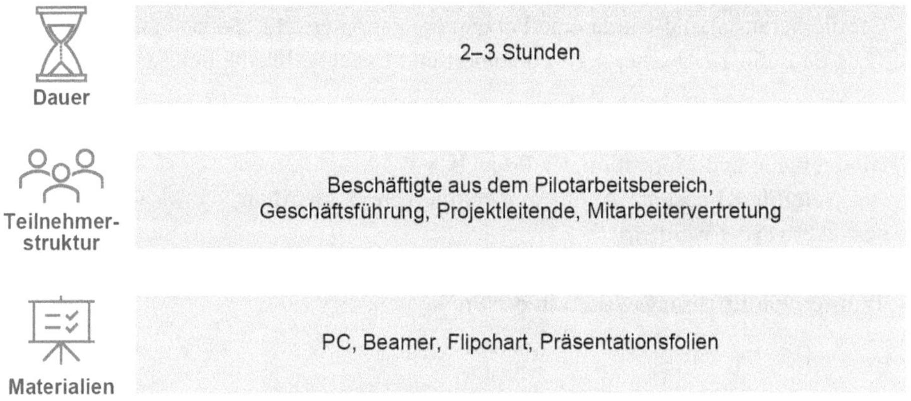

Abb. 4.5 Beispielhafte Planung eines Kick-off-Workshops als Informations- und Sensibilisierungsveranstaltung für KI-Projekte mit Beschäftigten

Abb. 4.6 Beispielhafte Agenda für einen Kick-off-Workshop mit Beschäftigten

Tipps für die Praxis
Entwickeln Sie ein betriebsspezifisches Kommunikationskonzept, um alle Beschäftigten zu erreichen!

Bei Innovations- und Technikprojekten im Betrieb entsteht nicht selten sogenannter Flurfunk – informelle Gespräche und Mutmaßungen unter den Beschäftigten zur geplanten KI-Einführung. Dieser kann sich negativ auf die Akzeptanz der neuen Technologie auswirken. Insbesondere Pilotprojekte und KI-Einführungen schüren oft Unsicherheiten, wie bereits in der Einführung des Toolkits erläutert. Um dem entgegenzuwirken, hat sich im Projekt gezeigt, dass eine offene und vielfältige Kommunikation essenziell ist.

Dafür wurde ein individuell auf den jeweiligen Betrieb zugeschnittenes Kommunikationskonzept entwickelt. Zur Planung dienten folgende Leitfragen für betriebliche Akteure wie Projektleiter, Marketingmitarbeitende und die Mitarbeitervertretung:

- Über welche internen Kommunikationskanäle verfügt das Unternehmen?
- Wie kann sichergestellt werden, dass alle Beschäftigten informiert sind?
- Welche internen Kommunikationsmittel und -wege haben sich in der Vergangenheit als erfolgreich erwiesen, um möglichst viele Beschäftigte zu erreichen (Ottersböck 2024)?

Beispiel: Kommunikationsmaßnahmen zum KI-Projekt in der Praxis
Zur Kommunikation des KI_eeper-Projektvorhabens wurden in den Betrieben unterschiedliche Kanäle und Methoden genutzt. Um die Beschäftigten der Pilotarbeitsbereiche zu informieren und aktiv einzubeziehen, fanden, wie bereits beschrieben, Informations- und Sensibilisierungsveranstaltungen statt.

Um auch die übrige Belegschaft über das Projektvorhaben aufzuklären, wurden folgende Aktivitäten durchgeführt:

- regelmäßige Beiträge in der Mitarbeiterzeitung über das Projekt und seinen Fortschritt,
- Vorträge über das Projekt im Rahmen von Betriebsversammlungen,
- Informationen auf dem Shopfloor oder direkt im Shopfloor-Meeting durch Führungskräfte, Projektleitende und die Mitarbeitervertretung,
- Informations- und Sensibilisierungsveranstaltungen in allen Arbeitsbereichen durch Führungskräfte, Projektleitende und die Mitarbeitervertretung (Ottersböck 2024).

Weitere Kommunikationsmittel und -wege sind denkbar, darunter:

- E-Mail-Verteiler,
- Meldungen im Intranet,

- Newsletter,
- Messenger-Dienste oder Apps,
- Schwarzes Brett und Aushänge an gut sichtbaren Orten (z. B. in der Nähe der Mensa, in Kaffeeküchen oder Aufenthaltsräumen),
- interne Unternehmensnetzwerke,
- Dokumentationsplattformen wie Wikis.

Beispiel: Durchführung und Ergebnisse der Informations- und Sensibilisierungsveranstaltungen in der Praxis

Um auch Beschäftigte aus anderen Bereichen des Unternehmens zu informieren und möglichen negativen Diskussionen über das KI-Projekt vorzubeugen, wurden 30-minütige Informationsveranstaltungen angeboten. Diese fanden direkt in den jeweiligen Arbeitsbereichen des Unternehmens statt. So wurden beispielsweise in einem Anwenderunternehmen insgesamt acht solcher Veranstaltungen durchgeführt. Als Referierende traten die Projektleitung sowie unternehmensseitige Projektverantwortliche auf, darunter Vertreter der Mitarbeitervertretung, Mitglieder der Geschäftsführung, Projektmanager und IT-Beauftragte. Die Veranstaltungen waren folgendermaßen gegliedert (Ottersböck et al. 2024a, b):

- Kurzvorstellung des Projekts und seiner Ziele,
- Herausforderungen im Pilotarbeitsbereich,
- Potenziale KI-basierter Assistenzsysteme zur Lösung betriebsspezifischer Herausforderungen,
- Fragen und Diskussion zu möglichen weiteren Anwendungsfällen in anderen Arbeitsbereichen im Betrieb.

Tipps für die Praxis

Es ist empfehlenswert, visuelle Hilfsmittel wie Bilder, Videos oder Geschichten zu nutzen, um die Herausforderungen und Projektziele darzustellen. Diese Methode hilft, mögliche Sprachbarrieren innerhalb der Belegschaft zu überwinden und stellt sicher, dass die Informationen für alle Beteiligten verständlich sind. Hierfür können Präsentationen mit Bildern und Videos erstellt und gezeigt werden. Alternativ sind auch analoge Medien wie Poster oder Flyer geeignet, insbesondere wenn keine Möglichkeit besteht, Folien oder Videos zu zeigen (Ottersböck 2024).

Da die Veranstaltung beim Anwenderunternehmen direkt auf dem Shopfloor in der Produktion stattfand, war der Einsatz digitaler Präsentationstechnik nicht möglich. Stattdessen nutzten die Referierenden Poster und Flipcharts zur Visualisierung der Informationen. Zusätzlich erhielten die Beschäftigten einen Informationsflyer, der speziell auf die

Bedürfnisse einer diversen Belegschaft zugeschnitten war. Zu diesem Zweck wurde eine Comicstory entwickelt, die den Anwendungsfall in der OFT sowie die KI-Lösung anhand eines realitätsnahen Alltagsszenarios in vereinfachter Form skizzierte (Abb. 4.7). Durch die spielerische Umsetzung der Informationen, bewusst in der Alltagssprache der Beschäftigten verfasst, konnten die Inhalte einprägsam und interessant vermittelt werden (Ottersböck 2024).

Abb. 4.7 Ein exemplarischer Auszug aus dem Flyer mit der Comicstory zeigt, wie die Herausforderungen im Arbeitsprozess verständlich gemacht werden und die KI_eeper-Lösung erläutert wird (Ottersböck 2024, modifiziert)

Um die Wirksamkeit der Informationsveranstaltungen zu bewerten, eignet sich ein kurzer Evaluationsbogen, der im Anschluss an die Teilnehmenden verteilt wird. So kann anonymisiert erfasst werden, wie die Veranstaltung wahrgenommen wurde und ob es weiterhin Bedenken hinsichtlich des KI-Einsatzes gibt.

Die Evaluation in einem Anwenderunternehmen ergab, dass 18 von 145 Beschäftigten vor den Infoveranstaltungen Bedenken gegenüber dem KI_eeper-Projekt hatten (Abb. 4.8). Nach der Veranstaltung äußerten jedoch nur zwei Personen, dass sie das Projekt nicht positiv bewerten (Abb. 4.9) (Ottersböck 2024).

Die Ergebnisse legen nahe, dass die Informationsveranstaltungen dazu beigetragen haben, die Akzeptanz des KI_eeper-Projekts und des KI-Einsatzes zu steigern. Dies könnte auch zukünftige Projekte erleichtern, indem Veränderungen schneller von der Belegschaft akzeptiert und erfolgreich umgesetzt werden.

Wie in diesem Abschnitt beschrieben, ermöglichen die Veranstaltungen sowie die anschließende anonyme Befragung den direkten Austausch mit Beschäftigten aus verschiedenen Arbeitsbereichen. So können Meinungen Beschäftigter zum KI-Einsatz und

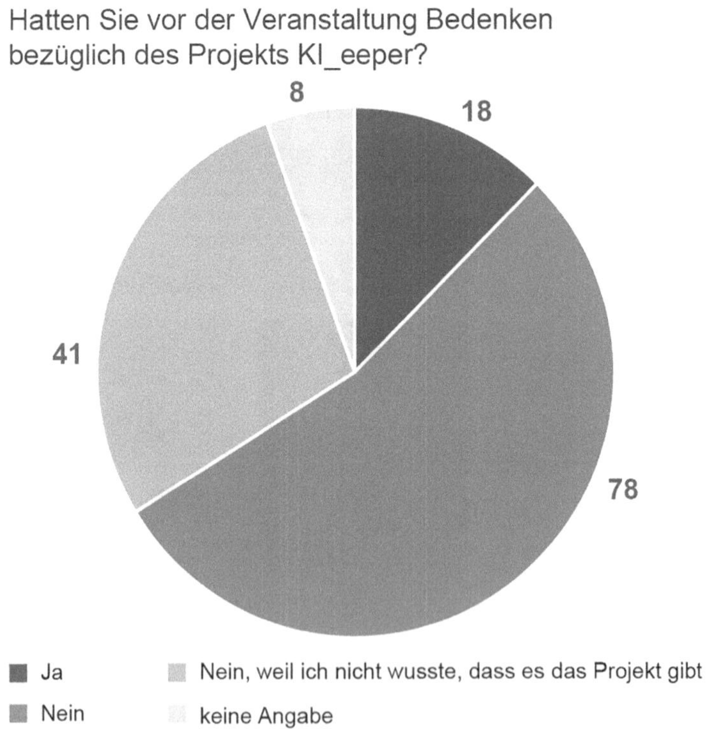

Abb. 4.8 Auszug aus der Evaluation der Infoveranstaltungen zum Projekt KI_eeper in acht Arbeitsbereichen des Anwenderunternehmens. Frage: „Hatten Sie vor der Veranstaltung Bedenken bezüglich des Projekts KI_eeper?" (n = 145) (Ottersböck 2024)

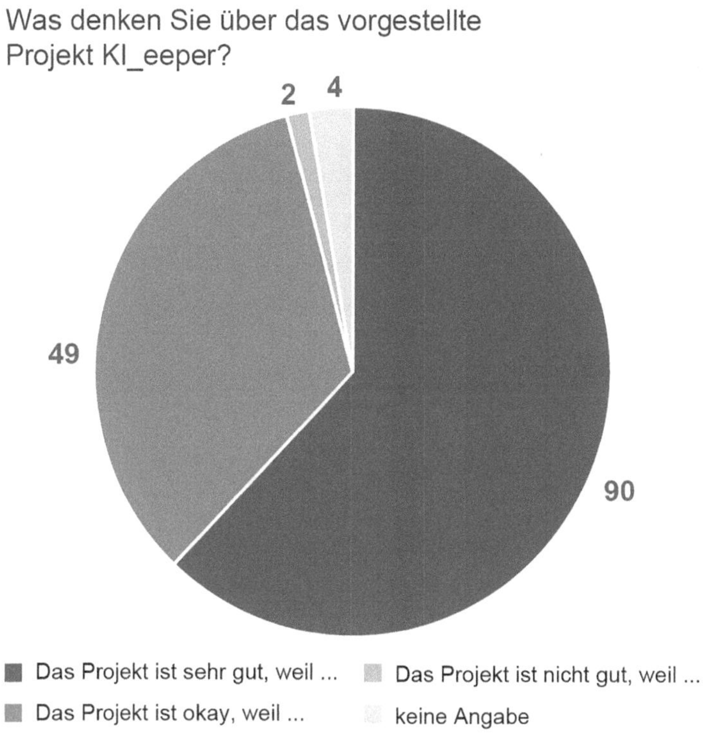

Abb. 4.9 Auszug aus der Evaluation der Infoveranstaltungen zum Projekt KI_eeper in acht Arbeitsbereichen des Anwenderunternehmens. Frage: „Was denken Sie über das vorgestellte Projekt KI_eeper?“ (n = 145) (Ottersböck 2024)

auch neue Ideen zum Transfer der Technologie in weitere Arbeitsbereiche gewonnen werden. Ein Fragebogen mit offenen und geschlossenen Fragen bietet dabei eine geeignete Möglichkeit, um Anregungen und Bedenken anonym zu äußern. Abb. 4.10 zeigt einen Auszug aus der Evaluation des KI_eeper-Projektvorhabens. Die Teilnehmenden wurden gefragt, aus welchen Gründen sie das Projekt als „sehr gut“, „okay“ oder „nicht gut“ bewerten (Abb. 4.10).

Die Beschäftigten sehen großes Potenzial in der KI-Technologie, insbesondere in den Bereichen Wissenskonservierung und Qualitätssicherung. Gleichzeitig gibt es jedoch auch kritische Stimmen, die die Reife des Systems sowie mögliche Auswirkungen auf die Rationalisierung von Arbeitsplätzen hinterfragen. Eine Evaluation hilft dabei, das Stimmungsbild in der Belegschaft zur Einführung von KI zu erfassen. So können potenzielle Herausforderungen frühzeitig erkannt und weitere Anwendungsfälle für KI im Unternehmen identifiziert werden.

Abb. 4.10 Auszug aus den offenen Textantworten der Evaluation der Infoveranstaltungen zum Projekt KI_eeper in einem Anwenderunternehmen

Tipps für die Praxis
Kommunikation auf vielen Wegen, um die gesamte Belegschaft zu erreichen.

Im Projekt hat sich gezeigt, dass eine Kombination verschiedener Kommunikationsmittel und -methoden erforderlich ist, um alle Beschäftigten über das Projekt zu informieren. Besonders die Informationsveranstaltungen haben sich als wirkungsvolle Maßnahme erwiesen, um Beschäftigte aus allen Arbeitsbereichen zu erreichen, Missverständnissen („Flurfunk") entgegenzuwirken und neue Ideen für den Transfer des Systems in andere Arbeitsbereiche zu gewinnen (Ottersböck 2024).

4.2.3 Baustein 3: Prozess- und Anforderungsanalyse

Die Prozess- und Anforderungsanalyse ist einer der umfangreichsten soziotechnischen Bausteine im Projekt. Ihr Hauptziel besteht darin, den ausgewählten Tätigkeitsbereich in den beiden Anwenderunternehmen genau zu verstehen und zu erfassen. Ein besonderer Fokus lag auf den täglichen Herausforderungen der Beschäftigten bei der Ausführung ihrer Aufgaben. Wenn diese bekannt sind, kann das KI-Assistenzsystem gezielt darauf ausgerichtet werden, die Beschäftigten bestmöglich bei ihrer Arbeit zu unterstützen.

Darüber hinaus hatte die Analyse einen weiteren entscheidenden Vorteil: Sie ermöglichte einen vertrauensvollen Zugang zu den Beschäftigten in den Pilotarbeitsbereichen und bot die Gelegenheit, sie aktiv in den Entwicklungsprozess des KI-Systems einzubeziehen. Dabei wurden sie auch nach ihren eigenen Ideen und Vorstellungen zu KI-basierter Assistenz befragt.

Für die Prozess- und Anforderungsanalyse eignen sich verschiedene qualitative Methoden, darunter leitfadengestützte Interviews mit Beschäftigten der Pilotarbeitsbereiche sowie stilles und teilnehmendes Beobachten während der Arbeitsausführung (Nienhüser 2016). Ein anschließender Konsolidierungsworkshop mit den Beschäftigten diente dazu, die Ergebnisse der ersten Analyseschritte zu verifizieren und zu ergänzen (Ottersböck et al. 2024a, b). Hierbei wurden den Beschäftigten die Analyseergebnisse vorgestellt, um gemeinsam zu validieren, ob die Beobachtungen aus den Pilotarbeitsbereichen mit der eigenen Wahrnehmung der Arbeitsprozesse übereinstimmen.

Die Nutzeranforderungen spielen eine zentrale Rolle im Entwicklungsprozess technischer Informationssysteme und tragen maßgeblich zu einer erfolgreichen Umsetzung bei (Maguire und Bevan 2002). Allerdings stellt dies auch eine Herausforderung dar, da häufig im Vorfeld nicht genau definiert ist, welche Erwartungen konkret an das Assistenzsystem bestehen (Olphert und Damodaran 2002).

Um die Bedürfnisse der Nutzergruppe umfassend zu berücksichtigen, können und sollten verschiedene Methoden kombiniert werden. Neben Interviews und Beobachtungen könnte beispielsweise die Entwicklung von fiktiven Szenarien genutzt werden, um der Nutzergruppe die potenzielle Nutzung der Technologie und deren Assistenzfunktionen zu veranschaulichen. Auch Fokusgruppengespräche mit relevanten Stakeholdern und quantitative Befragungen durch strukturierte Fragebögen können zum Einsatz kommen. Die Kombination dieser Ansätze ermöglicht eine nutzerzentrierte Entwicklung, die den tatsächlichen Anforderungen der Beschäftigten entspricht (Maguire und Bevan 2022).

Für die Durchführung der Analyse wurden im Rahmen des Projekts ein Interviewleitfaden sowie ein Beobachtungsbogen entwickelt. Der geplante Ablauf, die eingesetzten Analyseinstrumente und alle relevanten Unterlagen wurden im Vorfeld mit den Verantwortlichen in den Betrieben – darunter die Mitarbeitervertretung sowie Führungskräfte – abgestimmt. Dabei wurden auch folgende Punkte geklärt:

- Zeiten und Dauer der Interviews sowie der teilnehmenden Beobachtung,
- Teilnehmerstruktur und Anzahl der einbezogenen Beschäftigten,
- Nutzung von Smartphones zur Aufnahme von Videos und Bildern für Dokumentationszwecke.

Durchführung der Prozess- und Anforderungsanalyse in der Praxis

Vor jedem Interview wurden die Teilnehmenden erneut über das Projekt, seine Ziele und den Zweck der Anforderungs- und Prozessanalyse informiert. Hierfür wurde ein Informationsblatt mit bildlichen Darstellungen und Symbolen verwendet, um mögliche Sprachbarrieren zu überwinden und Bedenken bezüglich der Analyse zu zerstreuen. In diesem Vorgespräch wurde betont, dass die Analyse dazu dient, die Technikentwicklung genau auf die Bedürfnisse und Anforderungen der Beschäftigten abzustimmen, um ihnen eine wertvolle Unterstützung bei ihren Aufgaben zu bieten.

Mit Zustimmung der Befragten wurde ein Großteil des Interviews digital aufgezeichnet. Dies war wichtig, um Details zu erfassen, die während der Gespräche nicht notiert werden konnten. Da Aufnahmen die Teilnehmenden jedoch hemmen und ihre Aussagen beeinflussen können, wurde besonderer Wert auf die Zusicherung eines vertrauensvollen Umgangs mit den Daten gelegt, was auch schriftlich vereinbart wurde (Schwarzkopf 2016). Im Projekt wurde sichergestellt, dass keine Rückverfolgbarkeit der Angaben aus den Interviews und Beobachtungen auf einzelne Personen möglich ist. Die Analyseergebnisse wurden anonymisiert in einem soziotechnischen Lastenheft aufbereitet und ausschließlich dem Entwicklerteam zur Verfügung gestellt.

In den Interviews wurden die Beschäftigten zu ihren Tätigkeiten befragt. Zusätzlich wurden personenbezogene Merkmale wie Ausbildungs- und Schulabschlüsse oder der Umgang mit Technologie im privaten wie beruflichen Alltag erhoben. Dies ermöglichte den Entwicklungspartnern, Einblicke in die Nutzergruppe zu gewinnen und diese für eine nutzerzentrierte Technikentwicklung zu verwenden. Zusammengefasst wurden folgende Themenbereiche abgefragt:

- personenbezogene Daten: z. B. Dauer der Betriebszugehörigkeit, Ausbildungshintergrund, sonstige Merkmale wie Migrationshintergrund,
- Technikaffinität: z. B. Zwecke und Nutzungsintensität technischer Geräte beruflich und privat,
- Tätigkeit: z. B Arbeitsablauf, Herausforderungen im Arbeitsprozess,
- Wissenstransfer: z. B. Methoden zur Einarbeitung neuer Beschäftigter, Teamarbeit und Zusammenarbeit mit Führungskräften, Kultur der Wissensweitergabe.

Die Dauer der Interviews wurde von den Anwenderunternehmen auf maximal 60 min festgelegt (Ottersböck 2024).

Beispielhafter Interviewleitfaden

Generelle Informationen zur Person

1. Alter:
2. Geschlecht: männlich/weiblich/divers
3. Herkunft:
4. Ausbildungshintergrund:

5. Betriebszugehörigkeit seit:

Informationen zum Tätigkeitsbereich, Aufgaben und Herausforderungen

6. In welchem Arbeitsbereich/Tätigkeitsbereich sind Sie beschäftigt?
7. Was sind Ihre Hauptaufgaben?
8. Welche Kompetenzen (allgemein und spezifisch) werden hierfür benötigt?
9. Wie sieht Ihr Arbeitsalltag aus?
10. Was sind die größten Herausforderungen/Probleme in Ihrem Arbeitsbereich?
11. Wie können diese gemeistert werden? Haben Sie hierzu eigene Verbesserungsvorschläge?
12. Schildern Sie bitte eine Herausforderung bei Ihrer Tätigkeit in der Vergangenheit:
    - Wie kam es zu dieser Situation?
    - Wie lief sie im Einzelnen ab?
    - Wie haben Sie sich in der Situation konkret verhalten, und wie sind Sie vorgegangen?
    - Welche Folgen hatte Ihr Verhalten auf die konkrete Arbeitssituation?
    - Welche Bedeutung hatte die erfolgreiche Problemlösung für den weiteren
    - Arbeitsfortschritt?
    - Wie hätten Sie sich auf keinen Fall verhalten dürfen?

Informationen zur Technologieakzeptanz sowie Affinität, Kenntnisse und Fähigkeiten im Umgang mit technologischen Mitteln

13. Welche technischen Geräte nutzen Sie in Ihrer Freizeit und wozu?
14. Welche technischen Geräte nutzen Sie im Betrieb und wozu?
15. Welche Vorteile entstehen für Sie durch die Nutzung technischer Geräte?
16. Welche Nachteile bzw. Herausforderungen entstehen durch die Nutzung technischer Geräte?
17. Wenn Sie ein neues technisches Gerät im Privaten oder Beruflichen einsetzen, wie gehen Sie vor, um die Handhabung zu erlernen?
18. Welche Herausforderungen ergaben sich in der Vergangenheit durch die Einführung technischer Systeme?
19. Wenn an Ihrem Arbeitsplatz ein technisches System eingeführt wird, was müsste dieses tun, damit Ihre Arbeit erleichtert wird?
20. Wie muss die Bedienung eines technischen Geräts bzw. die Interaktion mit einem technischen Gerät gestaltet sein, damit Sie dieses gerne nutzen?
21. Nutzen oder haben Sie bereits technische Assistenzsysteme bei Ihrer Arbeit genutzt? Wenn ja, welche Erfahrungen haben Sie damit gemacht?
22. Welche Herausforderungen können für Sie oder andere durch den Einsatz technischer (Assistenz)Systeme am Arbeitsplatz entstehen?

Informationen zu Wissensmanagement im Unternehmen

23. Wie wird/werden in der Regel Wissen/Informationen im Unternehmen weitergegeben?
24. Wenn Sie Informationen zur Bewerkstelligung Ihrer Aufgaben benötigen, an wen wenden Sie sich dann?
25. Wenn Sie Probleme im Arbeitsprozess haben, wer kann Ihnen in der Regel helfen, diese zu lösen?
26. Bitte nennen Sie ein Beispiel für ein Problem, das Sie in der Vergangenheit nur mit Unterstützung lösen konnten.
27. Wie erfolgt die Einarbeitung von neuen Beschäftigten in Ihrem Tätigkeitsbereich?

Stille und teilnehmende Beobachtungen Beschäftigter im Pilotarbeitsbereich

Die stillen und teilnehmenden Beobachtungen auf dem Shopfloor fanden direkt im Anschluss an die Interviews statt. Bei der Firma apra-norm wurden drei Beobachtungseinheiten mit insgesamt sechs Beschäftigten der Aufhängestation durchgeführt. Die einzelnen Einheiten dauerten jeweils maximal drei Stunden.

Die Beschäftigten wurden zunächst still bei ihrer Tätigkeit beobachtet. Die Beobachtenden nutzten vorstrukturierte Beobachtungsbögen, um Notizen und Beschreibungen zu den einzelnen Tätigkeitsschritten festzuhalten. Die Beobachtungsbögen können tabellarisch wie folgt strukturiert werden:

- Bezeichnung des Teilprozesschrittes
- Beschreibung des Ablaufes des Teilprozesschrittes
- Beschreibung von Arbeits- und Hilfsmitteln
- Hinweise auf wesentliche Tätigkeiten, für die ein hohes Maß an Wissen/Erfahrung benötigt werden
- Erhebung, welche Informationsquellen für die Tätigkeit notwendig sind
- Beschreibung der Kommunikation und Zusammenarbeit mit anderen Mitarbeitenden oder Systemen
- Notizen für weitere Hinweise wie bspw. Herausforderungen, Besonderheiten

Nach mehreren beobachteten Arbeitsdurchgängen wurden ergänzende Befragungen der Beschäftigten durchgeführt. Dabei wurden beispielsweise die Gründe für die Verwendung unterschiedlicher Hakentypen bei verschiedenen Artikeln erfragt. Sukzessive wurden die Beschreibungen der Tätigkeiten zunehmend detaillierter und präziser.

Zusätzlich zur schriftlichen Dokumentation werden in Absprache mit den Führungskräften, der Mitarbeitervertretung und den betroffenen Beschäftigten selbst Fotos und Videos aufgenommen.

Auswertung und Analyse der Ergebnisse aus Interviews und Beobachtungen

Um den maximalen Nutzen aus den gewonnenen Interviewdaten zu ziehen, wurden diese systematisch mithilfe einer vorgefertigten Auswertungsmatrix und vordefinierter Kategorien ausgewertet. Dies erforderte zunächst eine Komprimierung und Strukturierung des Datensatzes. Für die Auswertung qualitativer Datensätze eignen sich insbesondere Methoden wie die qualitative Inhaltsanalyse nach Mayring, die Grounded Theory oder die Gioia-Methodologie (Timonen et al. 2018; Gioia et al. 2013).

Die Auswertung der Ergebnisse erfolgte anhand der qualitativen Inhaltsanalyse nach Mayring (Mayring 2015). Da im Vorfeld bereits klar definierte Analyseaspekte festgelegt wurden, konnten die Interviews anhand bestehender Kategorien strukturiert ausgewertet werden. In diesem Fall wurde ein deduktiv-strukturierender Ansatz gewählt, bei dem relevante Kategorien im Voraus definiert wurden. Dies unterscheidet sich von einem induktiven Ansatz, bei dem Kategorien erst während der Analyse ermittelt werden. Für strukturentdeckende, induktive Ansätze eignet sich insbesondere die Gioia-Methode (Gioia et al. 2013).

Durch die deduktive, strukturierende Vorgehensweise nach Mayring wurden alle Kategorien im Vorfeld explizit definiert, sodass eine präzise Zuordnung der qualitativen Daten möglich war. Analog zur Erstellung des teilstrukturierten Leitfadens wurden Kategorien so festgelegt, dass sie die relevanten Untersuchungsfaktoren abbilden, die mithilfe der Interviews untersucht werden sollen. Nach der Kategorisierung wurden die Daten entsprechend zugeordnet, aggregiert und interpretiert.

Zur Clusterung und Aufbereitung der Ergebnisse wurden nach Konsolidierung sogenannte User Personas erstellt, die die Nutzergruppen anonymisiert beschreiben. Dabei flossen neben den strukturierten Interviews auch Erkenntnisse aus der Beobachtung mit ein. Die Ergebnisse dieser Analyse wurden anschließend – gemeinsam mit weiteren funktionalen- und nicht-funktionalen Anforderungen – genutzt, um konkrete Anforderungen an das KI-basierte Assistenzsystem zu identifizieren und zu definieren, die in das Lastenheft mit einfließen. Das Lastenheft dient der Kategorisierung und Spezifizierung der Anforderungen an das System im Detail und bildet die Grundlage für die technische Entwicklung (Nicolás und Toval 2009).

Konsolidierung der Ergebnisse

Um die Analyseergebnisse zu verifizieren und zu vervollständigen, wurde ein Konsolidierungsworkshop durchgeführt. Der Workshop baute auf der Prozessdarstellung auf, die im Auftaktworkshop (Baustein 1, Abschn. 4.2.1) erarbeitet worden war. Die erhobenen Informationen zum Prozess und zu den Tätigkeiten wurden den Beschäftigten der Pilotarbeitsbereiche in einer Folienpräsentation vorgestellt.

Die Teilnehmenden bekamen die aufgenommenen Prozessschritte erläutert. Anschließend wurde diskutiert, ob die Informationen und Anforderungen korrekt und vollständig vorliegen. Darüber hinaus wurden die Teilnehmenden befragt, ob es

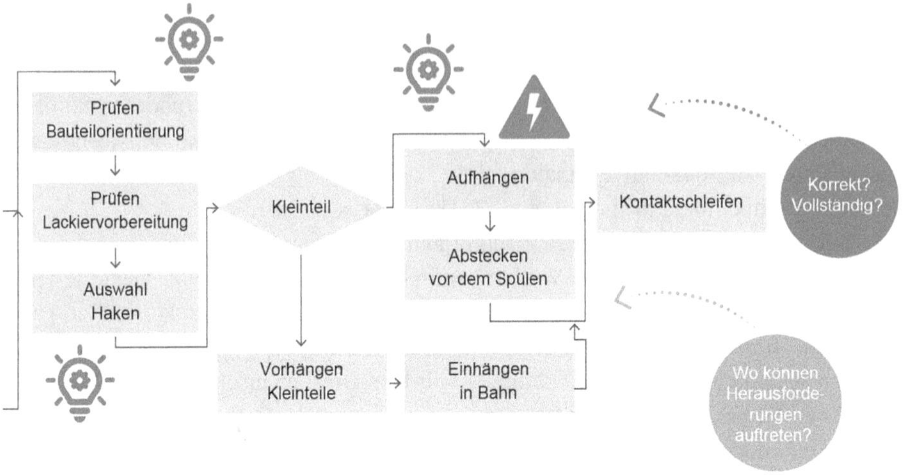

Abb. 4.11 Bildliche Darstellung der Analyseergebnisse aus der Prozess- und Anforderungserhebung im Konsolidierungsworkshop. Dargestellt ist ein Arbeitsprozess, wobei Glühbirnen herausfordernde Tätigkeitsschritte und Blitze kritische Arbeiten symbolisieren, die benannt wurden

weitere Herausforderungen, Probleme oder Störfaktoren im Prozess gibt, die aktuell noch nicht aufgenommen wurden (Abb. 4.11):

Nach der Vorstellung und Diskussion des Prozessablaufs wurden die Analyseergebnisse anhand von Bildern und Beschreibungen zu den einzelnen Tätigkeitsschritten erläutert. Die Beschäftigten wurden zu jedem Schritt gefragt, ob die Ergebnisse korrekt und vollständig sind. Gemeinsam wurde diskutiert, welche Aspekte wesentlich sind und ob das KI-basierte Assistenzsystem bei diesen Tätigkeiten unterstützen sollte.

Der Workshop diente nicht nur der Konsolidierung der Ergebnisse, sondern bot auch die Möglichkeit, die Beschäftigten erneut am Entwicklungsprozess teilhaben zu lassen. Durch die Rückspiegelung der Ergebnisse konnte das Vertrauen in Projektvorhaben und Projektteam gestärkt werden. Zudem fand durch die Diskussion zu den Tätigkeiten ein Wissenstransfer im Team statt (Ottersböck et al. 2024a, b).

Ergebnisaufbereitung für die Technikentwicklung im Lastenheft

Eine Zusammenfassung der zentralen Ergebnisse erfolgte in einem soziotechnischen Lastenheft. Dieses Lastenheft diente als Grundlage für die nutzerzentrierte Entwicklung der KI-Lösung und erhielt detaillierte Anforderungs- und Tätigkeitsbeschreibungen sowie anonymisierte User Personas, die die Eigenschaften der Beschäftigten repräsentierten. Es wurde in folgende Abschnitte unterteilt (nach Ulich 2005):

- Informationen zum Unternehmen und zu den Produkten,
- Beschreibung des Pilotarbeitsbereichs,

- Definition der Ziele und Zielkriterien,
- Darstellung des Anwendungsfalls,
- Spezifikation der Anforderungen (untergliedert in regulatorische, aufgabenbezogene, organisationsbezogene und technikbezogene Anforderungen),
- Beschreibung der Nutzergruppe durch User Personas,
- weitere relevante Informationen.

User Personas sind fiktive Charaktere, die dazu dienen, verschiedene Benutzergruppen anonymisiert zu veranschaulichen (Junior 2005). Diese Methode wird häufig im User-Centered Design (UCD) und in der Softwareentwicklung eingesetzt, um ein besseres Verständnis der Nutzerbedürfnisse, Ziele und Verhaltensweisen zu gewinnen (Karolita et al. 2023; Miaskiewicz und Kozar 2011). Neben demografischen Merkmalen stellen Personas vor allem die Bedürfnisse, Motivation und Verhaltensweisen der Nutzergruppen dar (Schweibenz 2004).

Die Verwendung von User Personas bietet folgende Vorteile:

- Vertieftes Nutzerverständnis: Personas helfen Entwicklern und Designern, ein klares und einheitliches Bild der Zielnutzer zu entwickeln. Sie fassen Informationen über Nutzerbedürfnisse, Verhaltensweisen und Ziele zusammen, die aus Nutzerforschung und Datenanalyse gewonnen wurden (Pruitt und Adlin 2006).
- Fokus auf den Nutzer: Personas stellen sicher, dass sich das Entwicklungsteam an den tatsächlichen Nutzerbedürfnissen orientiert, anstatt persönliche Vorlieben oder Annahmen in den Vordergrund zu stellen (Cooper 2004).
- Effektivere Kommunikation: Personas dienen als gemeinsames Verständnis- und Kommunikationswerkzeug innerhalb des Teams sowie mit Stakeholdern. Sie bieten eine gemeinsame Sprache und ein gemeinsames Verständnis der Zielgruppe (Nielsen 2013).
- Bessere Entscheidungsfindung: Durch die klare Definition der Nutzergruppen können Entscheidungen schneller und zielgerichteter getroffen werden, da stets die Bedürfnisse der Zielgruppe berücksichtigt werden (Mütze-Niewöhner et al. 2022).

Durch das Erstellen von User Personas ergibt sich ein detailliertes Verständnis der Nutzerbedürfnisse und Verhaltensweisen im Hinblick auf den Technologieeinsatz. Eine systematische, analytische Vorgehensweise bei der Entwicklung dieser Personas ermöglicht es Softwareentwicklern, sicherzustellen, dass die Technik tatsächlich den Bedürfnissen der Nutzergruppe entspricht. Dies kann zu einer höheren Zufriedenheit und verstärkten Nutzung des Techniksystems führen.

Im Rahmen der User Personas werden die spezifischen Bedürfnisse und Bedenken der späteren Nutzergruppe abgebildet. Eine frühzeitige Berücksichtigung dieser Faktoren kann die spätere Nutzererfahrung sowie die Einstellung gegenüber dem System positiv beeinflussen. Nach dem Technology Acceptance Model beeinflussen die wahrgenommene

Nützlichkeit und die Benutzerfreundlichkeit die Akzeptanz neuer Technologien (Marangunic und Granic 2015; Davis 1985). Eine gezielte Förderung dieser Aspekte kann die Akzeptanz erheblich steigern!

Durch die Erstellung der Personas wurden die gewonnenen Erkenntnisse strukturiert und auf einen größeren potenziellen Nutzerkreis übertragen. So konnten die Merkmale, Charakteristika, Bedürfnisse und Bedenken der Nutzergruppen gezielt in der Anforderungsanalyse sowie in den weiteren Entwicklungsprozessen berücksichtigt werden.

Beispiel: Vorgehen in der Praxis

Daten sammeln	Zunächst werden qualitative und quantitative Daten über die Nutzergruppe gesammelt. Im Projekt KI_eerper erfolgte dies im Rahmen der Prozess- und Anforderungsanalyse. In den Interviews wurden die Beschäftigten beispielsweise zu persönlichen Merkmalen, ihrer Affinität zu Technologien sowie ihren Herausforderungen im Arbeitsprozess befragt (Mütze-Niewöhner et al. 2022).
Daten analysieren	Die gesammelten Daten werden anschließend systematisch analysiert, um Muster und Trends zu identifizieren. Dabei werden relevante Faktoren wie demografische Daten, Verhaltensweisen etwa im Umgang mit Technik im Alltag, Arbeitsziele mit dem Techniksystem, Bedürfnisse und Herausforderungen erfasst (Nielsen 2013).
Personas erstellen	Basierend auf den analysierten Daten werden fiktive Charaktere entwickelt, die repräsentative Nutzergruppen darstellen. Jede Persona enthält detaillierte Informationen wie Name, Alter, Beruf, Hintergrund, Ziele, Bedürfnisse, Verhaltensweisen und typische Zitate (Pruitt und Adlin 2006).
Validierung	Die entwickelten Personas sollten mit echten Nutzern und Stakeholdern validiert werden, um ihre Realitätsnähe und Repräsentativität sicherzustellen (Cooper 2004).
Nutzung und Aktualisierung	Personas werden während des gesamten Entwicklungsprozesses eingesetzt und bei Bedarf aktualisiert, um ihre Relevanz und Genauigkeit sicherzustellen (Mütze-Niewöhner et al. 2022).

Beispiel

Die User Personas im Projekt KI_eeper wurden wie folgt aufgebaut (nach Lepzien und Lewerenz 2022):

Über mich	In diesem Abschnitt wurden die persönlichen Merkmale der Nutzergruppe beschrieben. Dazu zählen unter anderem Ausbildungsabschlüsse, Betriebszugehörigkeit, Tätigkeitsbereich sowie Technologieaffinität und Digitalkompetenz. Letztere wurde beispielsweise veranschaulicht, indem dargelegt wurde, welche technischen Geräte (z. B. Tablets, Smartphones) die Beschäftigten im Alltag und in ihrer Freizeit nutzen und zu welchen Zwecken.
Meine Herausforderungen im Arbeitsprozess	Hier wurden die wesentlichen Herausforderungen der Beschäftigten in ihrem Arbeitsbereich dargestellt. Dazu zählen beispielsweise die zunehmende Komplexität in der Fertigung durch eine hohe Variantenvielfalt oder ein stockender Arbeitsrhythmus, der durch Unwissenheit und Rückfragen der Kolleginnen und Kollegen entsteht.
Meine Ziele	In diesem Abschnitt wurde erläutert, welche Ziele die Nutzergruppe mit der Einführung von Technik- und KI verfolgt, also welche Herausforderungen im Arbeitsprozess dadurch bewältigt werden sollen und auf welche Weise. Zusätzlich zu diesen drei Abschnitten wurden aussagekräftige Zitate aus den Interviews aufgenommen. Diese liefern weitere Einblicke in die Merkmale, Bedürfnisse und Erwartungen der Nutzergruppe.

Tipps für die Praxis

Besprechen Sie Informationsmaterialien und Planungen mit vertrauenswürdigen Personen aus Betrieb und Tätigkeitsbereich. Diese können wertvolle Hinweise zu Arbeitsabläufen, Tätigkeiten, Beschäftigten, Persönlichkeitsmerkmalen, möglichen Sprachbarrieren und potenziellen Besonderheiten vermitteln.

Machen Sie deutlich, dass die Einbindung der Beschäftigten entscheidend ist, damit das KI-System einen tatsächlichen Nutzen im Arbeitsalltag bringt.

Spiegeln Sie den Beschäftigten die Ergebnisse in einem Konsolidierungsworkshop zurück. So können Sie sicherstellen, dass alle Ergebnisse korrekt verstanden wurden. Dadurch können Ergebnisse ergänzt und vervollständigt werden. Die Mitarbeitenden können weiter in den Entwicklungsprozess eingebunden werden und so mehr Vertrauen in das Technikprojekt gewinnen. Dies trägt zur Akzeptanz des Assistenzsystems in der Belegschaft bei (Ottersböck 2024).

4.2.4 Bausteine 4 und 5: Risikofolgenabschätzung und Bewertung der technischen Konzeption

Der Einsatz von KI bietet zahlreiche Potenziale, insbesondere hinsichtlich Effizienzsteigerung, Arbeitserleichterung und Entscheidungsunterstützung sowie stetig steigender Einsatzmöglichkeiten. Gleichzeitig bringt die Technologie ethische, rechtliche und soziale Herausforderungen mit sich (Huang et al. 2022) und wirft zahlreiche rechtliche Fragestellungen auf (Chamberlain 2023). Außerdem kann der zunehmende Einsatz von KI zu einer Art digitaler Spaltung führen (Korovkin et al. 2023; Carter und Cantrell 2020) und bestehende soziale Ungleichheiten befördern. Um die Potenziale eines KI-Einsatzes bestmöglich zu nutzen und gleichzeitig möglichen negativen Folgen entgegenzuwirken, ist eine Evaluation möglicher Auswirkungen erforderlich (Stahl et al. 2023).

Seit den 1980er-Jahren wird in den USA und Europa im Rahmen des aufstrebenden Forschungszweigs der Technologiefolgenabschätzung (Technology Assessment) intensiv über Notwendigkeit und Ansätze diskutiert, die gesellschaftlichen Auswirkungen neuer Technologien zu evaluieren (Van Eijndhoven 1997). Ein etablierter Ansatz ist das Ethical, Legal and Social Implications (ELSI)-Framework, das ursprünglich im Kontext des Human Genome Projects des National Human Genome Research Institutes (NHGRI) entwickelt wurde (Fisher 2005). Es untersucht ethische, rechtliche und soziale Fragestellungen, die sich durch fortschrittliche Genomforschung ergeben. Der darauf aufbauende Forschungszweig ist so interdisziplinär wie heterogen und verfolgt unterschiedliche Methoden und Ansätze (Parker et al. 2019). Das Konzept wurde auch auf weitere neue Technologien übertragen. Allerdings gibt es kaum etablierte, praxiserprobte Methoden, um Technologien anhand der ELSI-Kriterien zu evaluieren (Wille et al. 2016). Dieser Schritt erweist sich in der betrieblichen Praxis oft als herausfordernd.

Empirische Forschung zum Einsatz von KI im Arbeitskontext zeigt, dass sich die Ängste der Beschäftigten vor allem auf die folgenden drei ELSI-Dimensionen beziehen. Die ethische Dimension umfasst etwa die Angst der Beschäftigten um die Arbeitsplatzsicherheit, die rechtliche Dimension Datenschutzbedenken, da KI-Systeme eine Vielzahl an Daten aus dem Arbeitsprozess benötigt (u. a. Zeitdaten). Bei der sozialen Dimension sollte die Sorge vor Benachteiligung ins Auge gefasst werden, insbesondere, wenn Beschäftigte nicht ausreichend qualifiziert sind, um mit neuen Systemen umzugehen (Harlacher et al. 2023).

Daher ist es entscheidend, diese drei Dimensionen frühzeitig – idealerweise bereits während des Entwicklungsprozesses – im Hinblick auf den Einsatz neuer KI-Systeme zu bewerten, um potenziellen negativen Auswirkungen entgegenzuwirken. Maßnahmen zur frühzeitigen Evaluation, die die Beschäftigten als direkte Nutzer des Systems einbeziehen, haben das Potenzial, die Ängste Beschäftigter abzubauen und die Akzeptanz des Technologieeinsatzes zu fördern. Darüber hinaus können sie Fehlentwicklungen vermeiden werden, was langfristig Kosten und Zeitressourcen spart.

Im Projekt KI_eeper hat sich eine Evaluationsmaßnahme zur Risikoabschätzung der Technologie anhand der ELSI-Dimensionen als zielführend erwiesen. Neben diesen Dimensionen spielen für die erfolgreiche Entwicklung von Assistenzsystemen auch Benutzerfreundlichkeit und die Funktionalitäten eine zentrale Rolle. Um diese Faktoren bereits vor der Technikentwicklung zu evaluieren, wurde im Projekt KI_eeper ein Workshopkonzept erarbeitet und in der Praxis mit den Beschäftigten der beteiligten Unternehmen getestet. Aufgrund der thematischen Schwerpunkte wird dieser Workshop als „ELSI + UX-Workshop" bezeichnet (Ottersböck et al. 2024b), wobei UX für User Experience steht (DIN 2019).

Eine beispielhafte Agenda mit entsprechendem Foliensatz im Projekt KI_eeper lautete wie folgt:

Begrüßung und kurze Vorstellungsrunde

- Ziele des Workshops,
- Einführung in das ELSI-Konzept und Erläuterung der ELSI-Dimensionen,
- Vorstellung der technischen Konzeption mithilfe der Storytelling-Methode anhand von Szenarien zum Technologieeinsatz im Arbeitsumfeld,
- Vorgehensweise der ELSI + UX-Bewertung im Workshop,
- Bewertung der Technik nach ELSI sowie von Funktionen und Nutzerfreundlichkeit (z. B. anhand von Szenarien und einem anonymen Fragebogen),
- Abschlussdiskussion,
- Vorstellung der nächsten Schritte im Innovationsvorhaben,
- Verabschiedung.

Die Hauptzielgruppe des Workshops sind die Beschäftigten, die künftig mit dem KI-System arbeiten werden, sowie deren direkte Führungskräfte. Es ist zudem empfehlenswert, die Mitarbeitervertretung und das IT-Personal des Unternehmens einzubinden. KI-Einführung kann mitbestimmungspflichtig sein, daher spielt, sofern vorhanden, die Mitarbeitervertretung eine wichtige Rolle. Sie fungiert als Vertrauensperson für die Belegschaft und berät in Belangen des Beschäftigtenwohls (Harlacher et al. 2023). Da neue technische Systeme auch Auswirkungen auf die IT-Infrastruktur haben, sollten auch die IT_Beschäftigten in den Workshop eingebunden werden.

Die allgemeinen Informationen zu den ELSI-Dimensionen im Zusammenhang mit dem KI-Einsatz sollten zielgruppengerecht aufbereitet werden. Im Projekt KI_eeper hat sich gezeigt, dass es hilfreich ist, die Konzeption des KI-Assistenzsystems anhand von Szenarien und der Storytelling-Methode anschaulich zu erläutern. Die geplanten Inhalte, Präsentationsfolien und der Evaluationsbogen wurden vor dem Workshop mit Führungskräften und der Mitarbeitervertretung abgestimmt. Ziel war es, die Inhalte speziell auf die Beschäftigten des Pilotarbeitsbereichs zuzuschneiden. Das bedeutet, dass die Inhalte klar und verständlich vermittelt werden müssen, sodass alle Teilnehmenden – unabhängig von möglichen Sprachbarrieren – aktiv am Workshop teilnehmen, ihre Ideen einbringen und Bewertungen abgeben können.

Tipps für die Praxis

Evaluation der Technik noch vor der Entwicklung

Um das System bereits in der frühen Entwicklungsphase hinsichtlich der ELSI-Aspekte zu überprüfen und die Nutzererfahrung zu erfassen, werden einzelne Features evaluiert, noch bevor das System vollständig entwickelt ist. Der Workshop ist daher speziell für den Fall konzipiert, dass noch kein funktionsfähiges technisches System zum Testen bereitsteht. Stattdessen werden Nutzerszenarien genutzt – also Szenarien aus dem Arbeitsalltag der Beschäftigten, in denen das System später zum Einsatz kommen soll. Die Inhalte dieser Szenarien werden auf Basis der Ergebnisse der Prozess- und Anforderungsanalyse in enger Zusammenarbeit mit den Entwicklern definiert. Es ist zudem empfehlenswert, die Entwickler des Systems aktiv in den Workshop einzubinden bzw. Präsentationen von ihnen einzuplanen, um technische Fragen direkt klären zu können.

Im Fokus stehen Arbeitssituationen, in denen das technische System genutzt wird. Diese werden mithilfe bildlicher Darstellungen von Prototypen (z. B. Benutzeroberflächen auf Bildschirmen) interaktiv mit dem Plenum besprochen. Dadurch sollen die Workshop-Teilnehmenden die Nutzerfreundlichkeit bewerten und potenzielle ELSI-Aspekte identifizieren können. Zur strukturierten Erfassung der Meinungen ist die Vorbereitung geeigneter Tools wie Fragebögen zu empfehlen (Ottersböck et al. 2024a, b).

Durchführung in der Praxis

Nach Entwicklung der technischen Konzeption wurde der ELSI + UX-Workshop in beiden Anwenderunternehmen durchgeführt. Teilnehmende waren neben den Beschäftigten der Pilotarbeitsbereiche die Mitarbeitervertretung, Abteilungsleitung und IT-Verantwortliche. Nach der Begrüßung und Einführung in die Tagesordnung wurde das Ziel des ELSI + UX-Workshops vorgestellt: die Klärung möglicher ELSI-relevanter Auswirkungen des Systems auf die Arbeit in den Pilotarbeitsbereichen sowie die Bewertung

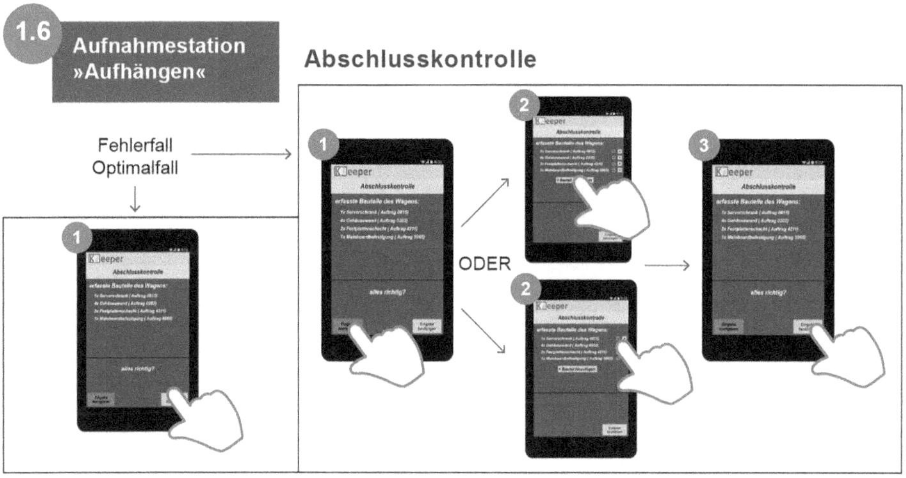

Abb. 4.12 Beispielhaftes Szenario 1.6 „Aufnahmestation Aufhängen" mit einem Mockup des User Interface

der technischen Konzeption. Das ELSI-Prinzip und seine Dimensionen wurden mit Beispielen aus den Tätigkeitsfeldern erläutert, etwa Kameraeinsatz zur Datenerhebung im Arbeitsprozess oder zur Bearbeitungsdauer der Artikel.

Im Anschluss wurde die technische Konzeption anhand von Anwendungsszenarien mit potenziellen Mockups (Oberflächendesign des User Interface) vorgestellt. Ein Mitglied des Entwicklerteams führte durch die einzelnen Auswahlmöglichkeiten. Die Beschäftigten sollten sich dabei in die Situation versetzen, wie sie dieses System gemäß ihrer Arbeitsaufgabe einsetzen würden und wie es sie im Arbeitsprozess unterstützen kann. Ein beispielhaftes Szenario ist in der Abb. 4.12 dargestellt.

Vor dem Workshop erhielten die Teilnehmenden einen mehrsprachigen Fragebogen zur Bewertung von Funktionen, Nutzerfreundlichkeit und ELSI-Aspekten. Die Beschäftigten sollten basierend auf den Szenarien die Benutzerfreundlichkeit des vorgestellten Systems bewerten und einzelne Funktionen in drei Kategorien einordnen: „Muss" (für essenzielle Funktionen), „Kann" (für optionale Funktionen) oder „Soll" (für wünschenswerte Funktionen). Zudem sollten sie Bedenken hinsichtlich der ELSI-Aspekte ankreuzen und in einem Kommentarfeld begründen (Abb. 4.13).

Nach der Vorstellung der einzelnen Szenarien gab es Zeit für direktes Feedback und Diskussionen. Der offene Umgang und das direkte Adressieren von möglichen ELSI-Aspekten führte zu hilfreichen Debatten zur Systemoptimierung und Identifizierung weiterer nützlicher Funktionen. Zudem fand ein Wissenstransfer bezüglich korrekter Arbeitsprozesse und Tätigkeiten statt. Der Workshop endete mit einem Ausblick auf die nächsten Projektschritte und einer anonymen Evaluation der Workshopmethode.

Szenario	Verständlichkeit gegeben?		Benutzer-freundlichkeit gegeben?		(Assistenz)Funktion			ELSI-Aspekt	Kommentar
	ja	nein	ja	nein	muss	kann	soll	ja	
1.1 Traverse-auswahl									
1.2 Auftrags-auswahl									
1.3 Haken-auswahl									

Abb. 4.13 Auszug aus dem Fragebogen zur Bewertung der Benutzerfreundlichkeit, der Funktionalitäten und der ELSI-Aspekte des KI_eeper-Systems im ELSI + UX-Workshop (Ottersböck et al. 2024b, modifiziert)

Evaluationsergebnisse des ELSI + UX-Workshops

Um die Wirksamkeit des Workshops zu bewerten, wurden die Beteiligten anonym mittels eines Fragebogens zu ihrem Eindruck befragt. Die Umfrageergebnisse belegen, dass der Workshop von allen Beteiligten durchweg positiv bewertet wurde (Abb. 4.14).

Ein zentrales Ziel des Projekts ist neben der Technikentwicklung, die Akzeptanz der KI-basierten Technologie in der Belegschaft zu fördern. Um dies zu erreichen, wurden verschiedene Maßnahmen ergriffen, darunter der ELSI + UX-Workshop. Die Evaluation ergab, dass die Beschäftigten sich durch den Workshop und die präsentierten Szenarien bereits gut vorstellen konnten, in Zukunft mit dem Assistenzsystem zu arbeiten. (Abb. 4.15 und 4.16).

Tipps für die Praxis

- Identifizieren Sie frühzeitig alle Stakeholder, die von der Einführung der KI-Lösung betroffen sind, und binden Sie diese aktiv ein.

Abb. 4.14 Ergebnis der Evaluation: Wie bewerten Sie den Workshop insgesamt? (Ottersböck et al. 2024b)

- Betrachten Sie alle drei Dimensionen und identifizieren Sie mögliche kurz-, mittel- und langfristige ELSI-Implikationen.
- Nutzen Sie bestehende Tools und Frameworks und passen Sie vorhandene Instrumente gezielt an Ihre Anwendungen an.
- Bewerten Sie die identifizierten Aspekte hinsichtlich ihrer Relevanz und entwickeln Sie darauf basierend gezielte Maßnahmen.
- Kontrollieren Sie Durchführung und Erfolg der geplanten Maßnahmen hinsichtlich der Reduzierung möglicher ELSI-Risiken.
- Betrachten Sie die Evaluation der ELSI-Aspekte als fortlaufenden Prozess und wiederholen Sie ELSI-Assessments in späteren Entwicklungs- und Anwendungsphasen iterativ.

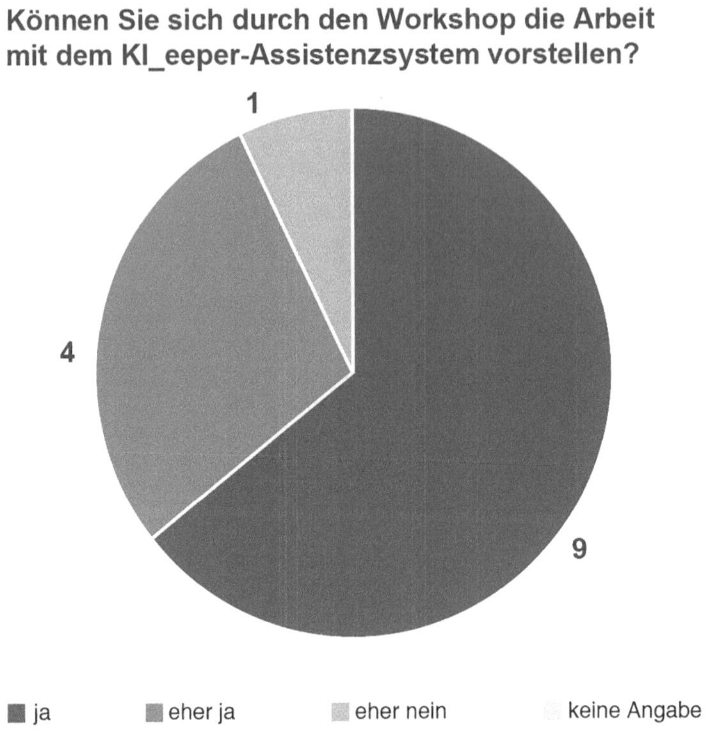

Abb. 4.15 Ergebnis der Evaluation: Akzeptanz des technischen Assistenzsystems (Ottersböck et al. 2024b)

4.2.5 Baustein 6: Einführung der Technik und Optimierung

Das KI_eeper-Assistenzsystem soll automatisch und selbstständig im Arbeitsprozess von allen Teammitgliedern lernen. Um dies zu ermöglichen, ist die Erhebung von Trainingsdaten erforderlich. Zu diesem Zweck wurde im Rahmen des KI_eeper-Projekts eine Software entwickelt, die Daten erhebt und speichert (s. Beitrag 3: Technik KI_eeper). Die Einführung der Technik in KI_eeper erfolgte in zwei Phasen (Abb. 4.17).

In der ersten Phase der Softwareimplementierung zum Aufbau des Datenpools ergab sich für die Beschäftigten noch kein direkter Mehrwert in Form von digitaler Assistenz. Stattdessen mussten Informationen zum Arbeitsprozess manuell für das nachfolgende KI-Training erhoben werden, was mit erhöhtem Aufwand für die Beschäftigten verbunden war. Um möglichen Akzeptanzproblemen entgegenzuwirken, wurde im Workshop offen und transparent über den Ablauf der Einführung und die Notwendigkeit der Datenerhebung im Arbeitsprozess kommuniziert. Den Beschäftigten wurde bereits im ELSI + UX-Workshop vermittelt, dass die Assistenzfunktionen erst in der zweiten Phase, nach dem KI-Training, verfügbar sein würden (Ottersböck et al. 2024a, b).

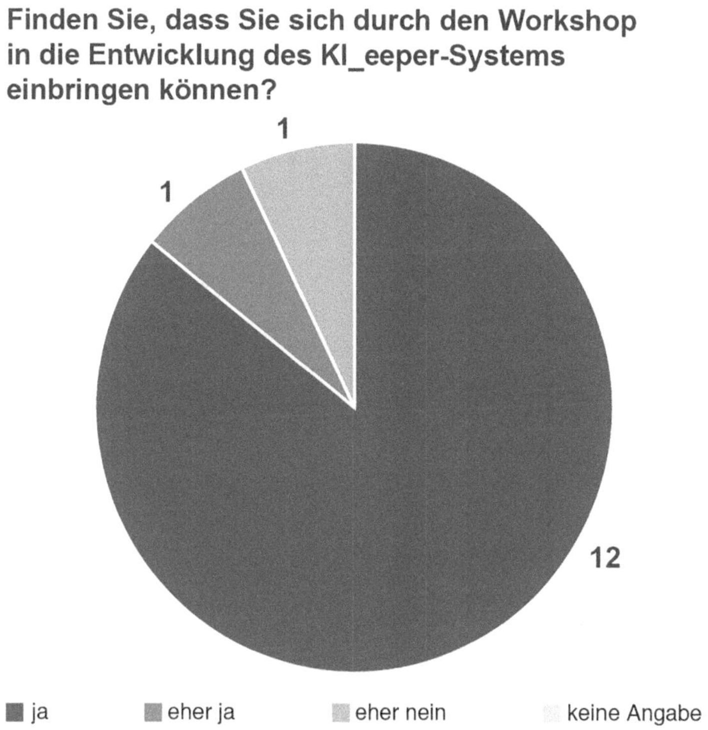

Abb. 4.16 Ergebnis der Evaluation: Wahrnehmung der Partizipation am Design des technischen Systems durch den ELSI + UX-Workshop (Ottersböck et al. 2024b)

Durch den iterativen Ansatz des Projekts wurden innerhalb der zwei Phasen regelmäßig Optimierungsrunden durchgeführt. Diese dienten dazu, das System kontinuierlich anhand des direkten Feedbacks der Nutzergruppe sowie der Testergebnisse anpassen und verbessern zu können.

Beispiel: Vorbereitung der Technikeinführung

Bereichs- und Projektleiter sowie die Geschäftsführung bereiteten die Beschäftigten in täglichen Shopfloor-Meetings auf die Einführung der Software zum Aufbau des Datenpools vor. Dort konnten die Mitarbeiter die Software auch auf Tablets sichten und ausprobieren.

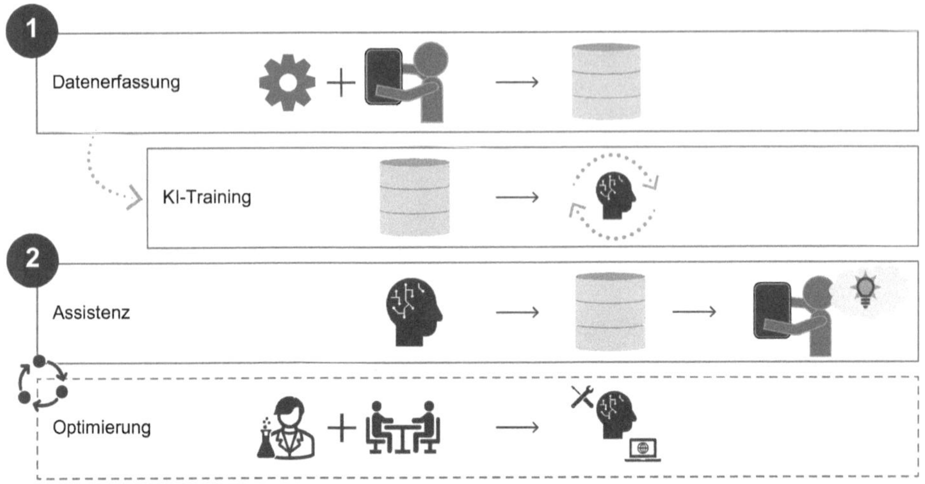

Abb. 4.17 Technische Entwicklung KI_eeper in zwei Phasen: Datenerfassung und Assistenz (Ottersböck et al. 2024a, b, modifiziert)

Die erste Version der Software wurde von Projektleitung, IT und Bereichsleitung vorab mehrmals im Prozessablauf geprüft. Dadurch wurden nach und nach Optimierungsbedarfe ersichtlich, die die Technikentwickler im Projekt direkt umgesetzt haben.

Beispiel: Durchführung in der Praxis

Phase 1: Einführung der Software zur Datenerhebung und zum KI-Training

Bei der Einführung begleiteten Bereichsleitung, Mitarbeitervertretung, betriebsinterne Projektleiter und die Konsortialführung den Prozess. Die Beschäftigten wurden erneut über Zweck und Verlauf der Softwareeinführung zur Datenaufnahme informiert und konnten die Software mithilfe von Tablets selbst testen. So konnten sie eigenständig erste Eingaben tätigen und Fragen zur Handhabung stellen.

Optimierungsphasen

Das technische System wurde im Austausch zwischen den Beschäftigten und den technischen Partnern konstant weiterentwickelt. Die (nahezu) wöchentlichen Treffen von unternehmensinterner IT-Abteilung und den Entwicklungspartnern des Konsortiums dienten der kontinuierlichen Verbesserung. Zudem besuchten Entwickler und Forschungspartner regelmäßig die Unternehmen und Pilotarbeitsbereiche, um das System vor Ort zu prüfen, Meinungen des Unternehmens aufzunehmen und die technische Implementierung zu begleiten.

Vorher-Nachher-Analyse: Kennzahlenerhebung und Nutzerbefragung
Studien zeigen, dass KI bei sinnvoller Implementierung Leistung und Wert (Wamba-Taguimdje et al. 2020) sowie Flexibilität und Kreativität eines Unternehmens steigern kann, sofern die richtigen Voraussetzungen zur Anwendung geschaffen werden (Mikalef und Gupta 2021). Um die positive Wirkung des KI-Systems auf den Arbeitsprozess zu überprüfen, ist eine Messbarkeit essenziell. Im Projekt KI_eeper erfolgt dies auf zwei Ebenen: durch Prozesskennzahlen im Arbeitsprozess und durch Erhebung der Nutzererfahrung (Lee et al. 2023; Pokorni et al. 2021).

Auf Prozessebene können Kennzahlen Hinweise für die Effektivität des Systems liefern. Diese müssen vorab in einer Prozessevaluation bestimmt werden, da jeder Arbeitsprozess einzigartig ist. Im Projekt KI_eeper wurden potenzielle Kennzahlen in der Prozess- und Anforderungsanalyse identifiziert (Rusch et al. 2023). Eine ganzheitliche Betrachtung, die auch abhängige Prozesse einbezieht, ist sinnvoll (Eisele et al. 2021). Typische Kennzahlen sind Durchlaufzeiten, Kosten, Termintreue und Zufriedenheit sowohl interner als auch externer Kunden (Feggeler und Husmann 2000).

Der zeitliche Kontext der Erhebung ist wichtig, um den Ursprung der Daten zu verstehen und Abweichungen korrekt zu interpretieren. Bei der Pilotierung technischer Systeme sind oft mehrere Iterationsschleifen nötig, bevor eine Vorher-Nachher-Erhebung sinnvoll ist (Cost Reyes et al. 2024; Prasad et al. 2017). Erst dann können Vergleiche zwischen den Zeiträumen vor und nach der Systemimplementierung getroffen werden. Dennoch sollte berücksichtigt werden, dass insbesondere in den ersten Pilotierungsphasen die Kennzahlen oft noch keine unmittelbare Verbesserung des Arbeitsprozesses erkennen lassen. Erst mit der weiteren Entwicklung des Systems, der Qualifizierung der Beschäftigten und ihrer Gewöhnung an die Nutzung wird anhand der Kennzahlen ersichtlich, ob das KI-System den Prozess tatsächlich optimiert hat.

Die Nutzererfahrung wird maßgeblich durch das soziotechnische Systemdesign beeinflusst, insbesondere durch die gezielte Anwendung von Evaluationsinstrumenten an den richtigen Stellen. Der Grundstein für eine nutzerfreundliche Erfahrung wird bereits in der Prozess- und Anforderungsanalyse gelegt, in der die Arbeitsabläufe der zukünftigen Nutzergruppe dokumentiert, analysiert und in das technische System übersetzt werden. Dabei spielt die Konsolidierung eine zentrale Rolle, da sie eine hohe Genauigkeit der Analyseergebnisse gewährleistet.

Durch die Kombination der genannten Tools kann das technische System eng an den Bedürfnissen der Nutzergruppe sowie an deren Arbeitsprozess ausgerichtet werden, sodass die Nutzererfahrung von Anfang an im Mittelpunkt steht. Im weiteren Projektverlauf kommen zusätzliche Evaluationsinstrumente zum Einsatz, wie beispielsweise der in Baustein 4 bzw. 5 (Abschn. 4.2.4) beschriebene ELSI + UX-Workshop (Ottersböck et al. 2024a, b). Die Evaluation mittels Fragebogen stellt hierbei ein wichtiges Werkzeug dar, um die Nutzererfahrung frühzeitig messbar zu machen.

Für eine Vorher-Nachher-Analyse sollten bereits vor der Implementierung Interviews und Umfragen zum Arbeitsalltag der Beschäftigten durchgeführt und dokumentiert werden. Nach der Einführung des Systems sollten diese Evaluationsinstrumente – idealerweise in identischer Form – erneut angewendet werden. Dadurch kann die Mitarbeiterzufriedenheit vor, während und nach der Einführung des Systems gemessen sowie ein Vergleich über die Zeit hinweg hergestellt werden. Auf Basis dieser Erkenntnisse lassen sich Optimierungspotenziale für die Nutzererfahrung ableiten, indem direktes Feedback der Beschäftigten zu ihrem Arbeitsplatz berücksichtigt wird. Ebenso wie die Erhebung von Kennzahlen sollte dieser Prozess iterativ erfolgen (Lee et al. 2023; Cost Reyes et al. 2024).

Tipps für die Praxis
Regelmäßige Begleitung durch Projektleitende sicherstellen.

- Verbesserungsvorschläge der Beschäftigten zeitnah berücksichtigen und umsetzen.
- Mitarbeitende aktiv in den Implementierungsvorgang einbinden, indem sie ermutigt werden, ihre Optimierungsideen zur Technik zu äußern – beispielsweise durch individuelle Gespräche, Shopfloor-Meetings oder ein Flipchart, das erste Vorschläge festhält und Hemmschwellen abbaut.
- Frühzeitig Kennzahlenmessungen und Befragungen durchführen – vor, während und nach der Implementierung –, um die Auswirkungen des KI-Systems auf Arbeitsprozesse und Mitarbeiterzufriedenheit zu bewerten.

4.3 Fazit und Ausblick

Der vorliegende Beitrag hat gezeigt, dass die Einführung von KI in Unternehmen ein komplexer und umfassender Prozess ist. Es bedarf einer sorgfältig geplanten Strategie sowie der Einbindung aller relevanten Stakeholder. Das vorgestellte Vorgehensmodell bietet eine umfassende Handreichung für Unternehmen, die einen Change-Prozess im Zuge einer KI-Entwicklung und -Einführung erfolgreich durchführen möchten.

Der erste Schritt besteht darin, die Zielsetzung und das Umfeld zu definieren. Hierbei ist es wichtig, dass alle Stakeholder auf demselben Informationsstand sind. Im nächsten Schritt werden die konkreten Ziele, die mit der KI-Einführung im Pilotbereich erreicht werden sollen, definiert. In einer anschließenden Analysephase werden die Anforderungen der späteren Nutzergruppe an das KI-System erhoben. Die Einführung von KI erfordert die intensive Information, Kommunikation der Beschäftigten und deren Partizipation am Entwicklungs- oder Auswahlprozess der Technologie. Wesentlich ist ein kontinuierlicher Austausch mit den Beschäftigten auch nach der Implementierung, um Verbesserungsvorschläge einzuholen und eine Optimierung der Technologie und damit die Nutzerakzeptanz nachhaltig zu gewährleisten. Im Projekt hat es sich bewährt offen mit möglichen Risiken oder negativen Vorbehalten der Beschäftigten bezüglich des Technologieeinsatzes umzugehen und mit den diesen gemeinsam Strategien zu entwickeln, die helfen diese Risiken abzumildern und Vorbehalten zu begegnen.

Literatur

Anand A, Centobelli P, Cerchione R (2020) Why should I share knowledge with others? A review-based framework on events leading to knowledge hiding. J Organ Chang Manag 33(2):379–399. https://doi.org/10.1108/JOCM-06-2019-0174

Carter L, Liu D, Cantrell C (2020) Exploring the intersection of the digital divide and artificial intelligence: A hermeneutic literature review. AIS Transactions on Human-Computer Interaction 12(4):253–275

Chamberlain J (2023) The risk-based approach of the European Union's proposed artificial intelligence regulation: Some comments from a tort law perspective. European Journal of Risk Regulation 14(1):1–13

Chatterjee S, Chaudhuri R, Thrassou A, Vrontis D (2021). Antecedents and consequences of knowledge Hiding: The moderating role of knowledge hiders and knowledge seekers in organization. *Journal of Business Research, 128*, S. 303–313.

Chiu YT, Zhu YQ, Corbett J (2021) In the hearts and minds of employees: A model of pre-adoptive appraisal toward artificial intelligence in organizations. Int J Inf Manage 60. https://doi.org/10.1016/j.ijinfomgt.2021.102379

Cooper A (2004) The inmates are running the Asylum: why high tech products drive us crazy and how to restore the Sanity. Indianapolis, In: Sams

Cost Reyes C, Ottersböck N, Prange C, Discher A, Peters S, Dander H (2024) Technical and Socio-Technical Success Factors of AI-Based Knowledge Management Projects. In: Nunes IL (Hrsg) Human Factors and Systems Interaction. AHFE International Conference, 154:68–76. https://doi.org/10.54941/ahfe1005354

Davis FD (1985) A technology acceptance model for empirically testing new end-user information systems: Theory and results (Doctoral dissertation, Massachusetts Institute of Technology)

DIN (2019) „DIN EN ISO 9241–210: 2010. Ergonomics of human system interaction-Part 210: Human-centred design for interactive systems." in: Ergonomics of human system interaction-Part 210: Human-centred design for interactive systems

Eisele O, Jeske T, Lennings F (2021) Produktivitätsmanagement. In: Jeske T, Lennings F (Hrsg) Produktivitätsmanagement 4.0. ifaa-Edition. Springer Vieweg, Berlin, Heidelberg, S. 8–40. https://doi.org/10.1007/978-3-662-61584-3_2

Feggeler A, Husmann U (2000) Die Randbedingungen des Kennzahleneinsatzes. In: Husmann U (Hrsg) Feggeler A. Erfolgsfaktor Kennzahlen. ifaa-Edition. Wirtschaftsverlag Bachem, Köln, S 20–37

Fisher E (2005) Lessons learned from the Ethical, Legal and Social Implications program (ELSI): Planning societal implications research for the National Nanotechnology Program. Technol Soc 27(3):321–328

Gioia D, Corley K, Hamilton A (2013) Seeking qualitative rigor in inductive research: Notes on the Gioia methodology. Organ Res Methods 16(1):15–31. https://doi.org/10.1177/1094428112452151

Harlacher M, Terstegen S, Ottersböck N, Lennings F, Niehues S., Conrad RW., Schüth NJ., Urban I. (2023). Roadmap für den Weg zur eigenen KI-Lösung. In: Stowasser S (Hrsg) Künstliche Intelligenz (KI) und Arbeit. ifaa-Edition. Springer Vieweg, Berlin, Heidelberg, S 73–105. https://doi.org/10.1007/978-3-662-67912-8_5

He P, Jiang C, Xu Z, Shen C (2021) Knowledge hiding: current research status and future research directions. Front Psychol 12. https://doi.org/10.3389/fpsyg.2021.748237

Herrmann T (2012) Prozessdesign mit dem socio-technical Walkthrough (STWT). In: Kreatives Prozessdesign. Springer, Berlin, Heidelberg. https://doi.org/10.1007/978-3-642-24370-7_5

Huang C, Zhang Z, Mao B, Yao X (2022) An overview of artificial intelligence ethics. IEEE Transactions on Artificial Intelligence 4(4):799–819

Jung M, von Garrel J (2021) Employee-friendly implementation of AI systems in terms of acceptance and trust: Development of a research model based on a qualitative analysis 30(3):37–43. https://doi.org/doi.org/10.14512/tatup.30.3.37

Junior PTA, Filgueiras LVL (2005, Oktober) User modeling with personas. In: Proceedings of the 2005 Latin American conference on Human-computer interaction, S. 277–282

Karolita D, McIntosh J, Kanij T, Grundy J, Obie HO (2023) Use of personas in requirements engineering: A systematic mapping study. Inf Softw Technol 162:107264. https://doi.org/10.1016/j.infsof.2023.107264

Keller A, Adler S, Jachmann D, Haase T (2017) Assistenzsysteme für die Prozessindustrie. Ein partizipativer Gestaltungsansatz. Gesellschaft für Arbeitswissenschaft (Hrsg) Soziotechnische Gestaltung des digitalen Wandels–kreativ, innovativ, sinnhaft. Dortmund: GfA Press, C, 3

Korovkin V, Park A, Kaganer E (2023) Towards conceptualization and quantification of the digital divide. Inf Commun Soc 26(11):2268–2303

Lee M, Scheepers H, Lui A, Ngai E (2023) The implementation of artificial intelligence in organizations: A systematic literature review. Information & Management 60(5):1–19. https://doi.org/10.1016/j.im.2023.103816

Lepzien J, Lewerenz M, Universität Rostock (Hrsg) (2022) Persona-Methode: Eine Methode zur Illustrierung von Bildungsbedarf. In: Weiterbildungs-Management professionalisieren. Abschlusspublikation KOSMOS

Li J, Huang JS (2020) Dimensions of artificial intelligence anxiety based on the integrated fear acquisition theory. Technol Soc 63:101410. https://doi.org/10.1016/j.techsoc.2020.101410

Link J, Harlacher M, Feggeler N (2023) ifaa Trendbarometer Arbeitswelt: Auswertung KI-Trendbarometer 2023. https://www.arbeitswissenschaft.net/angebote-produkte/studien/ifaa-trendbarometer-arbeitswelt

Maguire M, Bevan N (2002, August) User requirements analysis: a review of supporting methods. In: IFIP World Computer Congress, TC 13, S. 133–148. Boston, MA: Springer US

Marangunić N, Granić A (2015) Technology acceptance model: a literature review from 1986 to 2013. Univ Access Inf Soc 14:81–95. https://doi.org/10.1007/s10209-014-0348-1

Mayring P (2015) Qualitative content analysis: Theoretical background and procedures. Approaches to Qualitative Research in Mathematics Education: Examples of Methodology and Methods 365–380. https://doi.org/10.1007/978-94-017-9181-6_13

Miaskiewicz T, Kozar KA (2011) Personas and user-centered design: How can personas benefit product design processes? Des Stud 32(5):417–430. https://doi.org/10.1016/j.destud.2011.03.003

Mikalef P, Gupta M (2021) Artificial intelligence capability: Conceptualization, measurement calibration, and empirical study on its impact on organizational creativity and firm performance. Information & Management 58(3):103434. https://doi.org/10.1016/j.im.2021.103434

Mirbabaie M, Brünker F, Möllmann NR, Stieglitz S (2022) The rise of artificial intelligence–understanding the AI identity threat at the workplace. Electron Mark 1–27. https://doi.org/10.1007/s12525-021-00496-x

Morikawa M (2017) Who are afraid of losing their jobs to artificial intelligence and robots? Evidence from a survey (No. 71). GLO Discussion Paper

Mütze-Niewöhner S, Mayer C, Harlacher M, Steireif N, Nitsch V (2022) Work 4.0: Human-Centered Work Design in the Digital Age. In: Frenz W (Hrsg) Handbook Industry 4.0. Springer, Berlin, Heidelberg. https://doi.org/10.1007/978-3-662-64448-5_52

Nam T (2019) Technology usage expected job sustainability, and perceived job insecurity. Technol Forecast Soc Chang 138:155–165. https://doi.org/10.1016/j.techfore.2018.08.017

Nicolás J, Toval A (2009) On the generation of requirements specifications from software engineering models: A systematic literature review. Inf Softw Technol 51(9):1291–1307

Nielsen L (2013) Personas – User Focused Design. In: Human–Computer Interaction Series. London: Springer. https://doi.org/10.1007/978-1-4471-4084-9

Nienhüser W (2016) Die Leistungsfähigkeit unterschiedlicher Methoden der Organisationsforschung–am Beispiel der Erforschung von Entscheidungsprozessen. In: Liebig S, Matiaske W (Hrsg) Methodische Probleme in der empirischen Organisationsforschung. Springer Gabler, Wiesbaden. https://doi.org/10.1007/978-3-658-08713-5_4

Olphert CW, Damodaran L (2002) Getting what you want, or wanting what you get? – Beyond user-centered design. Proceedings of the Third International Conference on Design and Emotion, Loughborough, UK, 1–3 July 2002

Ottersböck N (2024) Projekt KI_eeper: Assistenzsysteme zum Wissenstransfer und -erhalt. In: Staff J, Groß M (Hrsg) KI-Revolution der Arbeitswelt: Perspektiven für Management, Organisation und HR. Auswirkungen, Einfluss, Chancen von Künstlicher Intelligenz auf Berufsbilder und Arbeitsformen. Haufe Fachbuch, 264–277

Ottersböck N, Urban I, Cost Reyes C (2024a) Beschäftigte für KI-basierte Technik begeistern. Forschungsbericht aus dem Projekt KI_eeper – Know how to keep. In: ifaa – Institut für angewandte Arbeitswissenschaft (Hrsg) Werkwandel – Zeitschrift für angewandte Arbeitswissenschaft 3/23:45–47

Ottersböck N, Urban I, Cost RC, Peters S, Boiteux C (2024b) Employee acceptance for AI-based knowledge transfer: conception, realization and results of an ELSI+UX workshop. Procedia Computer Science 232(4):221–231

Parker LS, Sankar PL, Boyer J, Jean McEwen JD, Kaufman D (2019) Normative and conceptual ELSI research: what it is, and why it's important. Genet Med 21(2):505–509

Pokorni B, Braun M, Knecht C (2021) Menschzentrierte KI-Anwendungen in der Produktion-Praxiserfahrungen und Leitfaden zu betrieblichen Einführungsstrategien. Fraunhofer IAO, Stuttgart

Prasad S, Srinivasa RP, Gopalkrishna B, Ahluwalia A (2017) Productivity enhancement through production monitoring system. Computers and Society 14(3):339–351

Pruitt J, Adlin T (2006) The persona lifecycle: keeping people in Mind throughout product design. Morgan Kaufmann, San Francisco, CA

Rusch T, Ottersböck N, Stowasser S (2023) Participative process model for the introduction of AI-Based knowledge management in production. In: Nah F, Siau K (Hrsg) HCI in Business, Government and Organizations. 10th International Conference, HCIBGO 2023

Schlögl S, Postulka C, Bernsteiner R, Ploder C (2019) Artificial intelligence tool penetration in business: Adoption, challenges, and fears. In: Knowledge Management in Organizations. 14th International Conference, KMO 2019, Zamora, Spain, July 15–18, 2019. Proceedings, 14:259–270. https://doi.org/10.1007/978-3-030-21451-7_22

Schwarzkopf M (2016) Qualitative Forschung in der öffentlichen Arbeitsverwaltung: Forschungsmethodische Probleme bei Sampling und Feldzugang. In: Liebig S, Matiaske W (Hrsg) Methodische Probleme in der empirischen Organisationsforschung. Springer Gabler, Wiesbaden. https://doi.org/10.1007/978-3-658-08713-5_8

Schweibenz W (2004) Zielgruppenorientiertes Interaktionsdesign mit Personas. Information Wissenschaft und Praxis 55(3):151–158

Stahl BC, Antoniou J, Bhalla N, Brooks L, Jansen P, Lindqvist B, Kirichenko A, Marchal S, Rodrigues R, Santiago N, Warso Z, Wright D (2023) A systematic review of artificial intelligence impact assessments. Artif Intell Rev 1–33. https://doi.org/10.1007/s10462-023-10420-8

Stowasser S. (2023) Künstliche Intelligenz (KI) und Arbeit: Leitfaden zur soziotechnischen Gestaltung von KI-Systemen. ifaa-Edition, Springer Vieweg. https://doi.org/10.1007/978-3-662-679 12-8

Stowasser S, Suchy O (Hrsg) (2020) Einführung von KI-Systemen in Unternehmen. Gestaltungsansätze für das Change-Management. Whitepaper aus der Plattform Lernende Systeme, München

Timonen V, Foley G, Conlon C (2018). Challenges when using grounded theory: A pragmatic introduction to doing GT research. International Journal of Qualitative Methods, 17(1). https://doi.org/10.1177/1609406918758086

Ulich E (2005) Arbeitspsychologie. 6., überarb. u. erw. Aufl. Zürich: vdf Hochschulverlag

Van Eijndhoven JC (1997) Technology assessment: product or process? Technol Forecast Soc Chang 54(2–3):269–286

Wamba-Taguimdje SL, Fosso WS, Kala Kamdjoug JR, Tchatchouang Wanko CE (2020) Influence of artificial intelligence (AI) on firm performance: The business value of AI-based transformation projects. Bus Process Manag J 26(7):1893–1924. https://doi.org/10.1108/BPMJ-10-2019-0411

Wille M, Brandl C, Nelles J, Mertens A, Schlick C (2016) AMICAI: Ein methodisches Vorgehen zur quantitativen Analyse von ethischen, rechtlichen und sozialen Auswirkungen anwendungsnaher Forschungsprojekte. Arbeit in komplexen Systemen–Digital, vernetzt, human

5 Wissenstransfer im Maschinenservice – Die Bedeutung von Wissen, Ansätze künstlicher Intelligenz und praktische Tipps

Julie Chaput, Patrick Deutschmann und Sina Volkmann

Zusammenfassung

Dieser Beitrag behandelt den Wissenstransfer mit besonderem Fokus auf die Rolle der Künstlichen Intelligenz (KI). Ein besonderes Augenmerk liegt auf den Problemen aktueller KI-Ansätze, vor allem auf Large Language Models wie ChatGPT. Dabei beziehen wir uns darauf, wie der technologiebasierte Wissenstransfer in der Praxis nachhaltig zum Erfolg führen kann. Die Wahl des richtigen KI-Ansatzes für das jeweilige Projekt ist ausschlaggebend. Ergänzend liefert der Beitrag praxisnahe Empfehlungen für einen erfolgreichen Wissenstransfer und Hinweise, an welchen Stellen ein Wissenstransferprojekt optimal initiiert werden sollte.

5.1 Die Bedeutung von Wissen

Die verstärkte Berichterstattung über die Bedeutung des Wissenstransfers rund um industrielle Maschinen und deren Service im Vergleich zu den vergangenen Jahren, in denen die Verarbeitung von Maschinendaten im Fokus stand, weist auf zwei wesentliche Aspekte

J. Chaput
Marketing, Vlotho, Deutschland
E-Mail: info@findiq.de

P. Deutschmann
CTO & Co-Founder, Vlotho, Deutschland
E-Mail: info@findiq.de

S. Volkmann (✉)
CEO & Co-Founder, Vlotho, Deutschland
E-Mail: info@findiq.de

N. Ottersböck et al. (Hrsg.), *Wissensmanagement mit Künstlicher Intelligenz*,
ifaa-Edition, https://doi.org/10.1007/978-3-662-71591-8_5

hin. Zum einen lässt sie darauf schließen, dass die Relevanz von Expertise im Kontext des Maschinenservices unterschätzt wurde. Eine Studie von Senseye aus dem Jahr 2022 (Siemens 2023) bestätigt dies: Trotz Einführung datenbasierter Services in der Produktion sind die Stillstandzeiten der größten 500 Betriebe weltweit um 65 % gestiegen. Ein Grund könnte sein, dass datenbasierte Services wie Condition Monitoring oder Predictive Maintenance bisher nicht alle Produktionsprobleme hinreichend abwenden. Zwar schaffen sie Transparenz über den Zustand einer Maschine, aber die Interpretation dieses Zustands bleibt immer noch Aufgabe des Experten oder der Expertin.

Zum anderen kommt hinzu, dass genau diese Expertinnen und Experten als Folge des demografischen Wandels in Deutschland in den kommenden Jahren aus dem Beruf ausscheiden, der Produktivitätsverlust durch Wissensabfluss monetär spürbar und der Bedarf an Wissenssicherung mittlerweile auch öffentlich benannt wird. Die Hälfte aller Servicetechnikerinnen und -techniker ist schon jetzt älter als 45 Jahre (Kothes 2023). Der prognostizierte Abgang von 30 % der erwerbstätigen Babyboomer in den nächsten 15 Jahren trifft diesen Berufszweig besonders stark (mdr 2022). Das Ausscheiden von erfahrenen Beschäftigten stellt den Maschinenservice vor die akute Herausforderung einer existenziellen Wissenslücke, die Stillstandzeiten und -kosten steigert, besonders wenn es zu Fehlern kommt: Dem renommierten US-amerikanischen Wirtschaftsmagazin „Fortune" zufolge betragen die Kosten für Ausfallzeiten immer noch 164 Mio. Euro pro Unternehmen (Siemens 2023).

> „Das Thema Wissenstransfer gewinnt [an Bedeutung]. Moderne Maschinen erfordern [noch] mehr Expertenwissen für einen effizienten Betrieb. Ein besserer Wissenstransfer ermöglicht schnellere Diagnosen und Reparaturen, reduziert Ausfallzeiten und die Abhängigkeit von Einzelpersonen. Hinzukommen die Technologie-Fortschritte [...] in der Arbeitswelt hin zu mehr Online-Wissensteilung." Christian Nüßer, Geschäftsführer der Venjakob Maschinenbau GmbH & Co KG

5.2 Die Schwächen aktueller datenbasierter Lösungen

5.2.1 Hohe Kosten für die Implementierung

Zur praktischen Umsetzung von Konzepten wie Predictive Maintenance sind kostenintensive technologische Grundvoraussetzungen zu schaffen. Die Konnektivität der Maschinen über stabiles Internet ist sicherzustellen, Sensorik zur Datengewinnung zu beschaffen und Analysesoftware technisch in die Maschine zu integrieren. Insbesondere aber die Personalressourcen zur Analyse der gewonnenen Daten lassen die Kosten gerade für mittelständische Unternehmen untragbar hoch werden. Grund hierfür ist unter anderem, dass für jede einzelne Maschine ein neues Datenmodell aufgesetzt werden muss. Häufig bleiben diese Projekte daher im Pilotstatus stecken und der Return on Investment bleibt negativ.

5.2.2 Erheblicher Zeitaufwand für komplexe Datenanalysen

Datenbasierte Lösungen bedingen oft monatelange Projekte, in denen große Datenmengen aufgenommen und an ihnen Muster für Auswertungen abgeleitet werden. Vor allem die spätere Analysephase braucht Zeit, nicht zuletzt, weil eine enge Zusammenarbeit zwischen z. B. Servicetechnikern oder Maschinenbedienern und Datenanalysten erforderlich ist. Diese Ressourcen sind in Zeiten akuten Fachkräftemangels und wirtschaftlichen Wettbewerbs schwer zu beschaffen oder abzustellen.

5.2.3 Unbrauchbare Ergebnisse mangels Datenqualität

Die Qualität der Inputgrößen, d. h. der Daten, ist von maßgeblicher Bedeutung für die Korrektheit der Analyseergebnisse. Wenn die Daten nicht richtig oder unvollständig sind, können sie in der Folge sogar zu grundlegend falschen Serviceentscheidungen führen. Gerade bei komplexen Anlagen und Produktionsverfahren, wie sie z. B. in der Prozessindustrie vorherrschen, reichen reine Sensor- und Steuerungsdaten nicht aus, um Qualitätsmängel im Produkt oder verfahrensbedingte Probleme zu erkennen. Um diese zu interpretieren, braucht es weiterhin das Auge und die Expertise eines Menschen.

5.3 Wissen ist mehr als Daten

Warum der Erfahrungsschatz und die Interpretationsfähigkeit von langjährigen Serviceexperten weiter unumgänglich bleibt, zeigt ein Blick auf die Hierarchie der Wissenspyramide (Aamodt und Nygård 1995). Ursprünglich von Agnar Aamodt und Mads Nygård entwickelt, verdeutlicht die Pyramide, warum Wissen nicht gleich Daten ist und warum es einen höheren Informationsgehalt aufweist (Abb. 5.1).

5.3.1 Daten, Informationen und Wissen

Daten sind erst einmal eine Sammlung roher Wörter, Symbole oder Zahlen wie etwa Messwerte oder Anzeigen eines Condition-Monitoring-Systems einer Maschine, die isoliert betrachtet noch keine Bedeutung haben.

Eine **Information** entsteht, wenn Daten strukturiert, organisiert und kontextualisiert werden. Erst durch diesen Prozess erhalten Daten eine Aussage. So können aus Rohdaten durch Analyse und Interpretation Informationen über Trends, Muster oder Beziehungen abgeleitet werden. Ein Beispiel im Maschinenservice sind Statusanzeigen, die darüber informieren, wenn bestimmte Messwerte außer Plan laufen und sich ein Produktionsfehler anbahnt.

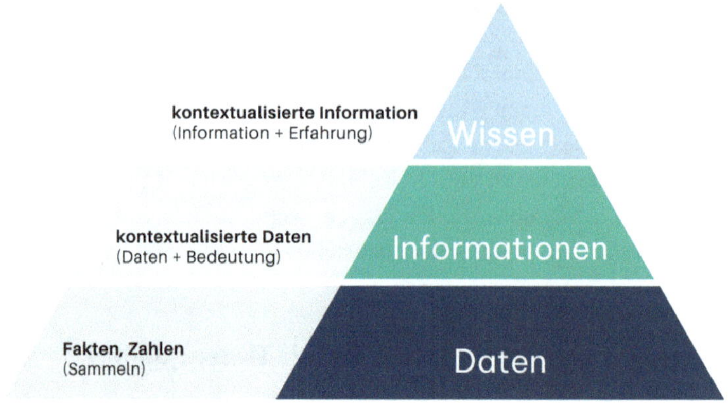

Abb. 5.1 Die Wissenspyramide; Darstellung nach Aamodt und Nygård

Um **Wissen** handelt es sich dann, wenn die Informationen verstanden, interpretiert und in einen größeren Zusammenhang eingeordnet werden. In Wissen steckt damit die Fähigkeit, Informationen zu nutzen, um neue Erkenntnisse zu generieren, Entscheidungen zu treffen und Probleme zu lösen. Das heißt, dass z. B. erst durch das Erkennen von Zusammenhängen bestimmter Zustandswerte ein Fehler erkannt, diagnostiziert und behoben werden kann.

In der oben beschriebenen Hierarchie wird deutlich, dass Daten lediglich der Ausgangspunkt eines Serviceeinsatzes sein können. Ohne Kontext und Interpretation leisten sie wenig Hilfestellung. Erst durch den Prozess der Informationsverarbeitung und -interpretation entsteht das Wissen, das man braucht, um die richtige Servicehandlung abzuleiten. Da sich dieses Wissen bis heute überwiegend in den Köpfen erfahrener Serviceexpertinnen und -experten befindet (implizites Wissen), ist seine Digitalisierung und Nutzbarmachung eine der dringlichsten und erfolgskritischsten Aufgaben im Hinblick auf die Sicherung der Zukunftsfähigkeit des Maschinenservices.

5.3.2 Bedeutung in der Praxis

Kothes, der Anbieter für technische Dokumentation, untersuchte im Jahr 2023 mit einer branchenübergreifenden Umfrage die Informationsversorgung im technischen Service. Er kam zu dem Ergebnis, dass die Industrie zwar über hochentwickelte Maschinen verfügt, dass deren Serviceprozesse dem Grad an maschineller Komplexität jedoch nicht mehr standhalten können (Kothes 2023).

Fast 50 % der Befragten gaben an, Schritt-für-Schritt-Anleitungen zur Fehlerbehebung als hilfreich zu empfinden. Allerdings standen sie nur 26 % der Befragten im Einsatz zur Verfügung. Ähnlich verhielt es sich mit den Informationen zur Fehlersuche. Von knapp 48 % der Befragten, die diese Informationen als hilfreich empfinden, hatten nur 42 % Zugang zu ihnen. Die Effizienz von Serviceprozessen korreliert entscheidend mit der Verfügbarkeit des richtigen Wissens und wird so zum Schlüsselfaktor für die Wettbewerbsfähigkeit im Maschinenservice. Dass diese Verfügbarkeit noch ausbaufähig ist, zeigt auch die Tatsache, dass sich über 90 % der Befragten immer noch mit eigenen Notizen behelfen müssen. Dies ist auch ein Hinweis darauf, dass neben den Informationen, z. B. in der technischen Dokumentation, immer wieder auch individuelles Erfahrungswissen in den Köpfen der Mitarbeitenden eine entscheidende Rolle für den erfolgreichen Serviceeinsatz spielt.

5.3.3 Die Rolle von ChatGPT

Seit dem Bekanntwerden sogenannter Sprachmodelle wie ChatGPT besteht auch in der Industrie die Hoffnung, die Verfahren der generativen KI als Generallösung für das Auslesen bestehender Serviceinformationen, z. B. in der technischen Dokumentation oder für Serviceberichte, nutzen zu können. Damit einher geht die Annahme, dass mit diesem Ansatz auch eine schnelle und universelle Antwort auf die Frage nach Wissenssicherung und -transfer gefunden sei. Doch diese Annahme ist falsch und sie führt aktuell zu vielen nachhaltigen Fehlentscheidungen bei der Initiierung von Wissenstransferprojekten. Das zeigen zwei Aspekte: Erstens sind nach obiger Ausführung Informationen noch kein Wissen. Zweitens ist die Qualität der Ergebnisse stark abhängig von der Kombination aus eingesetztem KI-Verfahren und der vorhandenen Datenbasis.

Was der letzte Punkt bedeutet, zeigt eine nähere Betrachtung der industriellen Gegebenheiten, wenn es um die Gewinnung einer für KI-Anwendungen notwendigen Datenbasis geht. So liefert die typische Produktionslandschaft gerade bei Verfahren der generativen KI, z. B. in Form von Sprachmodellen, zu wenige, zu heterogene und zu unstrukturierte Daten. Dies betrifft die heterogenen Daten der vielen unterschiedlichen Maschinen selbst, aber auch die wenig strukturierten Dokumente, mit denen die KI-Verfahren aktuell arbeiten sollen. Das Füttern mit technischen Dokumentationen oder Serviceberichten bringt kein besseres Ergebnis bei einer Serviceanfrage, wenn die Inhalte dieser Dokumente veraltet und nicht ausreichend detailliert oder strukturiert sind. Genau diese Menge, Homogenität und Strukturiertheit der Daten sind allerdings notwendig, um auf ihrer Basis ein Sprachmodell wie ChatGPT nutzbar zu machen.

Ein weiteres Problem ist, dass es sich bei Sprachmodellen um sogenannte Blackbox-Modelle handelt. Das heißt, es lässt sich für die Anwendenden üblicherweise nicht nachvollziehen, wie die Ergebnisse zustande gekommen sind und inwiefern Änderungen an der Datenbasis die Qualität der Ergebnisse beeinflussen würden.

Der Ansatz, bestehende Dokumente und Daten über ein frei verfügbares Sprachmodell, z. B. in Form eines Chatbots, im Serviceeinsatz „irgendwie“ zur Verfügung zu stellen, scheint erst einmal naheliegend und aufwandsarm zu sein. Unterschätzt werden dabei aber

Aufwand und Grenzen, diese Informationsausgabe präzise und richtig zu gestalten. Der Aufwand liegt zum einen in der Bereinigung der Inputgrößen, also in der Aktualisierung der Informationen in den Dokumenten. Zum anderen braucht es viele Feedbackschleifen, um ein mögliches falsches Lernen zu korrigieren. Die Schätzungen liegen hier bei mehrerentausend Schleifen, wobei sich diese nur über eine entsprechende Menge an Personal oder Nutzungshäufigkeiten umsetzen lassen. Anders als bei großen Technologiekonzernen ist beides in der Industrie nicht gegeben.

Hinzu kommt, dass das KI- und damit das Lernverfahren der Sprachmodelle ungeeignet sind für den Einsatz in komplexen technischen Systemen und Sachverhalten. Denn Sprachmodelle, wie es der Name sagt, arbeiten danach, welche Antworten sprachlich besonders gut klingen. Inhaltlich richtig muss das Ergebnis aber nicht unbedingt sein. Und genau diese Tatsache macht den Einsatz solcher KI-Verfahren an komplexen Maschinen und Anlagen so gefährlich, denn falsche Ergebnisse können zu Haftungsproblemen oder gar Personenschäden führen.

Dennoch: Grundsätzlich ist die Wahl von KI-basierten, selbstlernenden Lösungen der richtige Schritt, um Prozesse nachhaltig zu beschleunigen und zu optimieren. Auch Wissenstransfer wird erst über den Einsatz von KI bezwingbar. Nur ein offenes, dynamisches System erlaubt die kontinuierliche Aktualisierung, Erweiterung oder Korrektur einer Wissensbasis. KI-basierte Ansätze sind damit eindeutig die bessere Alternative zur rein statischen Digitalisierung von Daten oder Dokumenten. Entscheidend dabei ist, dass tatsächlich das „Kopfwissen" als primäre und nur noch temporär verfügbare Datenquelle Berücksichtigung findet und die Auswahl des KI-Verfahrens hierzu differenziert genug erfolgt.

5.4 Der technologiebasierte Wissenstransfer – eine nachhaltige Lösung im Maschinenservice

> „KI ist eigentlich nichts anderes als ‚fancy' Statistik. Das ‚Fancige' dabei ist, dass sich das System iterativ verändert, also lernt." Patrick Deutschmann, CTO & Co-Founder der findIQ GmbH

Der KI-basierte Wissenstransfer erweist sich vor allem für den Maschinenservice als langfristiges Potenzial: Hier kommen Software-Lösungen zum Einsatz, die Wissensmanagement mit einer Assistenzfunktion intelligent kombinieren, d. h. nicht nur die Digitalisierung von Wissen zu ermöglichen (Wissensmanagement), sondern auch die Ausgabe (Assistenzsystem) und Anpassung des Wissens zu lösen. Sie unterstützen Unternehmen dabei, das Know-how erfahrener Servicemitarbeiterinnen und -mitarbeiter mit geringem Aufwand in Form einer strukturierten digitalen Wissensbasis zu speichern. Gleichzeitig geben sie das Wissen, z. B. auf einem mobilen Endgerät, aus und assistieren unerfahrenen Servicetechnikerinnen oder Maschinenbedienern dabei, zu einer schnelleren Fehlerdiagnose und Servicelösung zu kommen. Idealerweise ist eine solche Lösung für den Wissenstransfer selbstlernend. Durch das Feedback der Anwendenden bei der praktischen Nutzung können immer wieder neues Wissen integriert, Wissen aktualisiert und Zusammenhänge optimiert werden. Die Wissensbasis und damit die Genauigkeit des Assistenzsystems und seiner Lösungsvorschläge wird so im Laufe der Zeit immer besser.

Die findIQ GmbH hat mit dem digitalen Serviceexperten solch eine Lösung entwickelt und dabei alle drei Anforderungen bedacht: Kopfwissen schnell und strukturiert zu digitalisieren, dieses Wissen auch zielgerichtet auszugeben und das Wissen selbstlernend aktuell zu halten. Da die populären KI-Verfahren spätestens das zweite und dritte Kriterium nicht erfüllen, ist eine eigene Methodik mit eigenen KI-Verfahren erarbeitet worden.

findIQs Vision ist es, das Wissen der heutigen Serviceexperten zu sichern, um es der morgigen Servicegeneration zur Verfügung zu stellen. So soll der Maschinenservice produktiv gehalten und die Stillstandzeiten der Produktionen auf der ganzen Welt nachhaltig reduziert werden. Im Sinne dieser Zielsetzung schafft es die Software findIQs mit nur wenigen unvollständigen Daten – dem impliziten Expertenwissen – schon nach wenigen Stunden, die erste Wissensbasis für eine Maschine zu digitalisieren Die eigens entwickelte KI arbeitet dann im Hintergrund auf Basis einer dynamischen Schritt-für-Schritt-Abfrage. So wird der Anwendende über den schnellsten Weg, durch die Wissensbasis, zur wahrscheinlichsten Servicelösung geleitet. findIQ setzt damit ebenfalls auf die Vorteile Künstlicher Intelligenz, unterscheidet sich im Ansatz aber ganz grundsätzlich von „der Suche nach ähnlich klingenden Fällen in einer Menge vergangener statischer Daten". Zusätzlich zur intelligenten Verarbeitung einer Wissensbasis in ein interaktives Assistenzsystem verfügt die Software über eine weitere KI, ein Feedback-System. Dieses System macht es möglich, die Wissensabfragen und damit die Fehlerdiagnosen auf der Basis von wenigen steuerbaren Nutzungsdaten nach und nach immer schneller und besser werden zu lassen.

5.4.1 Die Vorteile des KI-basierten Wissenstransfers auf einen Blick

- Einfacher Ansatz zur Digitalisierung einer Wissensbasis durch Aufteilung der Digitalisierungsarbeit auf eine initiale Phase und die Weiterarbeit während der Nutzung „im Feld".
- Schneller und zielgerichteter Abruf des Wissens als dynamische und berechnende Schritt-für-Schritt-Assistenz zur wahrscheinlichsten Fehlerursache und Servicelösung.
- Dauerhafte Möglichkeit der Ergänzung, Individualisierung und Aktualisierung des Wissens auf verschiedene Maschinen- und Nutzungsumstände.
- Langfristige Optimierung der Wissensverarbeitung durch ein intelligentes Feedbacksystem, das auf Basis weniger Trainings- bzw. Nutzungsdaten die Schritt-für-Schritt-Assistenz schneller und besser werden lässt.

5.4.2 Praktische Tipps für den erfolgreichen Wissenstransfer

Tipp 1: Involvieren Sie mehrere Unternehmensbereiche in den Wissenstransfer!

- Das Expertenwissen sollte bei zentralen Terminen, wie z. B. Workshops, gut moderiert und gezielt abgefragt werden, denn: Serviceexpertinnen und -experten haben das Wissen, aber ihnen fehlt die Struktur und Zeit zur Fleißarbeit (insbesondere Servicetechnikerinnen und -techniker sind meistens im Außendienst tätig und damit schwer greifbar).
- Andere Unternehmensbereiche, wie z. B. das Produktmanagement, die Verfahrenstechnik oder die technische Dokumentation, können bei der Koordination und Moderation des Wissenstransfers wie auch der Aufwertung des Wissens selbst unterstützen. Die Beschäftigten dieser Bereiche sind per Tätigkeitsprofil geübter, Inhalte zu strukturieren sowie sie didaktisch und medial aufzubereiten.
- Die Vervollständigung und Validierung der Inhalte erfolgt erneut über die Praxis bzw. die Wissensträgerinnen und -träger im Feld. Hierbei sollte man unbedingt die Möglichkeit ergreifen, neben Personal in der Servicetechnik des Maschinenbauers auch das Personal in Instandhaltung und Maschinenbedienung des Betreibers zu involvieren. Die Befragung dieser Zielgruppe sorgt für die Anpassung der Wissensbasis um wertvolle Details wie Beschreibungen, Begriffssynonyme oder Bilder aus jahrelangem Betreiber- bzw. Prozesswissen.

Tipp 2: Etablieren Sie den Wissenstransfer als Alltagsphänomen im Unternehmen!

- Wissenstransfer sollte nicht als einmaliges Projekt verstanden, sondern stärker in die Aufgabenprofile bestehender Tätigkeitsbereiche integriert werden. Teile der Arbeitszeit können und sollten für die Erstellung von Inhalten wie Videos oder Bilder verwendet, Nachhalten und Dokumentieren als wertschöpfende Tätigkeiten angesehen werden.
- Identifizieren Sie Prozesse, in denen Wissen schon heute, wenn auch nur mündlich, geteilt wird. So ist es empfehlenswert, mit Wissenstransferinitiativen überall dort anzuknüpfen, wo im Alltag ohnehin Übergaben, Dokumentationen und Abstimmungen erfolgen. Dazu eignen sich das Onboarding neuer Mitarbeitender, Schichtübergaben, Einsatzbesprechungen oder Inbetriebnahmen.
- Wissenstransfer lebt von intrinsischer Motivation und einem Vorleben der Kultur des „Gemeinsamen", des „Teilens". Den Mitarbeitenden, insbesondere den Expertinnen und Experten, sollte aussagekräftig vermittelt werden, dass ihre Bedeutung für das Unternehmen nicht mehr in ihrem individuellen Wissen als solchem liegt, sondern in ihrer Bereitschaft, dieses Wissen schnell und umfassend zu teilen. Damit wird ihnen die Sorge vor Positionsverlust genommen, gleichzeitig vermittelt man ihnen damit die existenziellen Auswirkungen ihrer Mitarbeit.
- Der Transfer von Servicewissen sollte sich nicht als einmaliger, unüberwindbarer Aufwand darstellen, sondern sich als Routine manifestieren. So werden Widerstände

verhindert und gleichzeitig eine Basis geschaffen, um die Wissensgrundlage kontinuierlich zu aktualisieren. Vor dem Hintergrund des sich rasant verschärfenden Fachkräftemangels ist der richtige Einsatz der Zeit der Expertinnen und Experten wohl der kritischste Erfolgsfaktor. Gehen Sie das Thema daher strategisch an und überlegen Sie gleichzeitig sehr praxisorientiert, welche Mitarbeitenden welches Wissen in welcher Situation am dringendsten benötigen. So könnte ein Maschinenbauer versuchen herauszufinden, bei welchen Fragen der First-Level-Support immer wieder Unterstützung bei der Entwicklung und Konstruktion sucht. Eine Anlagenbetreiberin kann sich die Frage stellen, in welchen Fällen ein unerfahrener Maschinenführer seine Vorarbeiterin ruft. Dieses Wissen gilt es dann, priorisiert zu transferieren. So erreichen Sie maximale Akzeptanz und maximalen Nutzen bei optimalem Zeiteinsatz.

Tipp 3: Nutzen Sie beim Wissenstransfer nachhaltige Technologien zur Unterstützung!

- Setzen Sie auf modulare Lösungen unterschiedlicher Anbieter. Wichtig bleibt: Auch wenn eine Software zum Wissenstransfer für den Anwendenden den Anschein erweckt, eine „Single Source of Truth" zu bilden, bedeutet dies nicht zwangsläufig, dass es sich dabei um ein großes monolithisches System handelt. Der Wissenstransfer im Service unterscheidet sich hinsichtlich der technologischen Umsetzung vom Wissenstransfer in anderen Unternehmensbereichen. Hierfür spezialisierte Softwareanbieter anzufragen und diese über offene und standardisierte Schnittstellen zu integrieren, bietet die Kombination aus bestmöglicher Ausrichtung auf den operativen Anwendungsfall und einheitlicher Datenbasis.
- Nutzen Sie die Vorteile von KI besonders für einen nachhaltigen Wissenstransfer. Bei der Auswahl von KI-Verfahren sollte im Service von komplexen Maschinen und Anlagen darauf geachtet werden, dass die KI die Wissensbasis zu inhaltlich richtigen Ergebnissen verarbeitet. Die Falschauswahl einer KI-Anwendung kann in der Folge zu falschen Fehlerdiagnosen und Handlungsempfehlungen führen. Ein gut ausgewähltes KI-Verfahren hingegen liefert die notwendige Grundlage dafür, dass eine Wissensbasis langfristig aktualisiert, ergänzt und optimiert werden kann.
- Eine digitale Servicelandschaft ist aktuell noch nicht deutscher Industriestandard. Deshalb sollte man bei der Einführung einer neuen Wissenstransfer-Software nicht die allumfassende, perfekte Lösung fordern. Vielmehr sollte das kritischste Wissensfeld bedient und die Qualität der Wissensausgabe schnell validiert werden. Testen Sie mehrere Lösungen parallel zueinander und führen Sie die aussichtsreichere schrittweise ein. Die Entscheidung, welche das ist, trifft dabei nicht das Management, sondern die späteren Nutzerinnen und Nutzer, d. h. unerfahrene Servicetechnikerinnen und Maschinenbediener, treffen sie. Die Beurteilung des Nutzens und der nächsten Schritte sollte auf Basis schnell erkennbarer Ergebnisse, wie z. B. besserer Fehlerdiagnosen oder vermehrt eigenständiger Einsätze unerfahrener Beschäftigter, erfolgen. Die Zeit, in der

die Lösung zusammen mit dem Anbieter weiterentwickelt wird, können Sie nutzen, um Ihre internen Prozesse zu optimieren und die Organisation vorzubereiten.

5.4.3 Von der Theorie zur Praxis – wie und mit welchem Wissen anfangen?

> „Mithilfe von findIQ schaffen wir einen transparenten Wissensaufbau von technisch vertieftem Know-how, reduzieren Stillstand- und Reparaturzeiten und leiten dabei gleichzeitig zielgerichtete Qualitätsmaßnahmen ab." Daniel Fiedler, Industry Management and Automation, Manager Test Engineering – Phoenix Contact GmbH & Co. KG

Bevor die Entscheidung für eine Lösung fällt, sollten die konkreten „Wissensfelder" definiert werden. Dabei bietet es sich an, alle Servicebereiche und -aktivitäten zu untersuchen und zu verstehen, an welchen Stellen Expertenwissen entscheidend ist. Hierbei ist es ratsam, mit ein bis zwei Expertinnen und Experten pro Bereich zu sprechen, um zu verstehen, welche implizite Struktur diese bei einer bestimmten Tätigkeit im Kopf verfolgen. Noch wichtiger ist es, parallel dazu auch schon mit den späteren Anwendenden, d. h. mit dem unerfahreneren Personal, abzuklären, in welcher Struktur sie das Wissen abrufen wollen. Beziehen Sie diese Zielgruppe nicht erst nach der Entscheidung für eine Lösung ein, sondern denken Sie den Prozess des Wissenstransfers mit ihr von Anfang bis Ende durch. Die Einführung einer Datenbank mit Suchfunktion ist z. B. der falsche Ansatz, wenn die Mehrheit der jüngeren Servicetechnikerinnen und -techniker schlechte Suchergebnisse beklagt und sich stattdessen eine klare Schritt-für-Schritt-Anleitung wünscht. Nur mit dem Verständnis beider Seiten lässt sich ableiten, welche Art von Technologie und KI die richtige ist.

Die Abgrenzung von Wissensfeldern mit Bestimmung von jeweils zwei bis drei Wissensträgerinnen und -empfängern hat den zusätzlichen Vorteil, dass eine Großinitiative „Wissenstransfer im Maschinenservice" vielmehr als niedrigschwelliges, aber ergebnisorientiertes Projekt wahrgenommen und gestartet wird (siehe Abb. 5.2). Die Serviceaktivität, die am meisten Wissen benötigt, bei der aber am wenigsten Wissen verfügbar ist, sollte das zu priorisierende Wissensfeld sein. Eine Befragung von Kothes im Jahr 2022 ergab, dass 50 % der Servicetechnikerinnen und -techniker beim Prozess der Fehlerdiagnose und -behebung am meisten Hilfe benötigten (Kothes 2023). Gleichzeitig beklagte dieselbe Anzahl, dass ihr genau hierzu das meiste Wissen fehlte.

Eine abschließende Empfehlung kann daher lauten, das Tabu um „Maschinenfehler" zu brechen. Definieren Sie stattdessen das Expertenwissen hierzu als Erfolgsfaktor, als erstes „Wissensfeld" und ersten Schritt in Richtung Ihres Maschinenservices auf Expertenniveau – auch in einer Welt ohne Expertinnen und Experten.

Wie wichtig es ist anzufangen, betont auch Svenja Jeromin (Head of After Sales Customer Service DGP, Hymmen GmbH Maschinen- & Anlagenbau):

Abb. 5.2 Readiness-Check zum Wissenstransfer. (Eigene Darstellung)

„Man kann nie zu früh damit starten, Wissen festzuhalten und zu konservieren – gerade angesichts des Fachkräftemangels und der immer älter werdenden Servicekräfte."

5.5 Ist Ihr Unternehmen bereit für den Wissenstransfer? Machen Sie den Readiness-Check

Motivation

- Was ist ein aktueller Anlass zum Wissenstransfer – eine ausscheidende Person mit Expertenwissen, Serviceanfragen aus anderen Ländern und Zeitzonen oder ein neuer Kollege bzw. eine neue Kollegin, der oder die allein auf Serviceeinsätze fahren soll?

Maschine

- Welche konkrete Maschine welcher Technologie steht besonders im Fokus – eine produktionskritische Anlage, eine Maschine in Auslieferung, eine neue Technologie, zu der Wissen direkt digital aufgebaut werden soll?
- Zu wie vielen Technologien können Sie Ihr gesamtes Maschinenportfolio zusammenfassen? Auch wenn jede Maschine individuell ist, sollte bei gleichen oder ähnlichen Technologien Wissen unbedingt wiederverwendet werden.

Anwender

- Welcher unerfahrene Anwendende beklagt fehlendes Wissen oder wünscht sich digitale Assistenz – junge Kolleginnen und Kollegen, Servicetechnikerinnen in einem weiter entfernten Einsatzgebiet, Hotline-Mitarbeitende mit hohem Aufkommen, Maschinenbediener in der Nachtschicht?

Wissensträger

- Welcher Experte oder welche Expertin will oder muss dabei unterstützt werden, sein/ihr Wissen zeitschonend und effektiv zu digitalisieren, z. B. im Rahmen eines Offboarding-Prozesses?
- Finden es diese Expertinnen und Experten zusätzlich wertvollFachwissen zu berücksichtigen, etwa in Dokumenten, Daten, eigenen Notizen, Serviceberichten oder Tickets?

Initialisierung

- Haben Sie eine strategische Initiative identifiziert bzw. aufgesetzt, die die konsequente Einführung einer Wissenstransfer-Lösung legitimiert, z. B. „Wissenstransfer“ oder „Servicedigitalisierung“?
- Haben Sie klare Regelungen formuliert, mit denen eine Wissenstransfer-Initiative explizite Ressourcen erhält, z. B. als Teilzeitaufgabe, mit wissenschaftlicher Hilfskraft, als klarer Teil eines Aufgabenprofils?
- Wer könnte die operative Projektleitung übernehmen („Wissensagent“ oder „Knowledge Manager“) und wer ist der oder die Stellvertretende?

Über die findIQ GmbH

findIQ ist ein junges Technologieunternehmen aus Herford, das sich als Qualitätsführer im Bereich Wissenstransfer im Maschinenservice positioniert. Das Unternehmen entwickelt eine Software, die zum ersten Mal auf intelligente Art und Weiseein Wissensmanagementsystem in ein Assistenzsystem integriert. So macht sie das Expertenwissen erfahrener Servicetechnikerinnen und -techniker für die zukünftige Generation der Mitarbeitenden nutzbar und sichert so langfristig die Serviceproduktivität sowie die Verfügbarkeit von Maschinen und Anlagen. findIQ wurde im April 2022 gegründet und agiert mit seinem mittlerweile zwölfköpfigen Team im internationalen Maschinen- und Anlagenbau sowie bei global produzierenden Unternehmen. Weitere Informationen finden Sie unter www.findiq.de.

Literatur

Aamodt A, Nygård M (1995) Different roles and mutual dependencies of data, information, and knowledge – An AI perspective on their integration. Data & Knowledge Engineering, 16, 3, Elsevier Science Publishers B. V., S 191–222. https://doi.org/10.1016/0169-023X(95)00017-M

Kothes (2023) Insight Report Service 2023: Welche Informationen braucht der Technische Service? https://www.kothes.com/smart-service-information-studie. Zugegriffen: 15. Aug. 2024

mdr (2022) Bis 2036 gehen 30 Prozent aller Erwerbstätigen in Rente https://www.mdr.de/nachrichten/deutschland/wirtschaft/arbeitsmarkt-babyboomer-dreissig-prozent-in-rente-100.html. Zugegriffen: 14. März 2024

Siemens AG (2023) Senseye predictive maintenance: The True Cost of Downtime 2022. https://assets.new.siemens.com/siemens/assets/api/uuid:3d606495-dbe0-43e4-80b1-d04e27ada920/dics-b10153-00-7600truecostofdowntime2022-144.pdf. Zugegriffen: 15. Aug. 2024

6 Wissensmanagement im Aufwärtstrend – Wie es gelingt, bisher undokumentiertes Wissen leicht zu erfassen und nutzbar zu machen

Bettina Volkens

Zusammenfassung

Wissensmanagement erlebt durch den Einsatz Künstlicher Intelligenz (KI) eine Renaissance. Jetzt gelingt es, einfacher an das Erfahrungswissen der Mitarbeitenden zu kommen und von Erfahrungen zu lernen. Denn 80 % des unternehmensrelevanten Wissens sind nicht dokumentiert. Genau hier setzt die Lösung von great2know an. Das Start-up digitalisiert den Wissenstransfer über eine KI-gestützte Plattform, die es Mitarbeitenden ermöglicht, ihr Erfahrungswissen strukturiert, intuitiv und kontextbezogen zu teilen und Wissen abzufragen. Neben Text- und Spracheingabe umfasst die Lösung Features wie automatisierte Nachfragen, Stakeholder-Interaktionen und einen Chatbot für kontextbezogene Wissensabfragen. Die Plattform zielt auf hohe Nutzerakzeptanz durch einfache Bedienbarkeit und kollaborative Elemente. Zwei Fallbeispiele – Siemens GBS und GHK Management Consulting – verdeutlichen den praktischen Nutzen: Schnelleres Onboarding, geringere Reibungsverluste bei Personalwechseln und die Basis für eine zukunftssichere, datengestützte Unternehmenssteuerung. great2know schließt die Lücke zwischen dokumentiertem und implizitem Wissen. Dies ist ein zentraler Hebel zur Produktivitätssteigerung und zur Sicherung langfristiger Wettbewerbsfähigkeit im digitalen Zeitalter. Denn ohne Erfahrung keine Innovation.

B. Volkens (✉)
CEO great2know GmbH, Königstein, Deutschland
E-Mail: bettina.volkens@great2know.de

N. Ottersböck et al. (Hrsg.), *Wissensmanagement mit Künstlicher Intelligenz*, ifaa-Edition, https://doi.org/10.1007/978-3-662-71591-8_6

6.1 Einleitung

Seit Jahrzehnten wird betont, wie wichtig die Sicherung von Wissen für den Unternehmenserfolg ist. Wikis sind entstanden, Wissensmanagementsysteme wie Confluence oder Notion wurden eingeführt. Bis vor Kurzem war die Nutzung nicht durchgehend zufriedenstellend, da Mitarbeitende die Systeme pflegen mussten und dies zeitintensiv war.

Heute wird Wissensmanagement durch den Einsatz Künstlicher Intelligenz (KI) als „Game Change" revolutioniert. Denn Wissen eingeben wird einfach. Wissen kann zudem strukturiert aufbereitet und einfach bereitgestellt werden. Wissensmanagement befindet sich folglich in einem herausragenden Aufwärtstrend. Immer mehr Unternehmen nutzen digitale Tools, um Arbeitsabläufe ihrer Beschäftigten zu optimieren, indem diese schnell an Informationen kommen und damit die Zeit, die sie mit der Suche nach Wissen verbringen, erheblich reduzieren. Grundlage sind die Daten, die im Unternehmen vorliegen. Damit ist aber nur ein Teil des Wissens einer Organisation erfasst. Ein wesentlicher Teil fehlt in der Regel: das Wissen, das sich in den Köpfen der Menschen befindet. Schätzen Sie einmal: Wie hoch ist der prozentuale Anteil des dokumentierten Wissens im Vergleich zum nicht dokumentieren Wissen? Die Frage haben wir bei great2know bereits über 200 Gesprächspartnern gestellt. Der Großteil der Antworten lautet: 20 % des Wissens sind dokumentiert, 80 % sind nicht dokumentiert. Hier klafft noch eine Riesenlücke, die – wenn sie geschlossen wird – ein großes Potenzial für weitere Produktivitätssteigerungen und Qualitätsverbesserungen verspricht. Erst durch die Verbindung von dokumentiertem und nicht dokumentiertem Wissen entsteht der Kontext, der benötigt wird, um Sachverhalte umfassend beurteilen und auf dieser Grundlage bessere Entscheidungen treffen zu können.

6.2 Das Start-up Great2know

Wer viel fragt, bekommt viele Antworten. Aber wie oft werden eigentlich Mitarbeitende zu ihrem Wissen befragt? Wie wird es gesichert? Bei vielen Unternehmen bisher gar nicht – und das, obwohl bei jedem Personalwechsel oder nach jedem Projektabschluss so viel relevantes Wissen verloren geht. Wir als Gründer von great2know haben in der Praxis immer wieder gesehen und erlebt, dass Arbeitsabläufe nicht mehr reibungslos funktionieren und die gleichen Fehler immer wieder gemacht werden. Das Problem wird sich in den nächsten Jahren verschärfen: Der **demografische Wandel** steht vor der Tür. Durchschnittlich 30 % der Belegschaft gehen bis 2036 in Rente. Bereits heute fällt es Unternehmen in einigen Bereichen schwer, genügend Fachkräfte zu finden. 42 % der Fähigkeiten und Fertigkeiten, die erforderlich sind, eine Tätigkeit auszufüllen, kennen nur die aktuellen Stelleninhaber. Umso wichtiger ist es, nachfolgende Mitarbeitende bei der **Einarbeitung** mit ausreichendem Wissen auszustatten, sodass sie schneller produktiv sind. Zudem gibt es in jedem Unternehmen **Kopfmonopole,** also Mitarbeitende, die über bestimmtes wichtiges und wertvolles Wissen verfügen, das ausschließlich sie besitzen. Auch beim **Abschluss von Projekten** empfiehlt sich eine umfassende Wissenserfassung. Die Dokumente sind in der Regel nicht selbsterklärend. Das „Was" ist dokumentiert, selten aber das „Wie" und das „Warum". Im Rahmen von **Transformationen** oder **Restrukturierungen** werden Organisationsstrukturen so verändert, dass Mitarbeitende das Unternehmen verlassen oder andere Aufgaben übernehmen. Unser Ziel ist deshalb der great2know-Assistent für den **Arbeitsalltag,** der mich befragt und den ich befragen kann.

6.2.1 Methode der Wissenserfassung

Eine wirksame, erprobte Methode ist der analoge Wissenstransfer. Kern der Methode bilden moderierte Interviews mit dem wechselnden Mitarbeitenden und – falls bereits vorhanden – mit der nachfolgenden Person. Die Ergebnisse werden in einer Mindmap oder einer Wissenslandkarte dokumentiert. Der Vorteil besteht darin, dass durch zielgerichtete Fragen und Rückfragen tiefgreifendes Wissen aus den Köpfen erfasst wird. Fragen regen zum Nachdenken an, bringen Impulse und können Sichtweisen verändern. Nach unserer langjährigen Erfahrung hilft diese gezielte Methode sehr, das Onboarding zu beschleunigen und bereits in den ersten sechs Monaten um 30 % produktiver zu sein.

Der Nachteil ist allerdings, dass diese Methode nicht skalierbar und damit kostenintensiv ist. Auch wird mit den erfassten Daten nicht weitergearbeitet. Vor diesem Hintergrund bietet sich die Digitalisierung des interviewbasierten Wissenstransfers an. Die Rolle des Moderators wird zunächst durch unsere great2know-Plattform bis zu dem Zeitpunkt übernommen, zu dem eine KI-gestützte Konversation in Echtzeit möglich ist.

6.2.2 Die Great2know-Plattform

Kern der great2know-Plattform ist die digitale Erfassung des bisher nicht dokumentierten Wissens. Zudem sorgt die Plattform auch für die Aufbereitung, Validierung und das Bereitstellen der Informationen.

Ein zentrales Feature ist die **Verwendung von anlass- und positionsbezogenen Kategorien sowie Fragen.** Während viele Plattformen allgemeine Vorlagen oder unstrukturierte Wissensdatenbanken nutzen, bietet great2know eine zielgerichtete Anpassung durch Templates, die von der Kundschaft flexibel modifiziert werden kann. Dies führt zu einer höheren Relevanz der Fragen und einer gezielten Wissensdigitalisierung.

great2know unterstützt eine **Vielzahl von Methoden zur Beantwortung der Fragen,** einschließlich Spracheingabe, Text, Audio, Video, Dokumentenanhang und Verlinkungen. Diese Vielseitigkeit erlaubt es den Nutzern, Informationen auf die für sie effektivste

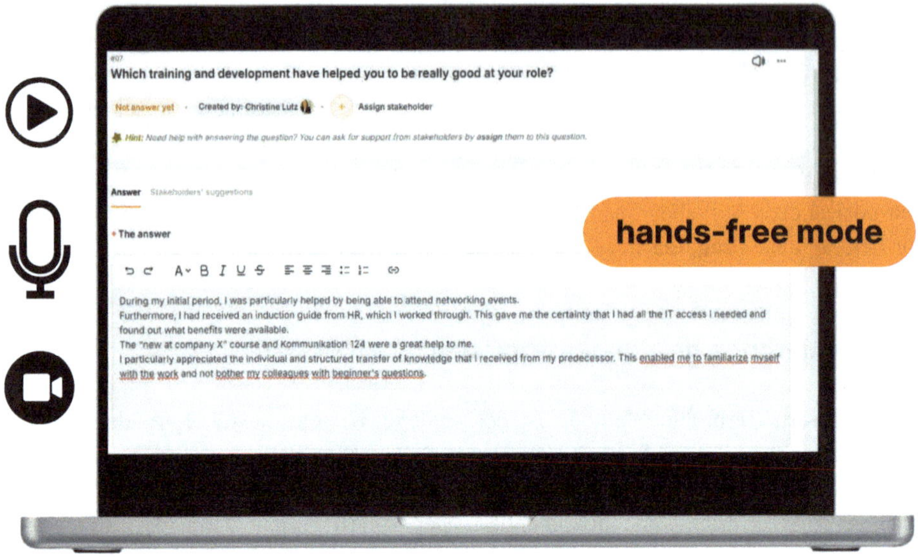

Abb. 6.1 Die Features der great2know-Plattform zur Wissenserfassung

Weise zu kommunizieren. Gerade der **Freisprechmodus** wird gern genutzt, mit dem der Wissenstransfer deutlich einfacher und schneller erfolgen kann (Abb. 6.1).

Neben der Möglichkeit, Texte zusammenzufassen und Highlights hervorzuheben, werden automatisch **kontextbezogene, KI-gestützte Nachfragen** generiert, die auf den Antworten und bereits vorhandenen Dokumenten sowie anderen Wissensquellen basieren. Dadurch werden die Antworten präziser, vollständiger und aktueller.

Die Qualität, aber auch der Spaß bei der Nutzung wird dadurch erhöht, dass die **Einbindung von Stakeholdern** (Kollegen, Führungskraft etc.) erfolgt, sodass der Wissensgeber sich nicht allein auf der Plattform bewegt. Der Wissensgeber kann Stakeholdern Fragen zuweisen. Die Stakeholder können wiederum Fragen an den Wissensgeber stellen und Kommentare abgeben. Diese kollaborative Herangehensweise fördert den Wissenstransfer, indem sie mehrere Perspektiven integriert und die Qualität der Informationen durch gemeinschaftliches Validieren erhöht. Unsere great2know-Plattform bietet den Wissensnehmern **vielfältige Interaktions- und Nutzungsmöglichkeiten.** Wissensnehmer können Rückfragen an Wissensgeber und Stakeholder stellen, kommentieren, validieren sowie das Wissen durch Large Language Models (LLM) analysieren und zusammenfassen lassen. Validiertes Wissen kann gezielt an bestimmte Personen oder Gruppen sowie das gesamte Unternehmen weitergegeben werden. Der nächste Schritt ist die KI-gestützte Aufbereitung der gesamten Wissensdigitalisierung. Diese Technologie nutzt angepasste LLM, die speziell auf die Fachsprache des Kundenunternehmens und den Inhalt trainiert sind. Im Vergleich zu allgemeinen KI-Lösungen, die oft nicht spezialisierte Modelle verwenden, verspricht dieser Ansatz von great2know präzisere und relevantere Ergebnisse. Um die Plattform weiter an eine klassische Gesprächssituation anzugleichen, nutzt great2know einen Experten-Chatbot, der auch die **promptbasierte Ausgabe des Wissens** ermöglicht. In Echtzeit wird das eingegebene Wissen mit bereits dokumentiertem Wissen abgeglichen, und der Chatbot stellt Rückfragen, die nicht nur auf den Antworten des Wissensgebers basieren, sondern durch den Abgleich mit dem bekannten Wissen erweitert werden. Bei der Beantwortung der Fragen werden Quellen angegeben. Diese Mensch-Maschinen-Interaktion ist aus unserer Sicht notwendig, um das Wissen kontinuierlich zu validieren. Damit stellen wir auch eine stetige Weiterentwicklung der dokumentierten Wissensbasis sicher.

6.2.3 Bereitschaft, Wissen digital zu teilen

Die Interviewmethode funktioniert: 90 % der Menschen teilen gern ihr Wissen, wenn sie gefragt und dafür wertgeschätzt werden. Außerdem muss Folgendes gegeben sein:

- Die Plattform ist einfach und intuitiv zu nutzen.
- Das Feedback zur Verbesserung der Plattform wird ernst genommen.
- Es stehen kollaborative Elemente im Fokus.
- Es wird ausreichend Zeit eingeräumt, Wissen zu teilen.

6.3 Fallbeispiel: Off- und Onboarding bei Siemens Global Business Services (GBS)

6.3.1 Ausgangslage

Siemens GBS unterstützt sowohl Einheiten der Siemens AG weltweit als auch externe Kunden bei der Transformation ihrer Geschäfte auf dem Weg in eine nachhaltige und digitale Zukunft. Das Portfolio umfasst modernste kompetenz- und technologiebasierte Dienstleistungen mit einem starken Fokus auf Innovation und Digitalisierung in Bereichen wie Business Administration, Human Ressources, Supply Chain Management, Vertrieb, Marketing und Engineering. Weltweit arbeiten 12 000 Mitarbeitende in vier Hubs. Der Hauptsitz von Siemens GBS befindet sich in München. Geschäftsführer der GBS ist Eckard Eberle, der im folgenden Interview seine Position und seine Wünsche zum modernen Wissensmanagement teilt.

Lieber Eckard Eberle, Sie kennen Siemens wie Ihre Westentasche: Sie sind seit über 30 Jahren im Unternehmen und haben eine sagenhafte Karriere gemacht. Sie haben

viel gesehen und erlebt. Was waren für Sie besondere Momente, die Sie mit uns teilen würden?
Natürlich ist es spannend und abwechslungsreich, in einem so global aufgestellten Unternehmen wie Siemens viele unterschiedliche Bereiche weltweit zu erleben, dabei fortwährend zu lernen und kontinuierlich zu wachsen. Lassen Sie mich stellvertretend drei prägende Phasen herausgreifen:

- China war für mich in den 1990ern ein großes Abenteuer. Damals in Nanjing stationiert, hat diese Zeit meinen Blick geschärft für die Wichtigkeit des regionalen Geschäfts und die immense Bedeutung interkulturellen Denkens und Handelns.
- Ein ebenso wichtiger Baustein war meine Zeit als Berater bei der Siemens Management Consulting. Dort konnte ich die gesamte Bandbreite des Unternehmens kennenlernen – eine prägende Zeit, auch dank der Aufgabenvielfalt: von der Strategie über die Restrukturierung bis hin zum Neuaufbau von Geschäften.
- Last but not least: meine Zeit als CEO der Siemens Process Automation. Eine besondere Zeit deshalb, weil wir das Unternehmen zu einem führenden Global Player in der Automatisierungstechnik formen und im Markt verankern konnten. Der Spirit und das starke Engagement des Teams haben mich nachhaltig geprägt und begeistern mich noch heute.

Teilen von Wissen ist das Stichwort: Warum ist das Thema Wissenstransfer gerade jetzt für Ihre Organisation so aktuell und dringlich?
Generell wurde die Bedeutung von Wissensmanagement, d. h. die Sicherung, Aufbewahrung und Bereitstellung von Wissen, in unserem Unternehmen früh erkannt und hat eine lange Tradition. Bereits 1907 wurde ein historisches Archiv eingerichtet. Unser Siemens Historical Institute ist eines der größten Unternehmensarchive Deutschlands und hat die Aufgabe, die Geschichte unseres 1847 in Berlin gegründeten Konzerns zu dokumentieren und zu erforschen. Lassen Sie mich einen Aspekt von Wissensmanagement näher ausführen: das Thema Wissenstransfer. Wenn beispielsweise Mitarbeitende das Unternehmen kurzfristig verlassen, ist auch das Wissen dieser Mitarbeitenden von heute auf morgen weg. Gerade in wissensbasierten Services, wie beispielsweise im Engineering, wird dann viel Zeit benötigt, um neue Mitarbeitende einzulernen und ihnen das benötigte Know-how zu vermitteln. Know-how, das allerdings vorher bereits in der Organisation vorhanden war, aber noch nicht umfassend erfasst und weitergegeben wurde. Genau hier setzt für mich erfolgreicher Wissenstransfer an: mit der systematischen und rechtzeitigen Erfassung des Wissens und der Weitergabe in der Organisation. Das führt zu einem wesentlich reduzierten Aufwand im Onboarding neuer Mitarbeitender und

damit zu einem nicht zu unterschätzenden Vorteil für unsere Kundschaft. Produktivität und Wertschöpfung können so kontinuierlich auf einem hohen Niveau gehalten werden. Deshalb ist Wissenstransfer für uns sehr wichtig, muss aber langfristig in einen Kontext eingebettet werden – das heißt für uns in ein ganzheitliches Wissensmanagement, das wiederum weitere Aspekte miteinschließt, wie z. B. Wissen identifizieren, erfassen, prüfen, organisieren und weitergeben.

Sie planen eine Entwicklungspartnerschaft mit uns als great2know. Was hat Sie dazu bewogen?
Das Start-up great2know hat im Frühjahr 2024 ihre Softwarelösung für On- und Offboarding bei und mit uns auf den Weg gebracht. Da sehr gute Ergebnisse erzielt wurden und die Erfahrungen positiv waren, haben wir vor, die Zusammenarbeit mit great2know fortzuführen. Im Moment prüfen wir, welche weiteren Anwendungsfälle für Siemens interessant sein könnten und wie die Zusammenarbeit mit great2know in Zukunft aussehen könnte.

Wenn wir über Wissensmanagement der Zukunft von Siemens sprechen und Sie sich alles wünschen dürften: Wie sähe das Wissensmanagement dann aus?
Mit Blick in die Zukunft stelle ich mir eine Form von Wissensmanagement vor, die Mitarbeitende über ihre gesamte Beschäftigungszeit im Unternehmen begleitet. Wenn wir das Wissen nicht nur kurz vor dem Offboarding sammeln, sondern von Anfang an und kontinuierlich, stellen wir eine hohe Produktivität sicher. Das wiederum ermöglicht uns, schneller und effektiver auf die Bedürfnisse unserer Kundschaft einzugehen, die Wertschöpfung auf hohem Niveau zu halten und damit unsere Wettbewerbsfähigkeit zu steigern. Diese Art von Wissensmanagement ist ein ganzheitlicher Prozess, der unsere Mitarbeitenden agil, flexibel und zukunftssicher macht. Dabei wird das Wissensmanagement über traditionelle Dokumentenverwaltung und Wissenstransfer hinausgehen. Der Fokus sollte auf der Entwicklung eines KI-gestützten Systems liegen, das die Mitarbeitenden unterstützt und damit hilft, Innovationen voranzutreiben. Das Herzstück dieses Systems ist die Organisation, Verarbeitung und Verfügbarkeit von Daten aus unterschiedlichen Quellen. Das so von allen gesammelte Wissen ermöglicht es einer Organisation, sich ständig weiterzuentwickeln und auf einem kontinuierlich hohen Wissensniveau zu agieren.

Mein Wunsch ist also: Professionelles Wissensmanagement wird dauerhaft als wichtiger Hebel etabliert, um eine hohe Produktivität bei uns und eine kontinuierliche Wertschöpfung bei unseren Kunden sicherzustellen.

Danke Herr Eberle für das Interview!
Die Zusammenarbeit mit den Siemens-Kollegen war hervorragend: zielorientiert, offen und partnerschaftlich. Die zuständige Projektleiterin von Siemens, Anitha Madhyasta (Head of Future of Work in Siemens GBS mit Sitz in Bangalore) arbeitet partnerschaftlich und vertrauensvoll mit uns zusammen. Wir haben Anitha befragt, was sie bewegt:

„Bei Siemens GBS fehlte es an standardisierten Wissenstransfers und Onboarding-Prozessen, was zu erhöhten Risiken und Kosten führte. Wir hatten keine Plattform, um das Wissen und die Erfahrung des Unternehmens zu bewahren. Es gab einige Anwendungsfälle, die wir identifiziert haben. In einem unserer Geschäftsbereiche hatten wir eine ungewöhnlich hohe Fluktuationsrate von ca. 35 %. Die übliche Fluktuationsrate für ähnliche Unternehmen in Indien liegt bei 15 bis 20 %. Das bedeutete, dass ständig neue Mitarbeitende in unser Unternehmen kamen. Wir mussten bei der Einarbeitung wirklich effizient vorgehen. Wir hatten viele neue Personen im Unternehmen, die geschult und in den ersten Monaten unterstützt werden mussten. Sie benötigen Informationen und Daten in einem leicht konsumierbaren Format. Der zweite Anwendungsfall war der Tatsache geschuldet, dass wir im GBS-Geschäft Mitarbeitende in mehreren Ländern haben. In einigen Ländern gibt es bei GBS nur ein paar Mitarbeitende, die den Kunden vor Ort unterstützen. Das bedeutete, dass, wenn sie das Unternehmen verließen, nicht viel Zeit zur Verfügung stand, jemand Neuen einzuarbeiten und den Wissenstransfer so schnell wie möglich durchzuführen. Unsere Vision war es also, einen strukturierten Ansatz für die einfache Erfassung und den Zugriff auf Wissen und Erfahrung zu implementieren. Das führte zur Verbesserung der Benutzerfreundlichkeit und der Auffindbarkeit des Wissens."

6.3.2 Konkretes Vorgehen

Zunächst wurde ausgewählt, **in welchen Einheiten** bei GBS **pilotiert** wird. Ausgewählt wurden drei Länder: Indien, Dänemark und die Schweiz. Die Meetings fanden deshalb überwiegend virtuell statt. Die **Anzahl der Pilotteilnehmenden** wurde auf fünf festgelegt. Der Pilotzeitraum belief sich auf fünf Monate.

Das Feedback war überwiegend positiv. Negativ wurde bewertet, dass es (damals) keine Möglichkeit der Spracheingabe gab. Dies wurde umgehend ermöglicht.

6.3.3 Weitere Zusammenarbeit

Nach dem erfolgreichen Pilotprojekt hat sich die GBS für die Fortführung der Zusammenarbeit entschieden. Der Vorteil für beide Seiten: gemeinsam Anforderungen zu definieren und schnell auf Umsetzbarkeit zu prüfen. So besteht die Möglichkeit, unsere Technologien in einem realen komplexen Umfeld zu testen, Lösungen gemeinsam schneller zu testen und marktreif zu machen.

6.4 Fallbeispiel: Ganzheitliches Wissensmanagement bei der GHK Management Consulting AG

6.4.1 Ausgangslage

Die GHK Management Consulting AG unterstützt ihre Kunden dabei, effektives Unternehmenswachstum durch digitale Prozesse zu ermöglichen, damit den Unternehmen der Sprung in die digitale Zukunft gelingt. Ihr Sitz ist in Frankfurt am Main. Vorstand und Gründer ist Dr. Andreas Dahmen. Im folgenden Interview schildert Herr Dahmen seine Sichtweise auf das digitale Wissensmanagement und die Kooperation mit great2know als darauf spezialisiertes Unternehmen.

Herr Dr. Dahmen, 2006 haben Sie Ihre Beratung gegründet. Was war Ihr Beweggrund?
Ich möchte den Mittelstand aktiv dabei unterstützen, neue technologische Möglichkeiten zu nutzen, um gut auf die Zukunft vorbereitet zu sein und wettbewerbsfähig zu bleiben. Ich war selbst unternehmerisch tätig und weiß, wie wichtig es ist, technologisch up to date zu sein.

Und wie ist aus Ihrer Erfahrung die Bereitschaft des Mittelstandes zu investieren?
Offen gesagt, in den letzten 20 bis 30 Jahren hat sich leider wenig getan. Wenn Geld da war, war keine Zeit da, und wenn es wirtschaftlich eng wurde, war kein Geld da. Jetzt aber wird es höchste Eisenbahn – der technologische Fortschritt ist so rasant wie nie. Der Beratungsbedarf ist also riesig – gerade auch, wenn es um die Nutzung von KI-Tools geht. Hier gilt allerdings, dass viele KI-Anwendungen nur dann nutzbringend eingesetzt werden können, wenn entweder ein One-ERP implementiert ist

oder ein digitalisierter Datenraum existiert. Es muss also eine ausreichende und valide Datengrundlage vorhanden sein, um das Unternehmen in die Lage zu versetzen, Daten und somit faktenbasierte Entscheidungen treffen zu können. Ansonsten ist es so, als würden Sie auf dem Nürburgring fahren wollen, besäßen aber noch gar keinen Führerschein.

Für wie bedeutsam halten Sie es, undokumentiertes Wissen zu erfassen und zugänglich zu machen?
Für hochrelevant. Folgenden Fall habe ich in mittelständischen Unternehmen mehrfach erlebt: Mitarbeitende aus dem Bereich Rechnungswesen verlassen das Unternehmen, und die Stellen können monatelang nicht nachbesetzt werden. Es liegen offene Forderungen, teilweise in Millionenhöhe, vor, ohne dass der Zahlungseingang aufgrund fehlender Ressourcen nachgehalten werden kann. Der Rückstand ist irgendwann so groß, dass die Buchhaltung es kaum schafft, alle offenen Forderungen hereinzuholen, die dann für die notwendig vorzuhaltende Liquidität fehlen. Außerdem fehlt gerade bei komplexeren Sachverhalten das Hintergrundwissen, das nicht weitergegeben wurde, sodass auch dadurch offene Forderungen nicht vollständig bemerkt werden. Dieses Hintergrundwissen ist oftmals nicht ausreichend dokumentiert und muss aufwendig im direkten Austausch von Mitarbeitendem zu Mitarbeitendem weitergegeben werden. Die Bedeutung dieses undokumentierten Wissens wird oft unterschätzt. Diesem Wissen systematisch nachzugehen und es verfügbar zu machen, könnte verhindern, dass Unternehmen in eine derart kritische finanzielle Situation geraten. Für mich ist klar: Ohne Wissensmanagement fehlt die Grundlage für effiziente Prozesse und Resilienz.

Was empfehlen Sie Unternehmen, wenn es um die Einführung von KI-Anwendungen geht?
Im ersten Schritt sollte ein digitalisierter Datenraum entwickelt werden. Und dann ist es aus meiner Sicht wichtig, dass Unternehmen ihre eigene KI-Welt – eine gekapselte KI-Welt – schaffen. Wissen von außen zuzuführen, empfehle ich nur, wenn der Kontext und die Qualität gesichert sind. Die Erfahrung zeigt, dass Unternehmen mit einem zentralen Datenraum ihre Prozesse deutlich besser steuern können. Der zentrale digitalisierte Datenraum beinhaltet als ganzheitlicher Ansatz hierbei ein Data-Warehouse, in dem alle relevanten Finanz-, operativen und ESG-Daten aus den Einzelgesellschaften gespeichert und somit zentral nutzbar gemacht werden. Dies ermöglicht ein kohärentes Reporting, basierend auf einer „Single Source

of Truth“ über alle Hierarchieebenen hinweg, und schafft tiefe Transparenz in allen Geschäftsbereichen. Konkret bedeutet dies beispielsweise: Ich werde als Unternehmen in die Lage versetzt, mir auf Knopfdruck die Top 5 und Low 5 meiner Aufträge inklusive der zugehörigen Deckungsbeiträge und einer Trendanalyse anzeigen zu lassen. Den Top 5 kann ich gezielt weitere Kapazitäten zur Verfügung stellen, die Low 5 gezielt adressieren und deren Entwicklung kritisch verfolgen. Insbesondere in diesem Zusammenhang sind wir erneut auf die Erfassung des Erfahrungswissens unserer Mitarbeitenden angewiesen, gerade auch im Zusammenhang mit einer zentralen KPI-Definition. Ein solcher datengetriebener Steuerungsansatz erlaubt es, Daten nicht nur zu sammeln, sondern sie bis auf die operative Ebene hinab sinnvoll zu nutzen. So werden auch die Mitarbeitenden in den operativen Bereichen, die die Daten erfassen, aktiv in die Verantwortung zur Verbesserung der Datenqualität einbezogen. Das Gesamtkonstrukt ermöglicht somit nicht nur eine zentrale Steuerung, sondern unterstützt auch die dringend benötigte Erhöhung der Datenqualität. Das ermöglicht es, alle relevanten Informationen, etwa zur Ausschussquote in der Produktion, zentral zu sammeln und zeitnah darauf zuzugreifen. Saubere und zentral verfügbare Quelldaten können nun als Basis für KI-unterstützte Prozesse wie Predictive Maintenance oder die Zusammenhangsanalyse mittels KI dienen. Auch im Bereich der Finanzbuchhaltung sind solche Datenräume enorm wichtig, um Risiken durch ungeschriebene Rechnungen sowie offene Forderungen frühzeitig zu erkennen und damit zu minimieren. Ohne diese digitalisierte Infrastruktur sind Daten oft versteckt oder schwer zugänglich, und wertvolles Wissen bleibt ungenutzt. Ein digitalisierter Datenraum könnte damit auch in Fällen wie dem Rechnungswesen eine zeitnahe Erfassung und Überwachung offener Forderungen als KPI sicherstellen, um Probleme wie einen Rückstau von mehreren Millionen Euro zu vermeiden.

Danke Herr Dr. Dahmen für das Interview!

Die Kollaboration mit Kunden und Dienstleistungen erfolgt im Projektgeschäft oftmals über gemeinsame Teams und MS-SharePoint-Strukturen. Auch interne Verfahrensdokumentationen, Best-Practice-Anleitungen und Beispieldokumente sind GHK-intern zentral organisiert. Trotz der hinterlegten Ablagesystematik fällt es zunehmend schwer, einfach und schnell relevante Informationen zu finden, die bei neuen Beratungsmandaten helfen, effektiver zu arbeiten. Bisher noch nicht erfasst ist das Erfahrungswissen zu speziellen Sachverhalten und Erfahrungswerten im Projektgeschäft. GHK schätzt, dass nur etwa 5 % dieses wertvollen Wissens dokumentiert sind. Aufgrund des starken Wachstums in den vergangenen Jahren und des deutlich vergrößerten Consultant-Teams steht GHK vor der Herausforderung, eine Möglichkeit zu finden, wie dieses Wissen gerade neuen Mitarbeitenden zugänglich gemacht werden kann, ohne die operative Verfügbarkeit der erfahreneren Mitarbeitenden zu stark einzuschränken. Gleichzeitig ist es für die

Beratungsqualität enorm wichtig, das Erfahrungswissen auf Konsistenz zu prüfen und zu dokumentieren, um daraus zentrale Standardverfahren im GHK-Team ableiten zu können.

Um die Effektivität und die Effizienz zu erhöhen, wollte GHK prüfen, ob sich ein Wissensmanagementsystem lohnt. Es soll eine Datenbank entstehen, in der alle Wissensinhalte zusammengeführt werden und über die auch zukünftig eine Pflege sowie geregelte Entwicklung dieser Standards erfolgen kann. Darin enthalten soll neben den bereits vorhandenen Dokumenten vor allem auch das Erfahrungswissen sein. Aufgrund der tiefen Verankerung der Mitarbeitenden in der Digitalisierung ist die Zielvorstellung ein KI-basierter Unternehmens-Chatbot, der den Mitarbeitenden gemäß der in den Standards festgelegten Leitplanken qualifiziert Rückfragen auch zu komplexen Sachverhalten beantwortet, sie bei der Erstellung von Dokumenten unterstützt und in der Lage ist, Fehler oder Abweichungen vom Standard zu erkennen.

Im Rahmen eines Pilotprojekts sollte die great2know-Plattform auf Einfachheit und Funktionalität geprüft sowie die Qualität der Dokumentensuche und -auffindbarkeit getestet werden.

6.4.2 Beschreibung des Vorgehens

Die Pilotierung erfolgte in Frankfurt am Main; Meetings fanden persönlich und virtuell statt. Die **Anzahl der Pilotteilnehmer** wurde auf sechs festgelegt. Der Pilotzeitraum belief sich auf ca. acht Wochen. In einem **Workshop** gemeinsam mit Dr. Andreas Dahmen und vier Mitarbeitern wurden am Beispiel eines bereits durchgeführten Beratungsprojektes Fragen erarbeitet, die konkret auf die Beratungsprojekte und deren Prozessablauf (Anforderungsaufnahme, Auswahl und Ausschreibungsverfahren, technische Umsetzung) zugeschnitten waren.

Im Anschluss wurde die Plattform mit der von GHK gewählten Struktur vorbereitet, sodass die Funktionalität der digitalen Wissensdokumentation mit Hilfe der great2know-Plattform untersucht werden konnte. Dieses Wissen wurde anschließend mittels einer weiteren KI-Plattform nutzbar gemacht. In einem iterativen Vorgehen über mehrere Testläufe hinweg zeigte sich im Ergebnis, dass eine zufriedenstellende KI-Chatbotfunktion ohne das dokumentierte Erfahrungswissen nicht erreicht werden konnte. Nach Einbindung und zielgerichteter Erweiterung des Erfahrungswissens konnten die definierten Entwicklungsziele innerhalb weniger Testläufe erreicht und zum Teil übertroffen werden.

6.4.3 Weitere Zusammenarbeit

Nach dem erfolgreichen Pilotprojekt hat sich GHK für die Fortführung der Zusammenarbeit ausgesprochen.

6.5 Fazit

Wissensmanagement erlebt einen starken Aufwärtstrend. Durch den Einsatz verschiedener KI-Technologien gelingt es, Wissen aus den Köpfen zugänglich zu machen und den Kontext herzustellen, den es braucht, um Arbeitsabläufe zu vereinfachen und bessere Entscheidungen zu treffen.

KI-basiertes Wissensmanagement im technischen Service eines mittelständischen Unternehmens

7

Dana Wolf, Delia Schröder und Maximilian Tischer

Zusammenfassung

Dieser Beitrag zeigt am exemplarischen Use Case der Nähmaschinenfabrik Stutznäcker die besonderen Herausforderungen, die im Umgang mit Wissen im technischen Service auftreten können. KI-basiertes Wissensmanagement kann hier eine Lösung sein. Das technische System, das im Rahmen des Projekts „Service Secretary" bei dem mittelständischen Unternehmen Stutznäcker eingeführt wird, sowie die darin verarbeiteten KI-Anwendungen werden näher beschrieben. Zudem wird der soziotechnologische Ansatz der Technikeinführung und der Umsetzung von Wissensmanagement, der im Projekt genutzt wurde, vorgestellt und abschließend handlungsleitende Tipps für KMU gegeben.

7.1 Herausforderungen im technischen Service

Wenn Monteurinnen oder Monteure der Nähmaschinenfabrik Stutznäcker bei einem Kundenunternehmen sind, stehen sie oftmals vor besonderen Herausforderungen. Das Unternehmen aus Köln bedient als Hersteller für industrielle Steppmaschinen unter der

D. Wolf (✉) · D. Schröder
Institut für Technologie und Arbeit e. V., Kaiserslautern, Deutschland
E-Mail: dana.wolf@ita-kl.de

D. Schröder
E-Mail: delia.schroeder@ita-kl.de

M. Tischer
Empolis Information Management GmbH, Kaiserslautern, Deutschland
E-Mail: maximilian.tischer@empolis.com

N. Ottersböck et al. (Hrsg.), *Wissensmanagement mit Künstlicher Intelligenz*, ifaa-Edition, https://doi.org/10.1007/978-3-662-71591-8_7

Marke MAMMUT weltweit Firmen mit sehr individuellen Produkten. Die Monteurinnen und Monteure sind häufig mehrere Tage oder Wochen unterwegs und erreichen die Kolleginnen und Kollegen in der Firmenzentrale aufgrund der Zeitverschiebung oft nur eingeschränkt. Dies wird besonders dann kritisch, wenn sie vor Ort auf ein Problem stoßen, das sie nicht ohne Weiteres allein lösen können. Wie erhalten die Monteurinnen und Monteure in dieser Situation schnell das relevante Wissen? Um die Kolleginnen und Kollegen nicht nachts anrufen oder mehrere Tage auf Lösungen warten zu müssen, bedarf es einer stets verfügbaren und smarten Lösung, Wissen abzurufen.

Neben der Tätigkeit im Außendienst gibt es weitere Herausforderungen, die den systematischen Umgang mit Wissen für Mitarbeitende im technischen Service bei Stutznäcker besonders relevant machen. Die industriellen Nähmaschinen sind ein B2B-Produkt, das für die Herstellung von Steppdecken, Kissen, Matratzenhüllen und ähnlichen Produkten verwendet wird. Je nach Anforderung an das Endprodukt weisen MAMMUT-Nähmaschinen ein hohes Maß an Individualisierung auf. Da sie modular zusammengestellt sind, gleichen sich zwei Maschinen kaum. Bei Reparaturaufträgen haben die Monteurinnen und Monteure es daher schwer, Problemursachen schnell zu erkennen und die Maschine wieder in einen funktionsfähigen Zustand zu bringen: Eine Standardlösung, die bei jeder Maschine funktioniert, ist selten zu finden (Abb. 7.1).

Außerdem ist zu berücksichtigen, dass bei einer langen Produktlebensdauer von bis zu 40 Jahren häufig keine digitalisierten Unterlagen zu einer defekten Maschine existieren. Über Erinnerungen an deren Spezifikation verfügt in der Regel niemand mehr. Umso schwieriger wird es für Monteurinnen und Monteure, diese Maschine zu betreuen und das nötige Wissen für eine Problembehebung zu entwickeln. Verstärkt wird der Effekt des Wissensverlusts dadurch, dass die gelernten Nähtechnikerinnen und -techniker in den

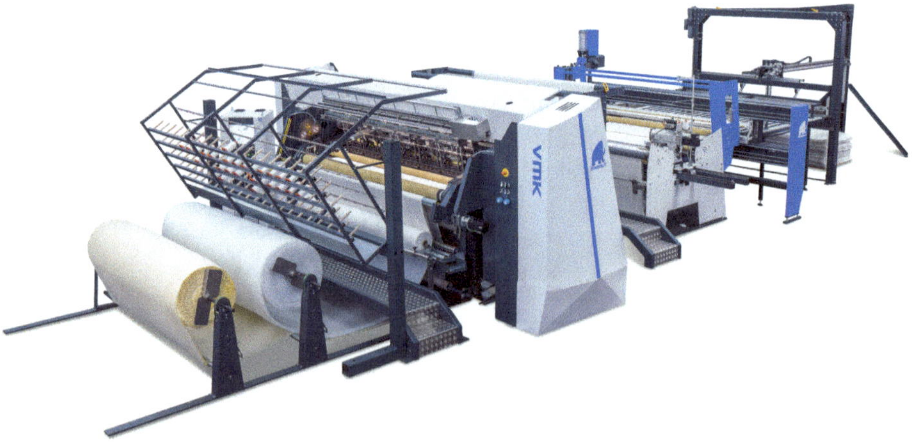

Abb. 7.1 MAMMUT-Vielnadelsteppmaschine und Säumanlage. (Quelle: Emil Stutznäcker GmbH & Co. KG)

kommenden Jahren altersbedingt das Unternehmen verlassen werden und dieser Ausbildungsberuf nicht mehr existiert. Ihre wertvolle Expertise wird daher in absehbarer Zeit verloren gehen, sofern sie nicht den jüngeren oder neuen Mitarbeitenden verfügbar gemacht wird.

Wissen wird in einem solchen Fall zu einer erfolgskritischen Ressource, die zur Steigerung von Effizienz und Effektivität im technischen Service beitragen kann (Chow 2022). Das Projekt „Service Secretary" zielt darauf ab, bei kleinen und mittleren Unternehmen (KMU), unter anderem bei der Nähmaschinenfabrik Stutznäcker, ein KI-basiertes Wissensmanagementsystem im technischen Service einzuführen und damit einen systematischen Umgang mit Wissen in solch herausforderungsreichen Arbeitssituationen zu realisieren.

Eine Mitarbeitendenbefragung ($n = 53$) bei den teilnehmenden Partnerunternehmen im Projekt ergab, dass ein sehr diverses und spezialisiertes Wissen vorhanden ist; aber nur 39,5 % der Befragten gaben an, jederzeit auf das benötigte Wissen zugreifen zu können. Mitarbeitende fragen einander häufig um Rat und unterstützen sich gegenseitig bei der Lösung von Problemen. 78,8 % der Befragten gaben an, häufig oder sehr häufig Kollegen und Kolleginnen bei der Lösung eines Problems zu helfen, indem sie ihr Wissen bereitstellten. Allerdings gaben lediglich 16,7 % der Befragten an, dass es bisher üblich gewesen sei, neu erlangtes Wissen zu dokumentieren. Die Etablierung eines Wissensmanagementsystems kann zu einer Optimierung solcher Prozesse beitragen. Zudem können die erfahrenen Mitarbeitenden durch ein Wissensmanagementsystem entlastet werden, da sie aktuell sehr häufig bei schwierigen Aufgaben oder Problemen hinzugezogen werden. 31,9 % der Befragten gaben etwa an, es ermüde sie, als Wissensgebende häufig die gleichen Fragen zu beantworten.

7.2 Ein KI-basiertes Wissensmanagementsystem für KMU

Um derartigen Herausforderungen zu begegnen, werden im Projekt „Service Secretary" alle relevanten Dokumente digital ins KI-basierte Wissensmanagementsystem aufgenommen und auch offline zur Verfügung gestellt. Somit ist eine stetige Verfügbarkeit der Daten gewährleistet. Ein weiterer Schwerpunkt des Ansatzes ist die interne Kommunikation bei Problemfällen und die chatbasierte Lösungssuche, woraus im Nachgang Lösungsanleitungen erstellt werden können.

Eine zentrale Anforderung der Mitarbeitenden in der Entwicklungs- und Einführungsphase war es, das KI-basierte System, also den „Service Secretary", mit geringem Aufwand anwenden zu können, sodass der Wissenszuwachs gewissermaßen „nebenbei" läuft. Im Rahmen des Projekts bei der Firma Stutznäcker mussten weitere anwendungsspezifische Anforderungen technisch umgesetzt werden. Die Bestandsdokumente zu den Maschinen sollten zentral erreichbar, verknüpfbar sowie durchsuchbar sein. Das zukünftige Wissensmodell sollte bereits automatisiert aus den Bestandsdaten aufgebaut werden.

Die bestehende Chat-Kommunikation, die bisher zwischen den Mitarbeitenden über einen Drittanbieter stattgefunden hatte, sollte in das System integriert werden, d. h. diese Chats und der darin stattfindende Wissensaustausch bzw. -gewinn mussten als redigiertes Wissen wieder verfügbar gemacht werden. Den Mitarbeitenden sollte außerdem eine Möglichkeit geboten werden, ihre Servicefälle zu dokumentieren und allen zur Verfügung zu stellen. Gleichzeitig galt es, dem Servicebüro eine zentrale Publikationsstelle zu geben, an der grundlegende Anleitungen und Anweisungen für die Servicekräfte im Feld bereitgestellt werden konnten. Diese wichtigen Informationen sollten fortan zeit- und ortsunabhängig für alle Mitarbeitenden abrufbar sein.

Aufbauend auf einer bestehenden Empolis-SaaS-Lösung (Software-as-a-Service), die bisher vorwiegend bei Großunternehmen zum Einsatz kam, sollte in diesem Projekt die spezifische Anpassung und Erweiterung für den Einsatz bei KMU erforscht werden. Der Einsatz einer SaaS-Software umgeht das grundlegende Problem der Verfügbarkeit oder der benötigten IT-Infrastruktur, dem KMU in der Digitalisierung oft begegnen, in großen Teilen. Es ist lediglich ein internetfähiges Endgerät mit Browser oder die Installation einer von Empolis angebotenen App (iOS, Android, MS Windows) erforderlich, sodass auch ein Zugriff von einem Mobilgerät erfolgen kann. Das System läuft online auf der Infrastruktur des Anbieters und ist für alle Mitarbeitenden weltweit erreichbar. Für den Dokumenten-Upload von Bestandsdaten stehen mehrere Möglichkeiten offen, welche auch hier im Projekt erweitert wurden. Die Systemeinrichtung, -betreuung und -schulung erfolgte im Rahmen des Projekts durch den Anbieter selbst. Hierbei wurden die individuellen Anforderungen der verschiedenen Projektpartner direkt einbezogen. Dies waren im Besonderen das firmenspezifische Wissensmodell, das sowohl Produkte als auch Prozesse berücksichtigen kann (Metadaten und Knowledge-Graph), die Freigabe- und Publikationsstruktur nach Firmenvorgabe (Rollen, Rechte, Arbeitsabläufe) sowie Zugangs-, Darstellungs- und Filtermöglichkeiten (z. B. Startseiten, Filter, Dokumenteninformationen). Da das System von Empolis sehr umfangreich ist, wurde eine Eingrenzung auf die für den Anwendungspartner benötigten Teile umgesetzt. Der Fokus wurde so auf das Suchportal, eine Chatfunktion, die Wissenserfassung für Expertenwissen und die Analyse gelegt. Da sich im Projekt sehr unterschiedliche KMU mit verschiedenen Use Cases beteiligten, galt es, als Basis ein breites Spektrum an Lösungsmöglichkeiten abzubilden. Diese Herausforderung war insbesondere über die modulare Bauweise zu bewältigen: Es wurde nur das aktiviert, was für den jeweiligen Use Case relevant war. So sehen die Mitarbeitenden in der täglichen Arbeit nur das, was sie für ihre Aufgaben benötigen.

Die zugrunde liegende Empolis-AI-Plattform vereint eine Vielzahl an KI-Verfahren und ermöglicht einen schnellen Einsatz ohne anwenderseitige aufwendige Konfiguration. Im Projekt „Service Secretary" zeigt sich, wo verschiedene KI-Verfahren Anwendung finden und wie sie interagieren bzw. sich ergänzen. In der Suchfunktion und Indizierung zeigen sich die Entity-&-Pattern-Recognition, Natural-Language-Understanding-Verfahren sowie semantische Suchen. Die genannten Verfahren unterstützen die Mitarbeitenden

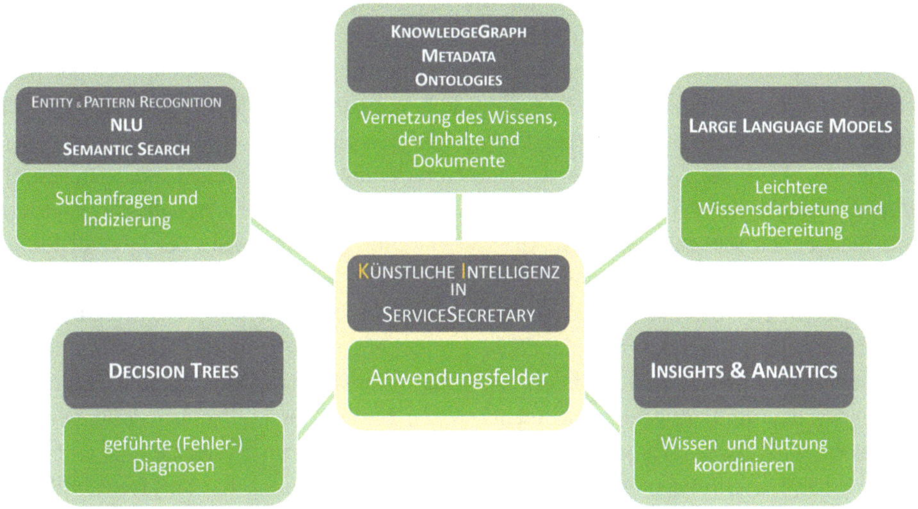

Abb. 7.2 KI-Anwendungsfelder in Service Secretary. (Eigene Darstellung)

bei der Suche und Generierung relevanter Treffer. Im Rahmen geführter Fehlerdiagnosen kommen Entscheidungsbäume zum Tragen. Ontologien werden mit Knowledge-Graphen und Metadatenvergabe aufgebaut und bieten ein Grundgerüst für gesicherte Informationen, Dokumente und deren Beziehungen untereinander. In Relation stehende Informationen können auf diese Weise angeboten, durchsuchbar gemacht, gefiltert oder wiedergefunden werden. Die Analyse der System- und Wissensnutzung sowie die Aufdeckung des Bedarfs an bestimmtem Wissen erfolgt mit KI-Verfahren, die in einer Insight Engine gebündelt sind. Für eine vereinfachte Kommunikation und Wissensdarbietung werden Large Language Models eingesetzt (Abb. 7.2).

Da Wissensmanagement eine sehr komplexe, aber zunehmend notwendige Aufgabe für die Resilienz und Zukunftsfähigkeit von KMU darstellt, bieten KI-Verfahren eine optimale Grundlage für passende Softwarelösungen. Diese ermöglichen einerseits, die hohe Komplexität von Wissen in Unternehmen digital zu erfassen und abzubilden. Andererseits unterstützen sie die Mitarbeitenden dabei, den Nutzungs- und Pflegeaufwand des Wissensmanagementsystems gering zu halten.

7.3 Wissensmanagement in der Organisation verankern

Gewinnbringende Effekte einer digitalen Lösung zur Sicherung von Wissen im Unternehmen werden nur dann erzielt, wenn die Beschäftigten das System in täglichen Arbeitsprozessen nutzen. Studien zeigen jedoch, dass die Mitarbeitenden durch den Einsatz digitaler Arbeitsmittel eine Arbeitsverdichtung und steigenden Leistungsdruck befürchten. Ständige Erreichbarkeit und die Erwartung höherer Produktivität können zu Belastungsempfindungen führen. Außerdem sind nicht alle Beschäftigtengruppen gleichermaßen geübt im Umgang mit Digitallösungen; fehlende Anwendungskompetenzen minimieren die Einsatzmöglichkeiten. Zusätzlich können Befürchtungen im Hinblick auf Datenschutz auftreten und den Einsatz eines digitalen Wissensmanagement-Tools erschweren. Mitunter wird der persönliche Kontakt unter Kolleginnen und Kollegen als seltener wahrgenommen und dies als Verlust erlebt. Insgesamt zeigt sich, dass die Akzeptanz maßgeblich von der konkreten Ausgestaltung und Unterstützung der Digitalisierung sowie der Einführung des Systems abhängt (Gimpel et al. 2019; Henneke et al. 2022).

Um derartige Akzeptanzkriterien bestmöglich zu berücksichtigen, wurde im Rahmen des Projekts „Service Secretary“ eine mitarbeitendenorientierte Systemeinführung realisiert. In ihrem Zentrum standen sog. Innovationslabore. Dort konnten zukünftige Anwenderinnen und Anwender das Identifizieren von relevanten Problemstellungen, das „Denken“ in Wissenskategorien sowie den Umgang mit dem System einüben. In den fachlich begleiteten und moderierten Arbeitstreffen formulierten die Servicetechnikerinnen und -techniker im Chat beispielhaft Unterstützungsbedarfe und passende Lösungen, wandelten Einträge in Wissensartikel um und fügten Foto- oder Videodateien an. Anhand von Use Cases konnten Funktionen und die Nutzerfreundlichkeit des Systems geprüft werden.

Während der Innovationslabore wurden in den Teamsitzungen außerdem die Rollen der Mitarbeitenden im Wissensmanagement geklärt. Die Erwartungshaltung der Führungskräfte hinsichtlich des Systemgebrauchs ebenso wie mögliche Bedenken und Hürden der Nutzerinnen und Nutzer, ihre Motivation und Vorerfahrungen wurden formuliert. Darüber hinaus nutzte man die Innovationslabore dazu, den Prozess im Umgang mit Wissensbeständen und -lücken zu definieren und erste Erfahrungen der Prozessumsetzung im Team zu teilen (Abb. 7.3).

Für die Beschäftigten der Firma Stutznäcker war es von besonderer Relevanz, die Rahmenbedingungen (z. B. zeitliche Freiräume) zu definieren, die ein Servicetechniker oder eine -technikerin benötigt, um Einträge ins System vorzunehmen oder während des Arbeitsprozesses auf Dokumente der sog. Maschinenakte zugreifen zu können. Die Umsetzung der Innovationslabore trug an dieser Stelle zu einer Lösung bei und schuf insgesamt Klarheit und Verbindlichkeit zwischen den Beteiligten. Es entstand ein gemeinsames Commitment hinsichtlich der Prozessumsetzung sowie des dauerhaften Gebrauchs des digitalen Tools.

Während das Abrufen von Einträgen im Wissensmanagementsystem vor allem eine Verbreitung von Bestandswissen im Unternehmen sicherstellt und Monteurinnen und Monteure unmittelbar im Arbeitsprozess unterstützt, entstehen neue Erkenntnisse und kollektiver Wissenszuwachs vor allem durch Interaktion, Austausch sowie durch die Verknüpfung verschiedener Perspektiven und Erfahrungen (Abb. 7.4).

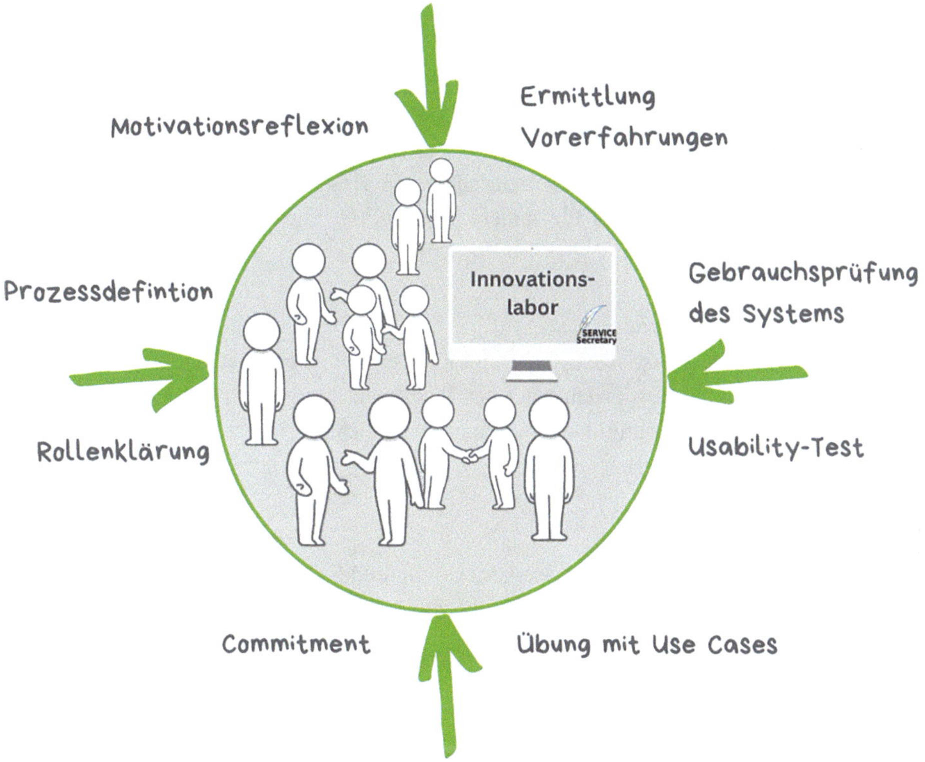

Abb. 7.3 Aufbau der Innovationslabore. (Eigene Darstellung)

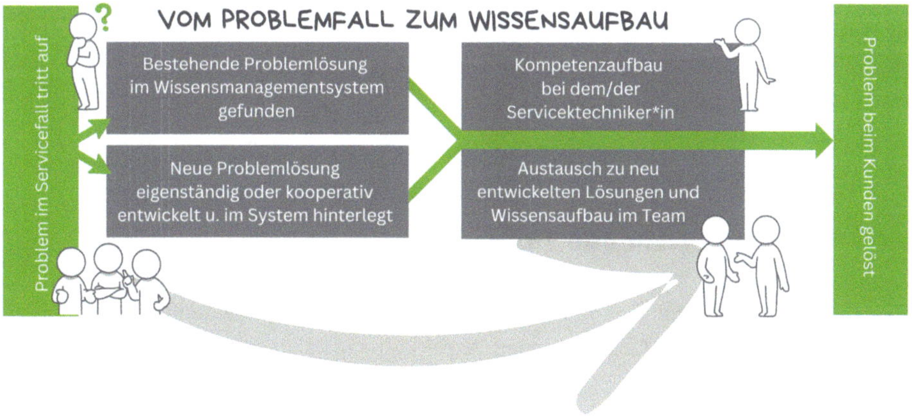

Abb. 7.4 Generierung neuen Wissens. (Eigene Darstellung)

Die Strukturen, Organisationskultur und Routinen im Unternehmen sollten daher um wissensrelevante Austauschformate ergänzt werden, um folgende Effekte zu erzielen (Krämer 2018; Harder 2017):

Externalisierung von Wissen
Durch den Austausch untereinander externalisieren Beschäftigte ihr implizites Wissen, machen es somit explizit und für andere zugänglich. Dies ist der erste Schritt zur Wissensschaffung.

Wissenskombination
Werden verschiedene Wissensbausteine aus unterschiedlichen Quellen miteinander verknüpft und zu neuen Ideen, Produkten oder Prozessen kombiniert, spielen Prozesse wie Analogien- und Metaphernbildung eine zentrale Rolle und helfen das neu entstehende Wissen kognitiv zu verankern.

Internalisierung
Neues explizites Wissen wird durch Lernen, Übung und Erfahrungsaustausch in implizites Wissen umgewandelt und damit verinnerlicht. Dies ist die Voraussetzung für kompetentes Handeln.

Soziale Wirklichkeit
Wissen wird in sozialen Interaktionen neu konstruiert. Durch Perspektivenübernahme, Argumentation und Aushandeln von Bedeutungen entsteht ein neues gemeinsames Verständnis.

Die Unternehmen im Projekt „Service Secretary" schafften Räume für Interaktion und Wissensaustausch z. B. über regelmäßige Service-Meetings. Hier wurde besprochen, welche besonderen Herausforderungen bei Kundenterminen aufgetaucht sind und wie diese gelöst wurden. Der Wissenszuwachs im Unternehmen stieg dadurch merklich und Innovationen wurden gefördert.

7.4 Handlungsleitende Tipps

Will man im Unternehmen ein KI-basiertes Wissensmanagement aufbauen, sollte bei der Einführung über die oben genannten Aspekte hinaus Folgendes in Betracht gezogen werden:

Partizipatives Vorgehen
Binden Sie Mitarbeitende und Führungskräfte in das Projektteam ein, um auf das Wissen und die Erfahrungen zugreifen zu können und auch Sorgen oder Vorbehalte zu erfahren

(Bosse et al. 2019). Außerdem sollten die Mitarbeitendenvertretungen stets eingebunden werden.

Bei Stutznäcker hieß das, die Mitarbeitenden vor allem durch Workshops und Innovationslabore einzubeziehen, sie die Entwicklungsrichtung des Projekts mitbestimmen zu lassen sowie ihre Expertise zu berücksichtigen.

Bestandsaufnahme

Erfassen Sie zu Projektbeginn Ihre Ausgangssituation: Wo befinden Sie sich aktuell bezüglich des Wissensmanagements? Was motiviert die Mitarbeitenden Wissensmanagement zu praktizieren, was wirkt demotivierend?

Dies kann beispielsweise – wie bei dem oben vorgestellten Use Case der Nähmaschinenfabrik Stutznäcker – durch eine anonyme Mitarbeitendenbefragung als organisationales Feedbackinstrument geschehen. Zur Bestandsaufnahme wurden über die Befragung hinaus zu Projektbeginn Interviews, teilnehmende Beobachtungen und Workshops durchgeführt.

Technikauswahl

Die Wahl des passenden Wissensmanagementsystems sollte wohl überlegt sein. Berücksichtigen Sie die technischen, aber auch menschlichen und organisatorischen Voraussetzungen in Ihrem Unternehmen (Strohm und Ulich 1997). Was muss das System können? Worauf können Sie verzichten?

Im Use Case Stutznäcker war essenziell, dass das System auch offline und im Ausland verfügbar sein musste. Dementsprechend ist es unerlässlich, solche Faktoren bei der Technikauswahl zu berücksichtigen.

Zieldefinition

Mit der Technikauswahl hängt auch die Zieldefinition zusammen. Was möchten Sie mit dem Projekt erreichen? Wozu soll das Wissensmanagementsystem genutzt werden? Organisationale und persönliche Ziele sollten Sie in einem Projektteam gemeinsam entwickeln.

Ein wesentliches Ziel im beschriebenen Use Case ist die Dokumentation von nähtechnischem Wissen. Auch die schnellere Problembehebung bei Inbetriebnahmen neuer Maschinen wurde gemeinsam als Projektziel definiert.

Prozessentwicklung

Definieren Sie einen klaren Prozess, wie bei Ihnen vorgegangen wird, wenn ein Problem auftritt, das nicht auf der Stelle gelöst werden kann. Wer fragt wen um Hilfe? Wer dokumentiert das neu erlangte Wissen an welcher Stelle und teilt dies wie mit den anderen?

Im Projektteam des Use Case Stutznäcker wurde ein Prozess entworfen, durch den die Kommunikation bei Problemen vor allem zwischen dem Technik-Personal und dem Servicebüro chatbasiert abläuft. Aus dem im Chat dokumentierten Wissensaustausch können vom Servicebüro im Nachgang Anleitungen erstellt werden, um bei ähnlichen Problemen in Zukunft schneller zur Lösung zu kommen.

Rollendefinition
Klären Sie im Projektteam, wer welche Rolle übernimmt und was mit dieser Aufgabe einhergeht. Klarheit über Verantwortlichkeiten stärkt das selbstwirksame Handeln der Projektmitglieder.

Im Fall Stutznäcker übernimmt das Servicebüro vor allem die Rolle der Wissenskoordination und der Wissensgebenden, während die unerfahrenen Technikerinnen und Techniker in der Regel als Wissensnutzende und die erfahrenen Technikerinnen und Techniker als Wissensgebende agieren.

Arbeitskultureller Rahmen
Wissensmanagement wird ein selbstverständlicher Teil der Arbeit. Die Mitarbeitenden planen es in ihr Zeit- und Aufwandsbudget mit ein. Die Organisation betrachtet es als Teil der Arbeitstätigkeiten und berücksichtig dies in der Personal- und Arbeitseinsatzplanung.

Im Rahmen des Projekts werden nach Workshops und Meetings häufig individuelle Aufgaben festgelegt, die in den kommenden Wochen erledigt werden sollten, um eine stetige Auseinandersetzung mit dem Thema und einen Projektfortschritt zu erreichen.

Retrospektive
Stellen Sie Ihr Projekt, Ihr Vorgehen, Ihre Ziele und Ihren aktuellen Stand regelmäßig infrage. Ist das die Richtung, in die Sie sich bewegen möchten oder müssen Sie etwas umlenken? Haben sich Ihre Ziele eventuell geändert?

Durch regelmäßige Feedbackgespräche in der Projektgruppe wird im Use Case Stutznäcker überprüft, ob die vergangenen Tätigkeiten zielführend waren. Danach werden gegebenenfalls Anpassungsbedarfe für die Zukunft erarbeitet.

7.5 Fazit

Mensch, Technik und Organisation arbeiten bei der Sicherung und Weiterentwicklung von Wissen in Unternehmen idealerweise Hand in Hand. Durch KI-basierte mittelstandstaugliche Systemlösungen lassen sich Arbeitsprozesse deutlich effektiver und weniger fehlerbelastet umsetzen. Wie am Beispiel des Nähmaschinenherstellers Stutznäcker gezeigt, erfordert dies jedoch einen wohldurchdachten Einführungsprozess, der die individuellen Voraussetzungen der Anwendenden und deren Arbeitsroutinen in den Fokus nimmt. Vor allem in der frühen Phase des Gebrauchs von Wissensmanagementsystemen empfiehlt sich daher eine regelmäßige Begleitung und Nachjustierung. Der dauerhafte Erfolg stellt sich erst ein, wenn sich die organisationalen Rahmenbedingungen und neue Verhaltensweisen beim Umgang mit Wissen gefestigt haben.

Förderhinweis Das Forschungs- und Entwicklungsprojekt „Service Secretary“ wurde im Rahmen des Programms Zukunft der Arbeit vom Bundesministerium für Bildung und Forschung (BMBF) und dem Europäischen Sozialfonds (ESF) gefördert und vom Projektträger Karlsruhe (PTKA) betreut. Die Verantwortung für den Inhalt dieser Veröffentlichung liegt bei den Autorinnen und dem Autor.

Nähmaschinenfabrik Emil Stutznäcker GmbH & Co. KG Die Nähmaschinenfabrik Stutznäcker mit Sitz in Köln beschäftigt ca. 50 Mitarbeitende und ist tätig in der Konstruktion, Herstellung und dem Service von Nähmaschinen für die industrielle Steppung, etwa Einnadel- und Vielnadelnähmaschinen oder Umsäumanlagen.

Literatur

Bosse C, Hellge V, Schröder D (2019) Partizipation als Schlüssel zum Erfolg. Mittelstand-Digital Magazin, Springer-Gabler, Berlin, 11:5–11. https://www.mittelstand-digital.de/MD/Redaktion/DE/Publikationen/Wissenschaft-trifft-Praxis/magazin-wissenschaft-trifft-praxis-ausgabe-11.pdf. Zugegriffen: 14. Juni. 2024

Chow P (2022) Ein modularer Gestaltungsrahmen zum Management von Wissen bei technischen Services im Anwendungsfall der Erbringung industrieller Leistungen. Fraunhofer Verlag, Stuttgart. https://publica.fraunhofer.de/handle/publica/417579. Zugegriffen: 14. Juni. 2024

Gimpel H, Lanzl J, Regal C, Urbach N, Wischniewski S, Tegtmeier P, Kreilos M, Kühlmann TM, Becker J, Eimecke J, Derra ND (2019) Gesund digital arbeiteten?! Eine Studie zu digitalem Stress in Deutschland. Augsburg: Projektgruppe Wirtschaftsinformatik des Fraunhofer FIT. https://doi.org/10.24406/fit-n-562039

Harder S (2017) Konzept zum Erfahrungslernen und zum problemlöseorientierten Lehren und Lernen. Universität Rostock (Projekt KOSMOS). https://www.uni-rostock.de/storages/uni-rostock/UniHome/Weiterbildung/KOSMOS/KOSMOS_2015-2017/Veroeffentlichungen_KOSMOS_2/Konzept_zum_Erfahrungslernen_und_Konzept_fuer_problemloeseorientiertes_Lehren_und_Lernen.pdf. Zugegriffen: 14. Juni. 2024

Henneke S, Korrmann R, Suchy O (2022) Atlas der digitalen Arbeit. Daten und Fakten über die Beschäftigung der Zukunft. Gemeinschaftsprojekt des Deutschen Gewerkschaftsbundes (DGB) und der Hans-Böckler-Stiftung (HBS). https://www.boeckler.de/fpdf/HBS-008312/p_atlas_der_digitalen_arbeit_2022.pdf. Zugegriffen: 14. Juni. 2024

Krämer S (2018) Vorlesung 14: Abschlussgedanken als Eröffnung weiterer Perspektiven. In: Einführung in die theoretische Philosophie. FU Berlin https://www.geisteswissenschaften.fu-berlin.de/we01/institut/mitarbeiter/emeriti/kraemer/PDFs/Einfuehrung-in-die-theor_-Philo/VL14_TheoPhil_Abschluss.pdf. Zugegriffen: 14. Juni. 2024

Strohm O, Ulich E (1997) Unternehmen arbeitspsychologisch bewerten – Ein Mehr-Ebenen-Ansatz unter besonderer Berücksichtigung von Mensch, Technik. Organisation. vdf Hochschulverlag, Zürich

KI-unterstütztes Wissensmanagement in KMU – Identifikation, Dokumentation und Verbreitung prozeduralen Wissens

8

Ina Schiedermair, Marco Baumgartner, Elena Kick und Tobias Kopp

Zusammenfassung

Vor allem in kleinen und mittleren Unternehmen (KMU) ist das erfolgskritische Wissen zu zentralen Geschäftsprozessen häufig auf nur wenige Schultern verteilt, die sogenannten Schlüsselpersonen. Die systematische Sicherung und Weitergabe dieses prozeduralen Wissens birgt Herausforderungen für KMU und bedeutet für Schlüsselpersonen zusätzlichen Aufwand. Das Forschungsprojekt KIproWork verfolgte das Ziel, KMU zu befähigen, vorhandenes Prozesswissen dauerhaft im Unternehmen zu verankern, bedarfsgerecht zu verteilen und dadurch effizienter zu nutzen. Die Autorinnen und Autoren dieses Artikels beschreiben ein strukturiertes Vorgehen für ein KI-unterstütztes Wissensmanagement in KMU, wonach zunächst relevante Schlüsselpersonen und deren kritische Prozesse identifiziert werden. Im Anschluss gilt es, diese arbeitsintegriert zu dokumentieren und bedarfsgerecht weiterzugeben. Darüber hinaus geht der Artikel auf zentrale Lessons Learned und Herausforderungen für KMU beim Wissensmanagement ein, die im Projekt deutlich wurden.

I. Schiedermair (✉) · M. Baumgartner · E. Kick · T. Kopp
Institut für Lernen und Innovation in Netzwerken (ILIN), Hochschule Karlsruhe (HKA), Karlsruhe, Deutschland
E-Mail: ina.schiedermair@h-ka.de

M. Baumgartner
E-Mail: marco.baumgartner@h-ka.de

E. Kick
E-Mail: elena.kick@h-ka.de

T. Kopp
E-Mail: tobias.kopp@h-ka.de

N. Ottersböck et al. (Hrsg.), *Wissensmanagement mit Künstlicher Intelligenz*, ifaa-Edition, https://doi.org/10.1007/978-3-662-71591-8_8

8.1 Wissensmanagement in KMU

Der demografische Wandel, der die Verrentung von ca. 13 Mio. Beschäftigten in den kommenden Jahren (Statistisches Bundesamt 2022) und das Nachrücken immer weniger junger Menschen auf den Arbeitsmarkt zur Folge hat (BMWK o. J.), stellt zweifellos für die gesamte deutsche Wirtschaft eine wesentliche Herausforderung dar. Besonders davon betroffen sind kleine und mittlere Unternehmen (kurz: KMU), die einerseits einen zentralen Beitrag für die deutsche Wirtschaft und deren Erfolg leisten (Söllner 2024) und andererseits Schwierigkeiten damit haben, ihre offenen Stellen zu besetzen (Risius et al. 2018). Gleichzeitig sind in KMU die für den Unternehmenserfolg entscheidenden Kompetenzen und das erfolgskritische Wissen organisationsbedingt häufig auf nur wenige Schultern verteilt (Armbruster et al. 2005). Dies birgt die Gefahr kritischer Wissensverluste beim Ausfall oder dem Ausscheiden zentraler Wissensträgerinnen und -träger.

Diese Problemlage unterstreicht die zentrale Bedeutung eines strukturierten Wissensmanagements in den Unternehmen. Moderne Technologien wie Künstliche Intelligenz (KI) bieten hierfür neue Potenziale, etwa bei der intelligenten arbeitsintegrierten Dokumentation und der Verbreitung von Wissen zu Arbeitsprozessen. Die Zusammenarbeit mit geeigneten Technologie- und Wissenschaftspartnern im Rahmen anwendungsorientierter Forschungsprojekte bietet eine vielversprechende Möglichkeit für KMU, die bestehende Problemlage anzugehen. Der vorliegende Beitrag gibt einen Einblick in das Forschungsprojekt „KI-gestützter Erwerb prozeduralen Wissens in Arbeitsprozessen von KMU" – kurz: „KIproWork" aus der Förderlinie „Innovative Arbeitswelten im Mittelstand" des Bundesministeriums für Bildung und Forschung (BMBF). Zunächst beschreiben wir die Ausgangs- und Problemlage des beteiligten Anwendungsunternehmens Eisenwerk Würth GmbH sowie den im Projekt gewählten Ansatz, um ein zielführendes Wissensmanagement unter Berücksichtigung der individuellen Anforderungen von KMU zu etablieren. Danach schildern wir den Nutzen, die Herausforderungen und die Lerneffekte, die das Projekt für die Partner mit sich brachte. Untermauert wird der Beitrag durch exemplarische Aussagen der Beteiligten im Projekt.

8.2 Die Ausgangslage des Anwendungsunternehmens Eisenwerk Würth GmbH

Das mittelständische, produzierende Unternehmen Eisenwerk Würth GmbH lässt sich der metallverarbeitenden Branche zuordnen und beschäftigt etwa 50 Mitarbeitende. Eisenwerk Würth produziert Strahlmittel zur Oberflächenbehandlung. Weitere Angebote sind Leistungen wie die Prozessüberwachung von Strahlanlangen. Wie in vielen KMU üblich, ist das Unternehmen stark von einzelnen Schlüsselpersonen abhängig, die nicht ohne Weiteres ersetzt werden können:

> „Jeder Mitarbeitende wird ein Stück weit zur Schlüsselperson, da jeder kleine Zusatzaufgaben hat, die regulatorischer, bürokratischer Art sind, die aber wichtig sind, damit alles läuft.“
> Geschäftsführung Eisenwerk Würth, Anwendungsunternehmen

Gezieltes Risikomanagement im Rahmen der Qualitätsarbeit nach der Norm ISO 9001 (DIN Deutsches Institut für Normung 2015) ist bereits vor dem Start des Projekts der Anspruch von Eisenwerk Würth. Im Rahmen dessen wurden erste Initiativen zur Dokumentation solcher Arbeitsprozesse gestartet, deren Durchführung für den Geschäftsbetrieb von besonderer Relevanz ist. Besonderer Dokumentationsbedarf besteht dabei für die Prozesse einzelner Mitarbeitender der Unternehmensabteilungen Vertrieb, Einkauf und Personalwesen. Diese Mitarbeitenden lassen sich bei einem Ausfall nicht ersetzen, da sie diese geschäftsrelevanten Abteilungen teils allein, teils mit nur wenigen Kolleginnen und Kollegen vertreten. Gleichzeitig gestaltet sich die Wissensdokumentation zu den relevanten Geschäftsprozessen in diesen Abteilungen als besondere Herausforderung, da die Mitarbeitenden über implizites und prozedurales Wissen verfügen, welches nur schwer formalisier- und kommunizierbar ist. So liegt im Vertrieb des Unternehmens bei der dort beschäftigten Mitarbeiterin zentrales Wissen zur kaufmännischen Bearbeitung von Aufträgen, z. B. zu besonderen Prüfzeugnissen, speziellen Verpackungen etc., sowie technisches Wissen zu Strahlmitteln und zum Strahlprozess, das bei anderen Mitarbeitenden nicht in gleichem Maße vorhanden ist. Der Bereich des Personalwesens ist nur von einer Personalreferentin besetzt, die als Einzige über Wissen zu Prozessen im Bereich der Lohn- und Gehaltsabrechnung, des Vertragsrechts oder der Übermittlung von Daten an Krankenkassen und Sozialversicherungsträger verfügt. Im Einkauf gibt es ebenfalls nur eine Einkäuferin, die den gesamten operativen und strategischen Einkauf verantwortet. Bei der Beschaffung von Verbrauchsmaterialien, Ersatzteilen und Investitionsgütern für den technischen Bereich bedarf es besonderer technischer Verfahrenskenntnisse, um geeignete Lieferanten auszuwählen und zu qualifizieren.

Im Forschungsprojekt KIproWork liegt der Fokus deshalb auf diesen drei Abteilungen. Insbesondere das prozedurale Wissen der Mitarbeitenden soll im Falle von Abwesenheit, z. B. durch Urlaub, Krankheit oder das Ausscheiden aus dem Unternehmen, künftig auch für andere Mitarbeitende verfügbar sein, um die korrekte Ausführung entscheidender Geschäftsprozesse sicherzustellen.

Die dargestellte Ausgangslage des Anwendungspartners Eisenwerk Würth zeigt exemplarisch, dass erfolgskritisches Wissen in KMU häufig stark konzentriert auf nur wenigen Schultern ruht. Jeder Ausfall kann zu folgenreichen Stillständen des entsprechenden Unternehmensbereichs oder weiterer davon betroffener Bereiche des Unternehmens führen. Mit einer solchen Situation hat das Unternehmen bereits Erfahrung gemacht. Für die Zukunft möchte Eisenwerk Würth besser für derartige Vorkommnisse gewappnet sein und diesen mit der zielgerichteten Nutzung gesicherten Spezialwissens erfolgreich begegnen. Dazu wurden im Rahmen des Projekts eine technische Lösung sowie weitere Werkzeuge und Hilfestellungen entwickelt und im Unternehmen eingeführt, die im Folgenden präsentiert werden.

8.3 Vorgehensweise für Wissensmanagement in KMU

Ziel des Projekts KIproWork ist die arbeitsintegrierte und automatisierte Dokumentation und anschließende intelligente Verteilung erfolgskritischen Wissens unterstützt durch KI. Um das Wissen zentraler Schlüsselpersonen KI-gestützt dokumentieren und verteilen zu können, muss jedoch zunächst identifiziert werden, wer innerhalb des Unternehmens entsprechendes Wissen hat und welche Arbeitsprozesse besonders dringend dokumentiert werden sollten. Abb. 8.1 skizziert eine im Projekt entwickelte Vorgehensweise, um Wissensmanagement in KMU erfolgreich zu betreiben.

8.3.1 Schlüsselpersonen identifizieren

Die Mitarbeitenden in den Abteilungen Vertrieb, Einkauf und Personalwesen, die beim Anwendungsunternehmen des Projekts eine Schlüsselrolle einnehmen, ließen sich in unserem Fall aufgrund der geringen Unternehmensgröße und der vorherrschenden Unternehmenskultur vergleichsweise einfach durch die Geschäftsleitung identifizieren. In anderen Unternehmensbereichen oder in Unternehmen anderer Branchen ist dies jedoch deutlich schwieriger, insbesondere wenn eine homogene Beschäftigtenstruktur vorliegt, innerhalb derer sich einzelne Mitarbeitende nicht unmittelbar durch die Individualität des Aufgabenprofils hervorheben. Entscheidet sich ein Unternehmen dafür, ein Wissensmanagement zu etablieren, sollte sich dieses zunächst die Frage stellen, welches Wissen aus welchen Gründen besonders erfolgskritisch ist und wer über dieses verfügt. Diese Fragen sind mitunter schwer zu beantworten, da keine „stichfesten Kriterien" (Ackermann 2018) zur Identifikation von Schlüsselpersonen vorliegen, mit deren Hilfe sich diese von anderen Mitarbeitenden unterscheiden ließen. Auf Basis von Experteninterviews wurde im Projekt ein Merkmalscluster für Schlüsselpersonen erarbeitet (Schiedermair et al. 2023; Abb. 8.2). Dieses bildet die Grundlage für ein entwickeltes Online-Tool, das Unternehmen bei der Identifikation der Schlüsselpersonen begleitet und durch individuelle Handlungsempfehlungen unterstützt (s. https://kiprowork.de/sp-identifizieren/).

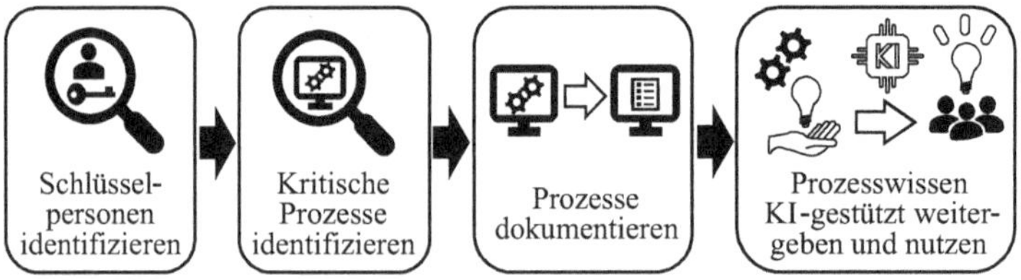

Abb. 8.1 Vorgehensweise für ein erfolgreiches Wissensmanagement in KMU

Abb. 8.2 Merkmalscluster für Schlüsselpersonen. (eigene Darstellung, s. auch Schiedermair et al. (2023))

8.3.2 Kritische Prozesse identifizieren

Nachdem durch die Identifikation der Schlüsselpersonen deutlich wurde, *wessen* Wissen im Unternehmen vorrangig gesichert werden soll, gilt es im zweiten Schritt zu analysieren, *welche* Prozesse dieser Personen priorisiert zu dokumentieren sind. Im Rahmen von KIproWork haben wir dazu ebenfalls ein Tool entwickelt, um Arbeitsprozesse einzelner Mitarbeitender systematisch hinsichtlich ihrer Kritikalität zu analysieren. Unter anderem lassen sich mithilfe des Tools einzelne Merkmale wie die Häufigkeit der Ausführung des Prozesses, die Auswirkungen beim Ausbleiben der Prozessdurchführung, die Anzahl der Mitarbeitenden, die den Prozess ausführen können, sowie die Dokumentierbarkeit des Prozesses strukturiert erheben. Dieses Tool wurde von den Schlüsselpersonen bei Eisenwerk Würth erfolgreich genutzt, um relevante Prozesse für die im Projekt durchgeführte Dokumentation zu priorisieren.

Die Auswertung erfolgt in Form einer Prozessmatrix, die eine Übersicht über die Kritikalität der Prozesse bietet (Abb. 8.3). Je nach Dokumentierbarkeit (vertikale Ebene) und Auswirkungen bei Nichtausführung des Prozesses (horizontale Ebene) werden die

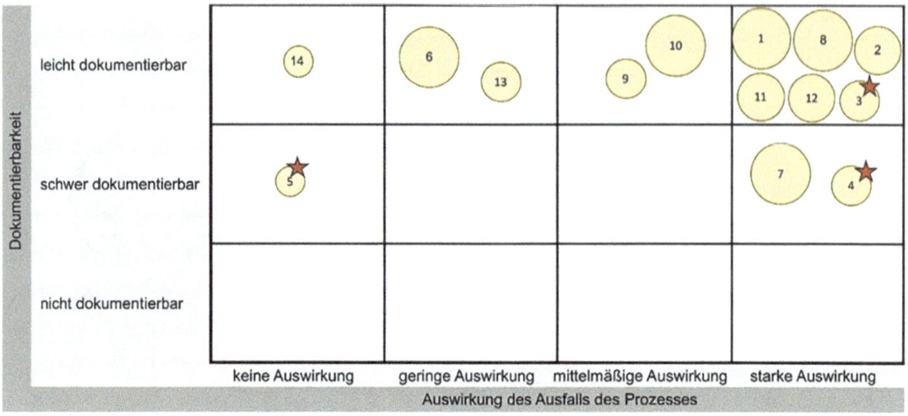

Abb. 8.3 Prozessmatrix zur Priorisierung der Prozesse im Unternehmen

angegebenen Prozesse eingeordnet. Jeder Kreis stellt einen Prozess mit fortlaufender Nummer dar. Die Größe des Kreises gibt Aufschluss über die Häufigkeit, mit der ein Prozess ausgeführt wird. Ist ein Prozess mit einem roten Stern gekennzeichnet, so handelt es sich um einen Prozess, der ausschließlich durch eine einzelne Person ausgeführt werden kann, was die Notwendigkeit zur Dokumentation in besonderem Maße erhöht. Beginnend mit den Prozessen oben rechts können Schlüsselpersonen somit in priorisierter Reihenfolge nach und nach ihre Prozesse dokumentieren. Für schwer oder nicht dokumentierbare Prozesse können hingegen alternative Maßnahmen wie Mentoring- oder Coaching-Programme zur Wissensweitergabe ergriffen werden. Die Online-Version des Tools zur niedrigschwelligen Identifikation kritischer Prozesse steht interessierten Unternehmen auf unserer Projektwebseite zur Verfügung (s. https://kiprowork.de/prozesse-identifizieren/).

8.3.3 Prozesse dokumentieren

Sind die prioritären Arbeitsprozesse zentraler Schlüsselpersonen identifiziert, gilt es, diese möglichst vollständig mit vertretbarem Aufwand zu dokumentieren. Für die Dokumentation computerbasierter Arbeitsprozesse wurde beim Anwendungspartner Eisenwerk Würth im Rahmen des Projekts die von der miraminds GmbH entwickelte Software-Lösung *FlowShare* eingeführt. *FlowShare* erkennt Arbeitsschritte am PC und erstellt anschließend automatisiert und arbeitsintegriert Anleitungen. Diese Anleitungen beinhalten pro Mausklick sowohl eine pfeilförmige, nummerierte Markierung als auch automatisch generierte kurze Erklärtexte, die im Nachgang durch die Schlüsselpersonen angepasst werden können (s. Abb. 8.4). Dadurch wird der Aufwand des Dokumentierens im Vergleich zu manuellen Methoden erheblich erleichtert.

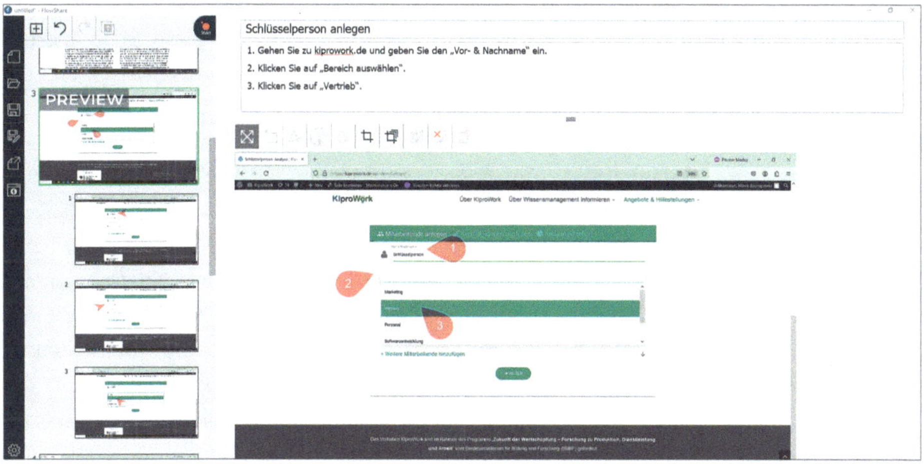

Abb. 8.4 Dokumentation von Prozesswissen mit der Software *FlowShare*

Die regelmäßige Wissensdokumentation im Unternehmen bietet die Grundlage dafür, Wissen zu sichern und erfolgreich weiterzugeben.

8.3.4 Prozesswissen (KI-gestützt) weitergeben und nutzen

Durch die mit *FlowShare* erstellten Anleitungen werden Mitarbeitende dazu befähigt, Prozesse selbstständig durchzuführen, ohne dass tiefergehendes Hintergrundwissen zum Prozess oder spezielle Softwarekompetenz benötigt wird. Dies bietet insbesondere bei kurzfristigen Ausfällen, beim Erlernen neuer Software oder bei Neueinstellungen enorme Potenziale. Gleichzeitig hängen die Nutzung und der Erfolg stark von der Zugänglichkeit und der Einfachheit ab. So existieren in vielen Unternehmen zwar zahlreiche dokumentierte Wissensbestände, diese lassen sich aber nicht effektiv durchsuchen und bleiben somit ungenutzt. Im Projekt KIproWork konzentrieren wir uns deshalb auch auf die Weitergabe von Wissen. Die rasanten Fortschritte im Bereich der Künstlichen Intelligenz bieten dabei große Chancen, Wissen intelligent und bedarfsgerecht im Unternehmen zu verteilen:

> „KI birgt das Potenzial, einen entscheidenden Einfluss auf die Effizienz von KMU zu nehmen, wenn es gelingt, Wissensträger automatisiert zu identifizieren und deren Prozesswissen mit Hilfe von Bots und KI-Assistenten bedarfsgerecht an Mitarbeitende weiterzutragen."
> Geschäftsführung miraminds, Technologiepartner

Gleichzeitig setzt der KI-Einsatz qualitativ hochwertige und umfangreiche Daten voraus (Kopp et al. 2023). Ohne die entsprechende Datenbasis können selbst fortschrittlichste

KI-Systeme nicht ihr volles Potenzial entfalten (ebd.). Daher ist es auch für KMU unerlässlich, in eine robuste Dateninfrastruktur zu investieren und diese kontinuierlich zu pflegen, um die langfristige Effektivität und Relevanz der KI sicherzustellen. Die Integration der Dokumentationssoftware *FlowShare* beim Anwendungspartner Eisenwerk Würth war somit ein wichtiger Baustein, um systematisch prozessrelevante Daten zu sammeln und eine breite Datenbasis dokumentierter Geschäftsprozesse für ein erfolgreiches KI-basiertes Wissensmanagement aufzubauen.

Zudem wurde durch miraminds, aufbauend auf *FlowShare* und den Einsatz von Large Language Models (LLM), ein Prototyp entwickelt, der Interaktionen von Nutzerinnen und Nutzern mit Software erfasst und mit hinterlegten Dokumentationen in Echtzeit abgleicht. Dadurch erkennt die Software, in welchem der Arbeitsprozesse sich die Mitarbeitenden befinden und kann bei Bedarf, basierend auf den hinterlegten Dokumentationen, den Mitarbeitenden automatisch Vorschläge und Hilfestellungen für weitere Prozessschritte unterbreiten. Dadurch werden ein zeitaufwendiges Suchen der benötigten Information und eine strukturierte Dokumentenablage überflüssig.

8.4 Herausforderungen für das Wissensmanagement in KMU

Die innerhalb des Projekts KIproWork erarbeitete Vorgehensweise, die neben der Wissensdokumentation und -weitergabe auch die Identifikation relevanter Schlüsselpersonen und deren kritischer Prozesse umfasst (s. Abschn. 8.3.1), kann für KMU von Nutzen sein, um Wissensmanagement erfolgreich zu betreiben. Auf diese Weise lässt sich über die Jahre erworbenes Wissen als Know-how im Unternehmen halten und bei einem Wechsel von Mitarbeitenden weitergeben.

Darüber hinaus geht „das Einsatzpotenzial der schrittweisen Dokumentation der Arbeitsprozesse über das Wissensmanagement hinaus [...] und [eignet] sich auch zur gezielten Fehleridentifikation" (Mitarbeiterin Eisenwerk Würth).

Bei der Einführung eines KI-basierten Wissensmanagementsystems bestehen jedoch, speziell für KMU, relevante Herausforderungen, die nachfolgend beschrieben werden.

8.4.1 Verantwortlichkeiten und zeitliche Kapazitäten für Wissensmanagement

Als eine grundlegende Herausforderung für KMU bei der Umsetzung strategischer und innovativer Initiativen und der Einführung moderner Technologien nennen die Projektpartner die Tatsache, dass in KMU häufig die Verantwortlichkeit für die Technologieeinführung unklar ist und es an einer dezidierten Change-Management-Abteilung fehlt. Während in KMU solche Veränderungsprozesse meist durch nicht dafür spezialisierte Mitarbeitende neben der eigentlichen Arbeit betreut werden, haben Großunternehmen den Vorteil, dass in der Regel eine klare Arbeitsteilung zwischen verschiedenen Abteilungen herrscht. Zudem sind Großunternehmen in der Regel mit ausreichend Personal ausgestattet, wohingegen KMU oft nicht über die notwendigen Kapazitäten verfügen, um zusätzliches Personal für Aktivitäten im Bereich des Wissensmanagements einzustellen. Verschärft wird die Personalsituation zudem durch die eingangs beschriebenen Schwierigkeiten von KMU bei der Besetzung offener Stellen. Aus diesen Gründen ergreifen KMU häufig gar keine Initiativen, um das Wissensmanagement im Unternehmen voranzutreiben, da das Hauptgeschäft höhere Priorität hat. Dies unterstreicht, dass gerade für Wissensmanagement und ähnliche Themen, die nicht bereits tief in der Unternehmensstruktur verankert sind, Forschungsprojekte eine große Hilfe darstellen können, um die Bedarfe zu adressieren, die sonst im Tagesgeschäft untergehen:

> „Wir glauben weiterhin sehr an das Konzept ‚Verbundprojekt'. Es bringt Parteien zusammen, die stark voneinander profitieren können, aber in dieser Form sonst nicht zusammenfinden würden." Geschäftsführung miraminds, Technologiepartner

Der tatsächliche Nutzen des Wissensmanagements ergibt sich allerdings nur, wenn dafür Kapazitäten im Arbeitsalltag eingeräumt werden. So stellen die begrenzten zeitlichen Kapazitäten auch im Kontext der häufig sehr zeitaufwendigen Wissensdokumentation ein Hindernis dar:

> „Eine ordentliche Dokumentation erfordert schnell mal 20 Seiten, wenn alle Schritte dokumentiert werden sollen, die dann in einer zweiten Runde noch überprüft und bearbeitet werden müssen." Mitarbeiterin Eisenwerk Würth, Anwendungsunternehmen

Hier bedarf es also eines erheblichen Aufwands, der sich häufig nicht ohne Weiteres in den Arbeitsalltag der Mitarbeitenden in KMU integrieren lässt. Auf bildliche Weise kam dies im Projekt durch folgende Aussage zum Ausdruck: *„Wir haben alle 120 % zu tun."* Insgesamt zeigt das Projekt: *„Wissensmanagement ist zeitaufwendig"* und *„Das Ergreifen gezielter Maßnahmen des Wissensmanagements bringt Herausforderungen mit sich"* (Mitarbeiterin bei Eisenwerk Würth). Die im Projekt weiterentwickelte FlowShare-Lösung wird in diesem Sinne weiter optimiert, um die Wissensdokumentation und -weitergabe so effizient wie möglich zu gestalten:

> „Um den genannten vorherrschenden Ressourcenengpässen bei der Wissensdokumentation und -weitergabe entgegenzuwirken, wird die Softwarelösung weiter optimiert, um Mitarbeitende in KMU zu befähigen, komplexe firmenspezifische Prozesse schneller und ohne Umwege zu erlernen." Geschäftsführung miraminds, Technologiepartner

8.4.2 Bereitschaft und Akzeptanz der Mitarbeitenden

Als eine weitere Grundvoraussetzung für die Einführung einer Wissensmanagementlösung sehen die Mitarbeitenden beim Anwendungspartner das Bewusstsein, dass Wissensmanagement für das Unternehmen eine besondere Relevanz aufweist. Man müsse sich deutlich bewusst machen *„was es überhaupt für das Unternehmen bedeutet, sein Wissen im Kopf zu behalten und es nicht zu dokumentieren"* (Mitarbeiterin bei Eisenwerk Würth) und welche Auswirkungen dies nach sich ziehen kann. In diesem Sinne sollte die Einführung eines Wissensmanagements als ein echter Transformationsprozess verstanden werden, der entsprechend vom Management begleitet und vorgelebt werden muss, wie die Geschäftsführung beim Anwendungspartner betont. Dazu gehören eine offene Kommunikation, Transparenz und eine frühzeitige Einbeziehung aller betroffenen Mitarbeitenden. Da bei Mitarbeitenden auch Ängste bezüglich der Preisgabe ihres Wissens eine Rolle spielen können – sei es aus Sorge vor Überwachung der Arbeitsprozesse oder darüber, sich ersetzbar und austauschbar zu machen – ist es auch für die Führungskräfte bei Eisenwerk Würth wichtig, derartige Ängste gezielt zu adressieren. Dies kann durch entsprechende Change-Management-Maßnahmen erfolgen. Lassen sich vorherrschende Ängste nicht beseitigen, kann dies dazu führen, dass das System nicht angemessen genutzt wird.

Als weitere Einschränkung für die Nutzung von Wissensmanagementlösungen beschreiben die Mitarbeitenden von Eisenwerk Würth die in der Regel sehr überschaubaren Strukturen in KMU. Diese führen schnell dazu, dass Informationen nicht über vorhandene Wissensdokumentationen, sondern auf persönlichem Weg von Kollegin zu Kollege beschafft werden, was wiederum die Nutzungsbereitschaft der Wissensmanagementlösung senkt:

> „Da das Team klein ist und in einem Raum sitzt, wurde lieber über den Tisch gefragt, was zu machen ist, statt die Dokumentation zu nutzen." Mitarbeiterin Eisenwerk Würth, Anwendungsunternehmen

Diese Aussage unterstreicht, dass auch hier das Bewusstsein für die Bedeutung dieser Maßnahme entscheidend ist. Der Erfolg einer Wissensmanagementlösung hängt maßgeblich von der kontinuierlichen Nutzungsbereitschaft und der tatsächlichen Nutzung der Mitarbeitenden ab. Der direkte, persönliche Austausch mag im Arbeitsalltag wie ein Effizienzvorteil erscheinen und bequemer wirken. Werden allerdings einzelne Schlüsselpersonen in übermäßigem Ausmaß kontaktiert, kann dies nicht nur zur Überlastung der jeweiligen Mitarbeitenden führen, die hohe Abhängigkeit von diesen Schlüsselpersonen kann bei einem Ausfall oder Unternehmensaustritt auch schwerwiegende Folgen und Wissensverluste mit sich bringen. Ein derartiger Fall ereignete sich während der Projektlaufzeit beim Anwendungspartner Eisenwerk Würth, als eine der Schlüsselpersonen das Unternehmen verließ:

> „Wie groß der Wissensverlust für das Unternehmen ist, zeigt sich, wenn es keine Übergabe gibt und ein neuer Mitarbeiter sich komplett in die Prozesse und Materie einarbeiten muss. Es braucht unnötige zusätzliche Ressourcen an Zeit, Trainings und Geld, um das alte Niveau wiederzuerlangen." Mitarbeiterin im Eisenwerk Würth, Anwendungsunternehmen

Diese Erfahrung während des Projekts macht noch einmal deutlich, welches Potenzial Dokumentationen und deren effektive Nutzung in diesen Fällen haben können. Durch die Aussage der Mitarbeiterin beim Anwendungsunternehmen wird der zeitliche und finanzielle Mehraufwand unterstrichen, den ein Unternehmensaustritt auslösen kann, wenn keine entsprechenden Maßnahmen getroffen werden, um dem entgegenzuwirken. Dies zeigt eindrücklich, dass es für Mitarbeitende in KMU vorteilhaft ist, erstellte Dokumentationen bedarfsgerecht zu nutzen und auch stetig neues Wissen in das System einzuspeisen, statt etablierten Mustern zu folgen. Nur durch die kontinuierliche Nutzung und Anreicherung des Systems lassen sich die Maßnahmen des Wissensmanagements so in der Unternehmenskultur verankern, dass sich Wissensverluste künftig vermeiden lassen.

Zudem lieferte der Fall des Unternehmensaustritts während der Projektlaufzeit auch neue Erkenntnisse über potenzielle Nutzungshindernisse, die im weiteren Projektverlauf dezidiert adressiert wurden:

> „Der Fall des Mitarbeiterwechsels hat uns noch einmal die Schwachstellen aufgezeigt." Geschäftsführung Eisenwerk Würth, Anwendungsunternehmen

Zurückführen ließ sich die stark eingeschränkte Nutzung der Dokumentationssoftware unter anderem darauf, dass neben zeitlichen Engpässen und gewohnten Verhaltensweisen, wie dem Nachfragen im Team auch eine gewisse Unsicherheit im Umgang mit der Software bestand. Hier zeigt sich, dass die Relevanz entsprechender Schulungsmaßnahmen nicht unterschätzt werden sollte, denn nur so lässt sich der Mehrwert, den ein solches System bieten kann, effektiv für die vorliegende Problemlage nutzen.

> „Am Anfang hat sich gezeigt, dass die Mitarbeitenden die Software noch zurückhaltend genutzt haben. Erst nachdem wir die Mitarbeitenden intensiv für die Software und für die Updates im Projektverlauf geschult haben, haben sie das Potenzial erkannt und die Lösung häufiger genutzt." Geschäftsführung miraminds, Technologiepartner

Ein weiteres relevantes Thema in der Nutzung dokumentierter Wissensbestände ist die Vertrauenswürdigkeit der Dokumentationen und des Wissensmanagementsystems. Empirische Feldstudien im Verlauf des Projekts KIproWork deuten darauf hin, dass es für Beschäftigte relevant ist, woher die Informationen im Wissensmanagementsystem stammen und wer sie erstellt hat. Gerade im Bereich der derzeit viel diskutierten, überwiegend intransparenten Technologien der generativen KI (z. B. ChatGPT) ist näher zu untersuchen, inwieweit diese Technologien das Bedürfnis nach Transparenz über die Quellen unternehmensrelevanter Wissensbestände erfüllen können.

8.4.3 Technische Herausforderungen

Häufig treten bei der Einführung und Nutzung von Wissensmanagementlösungen, speziell in KMU, die häufig nicht über das notwendige technische Know-how verfügen, technische Herausforderungen zutage. Obwohl die Software *FlowShare* als Desktop-Anwendung *„speziell gestaltet [ist], um eine einfache Einführung zu gewährleisten“* (Geschäftsführung miraminds) und durch das lokale Hosting Datensicherheit sichergestellt werden kann, besteht bei Software-Einführungsprojekten jeder Art die Herausforderung, die Anwendung auf verschiedenen Umgebungen und Versionen des Betriebssystems problemlos lauffähig zu machen. Diese Herausforderung stellte sich auch im Projekt KIproWork. Darüber hinaus ist insbesondere für das adäquate Trainieren von KI-Modellen die Datenverfügbarkeit ein relevantes Thema und eine zentrale Grundvoraussetzung. Sie ist aber häufig gerade in KMU nicht gegeben und behindert damit den Erfolg von KI-Einführungsprojekten (Kopp et al. 2023). Ein weiterer Erfolgsfaktor für das KI-System ist die Identifikation und Priorisierung relevanter Anwendungsfälle (z. B. Buchhaltung, Vertrieb, ERP-Migration, Wissensarbeit), sodass die KI dort eingesetzt wird, wo sie den größten Nutzen bringt.

Eine weitere Herausforderung ist die zeiteffiziente Dokumentation von Arbeitsprozessen, die nicht am PC stattfinden. *FlowShare* ist eine Software, die das Dokumentieren computerbasierter Arbeitsprozesse deutlich vereinfacht. Finden Arbeitsprozesse jedoch nicht ausschließlich am Computer statt, was bei KMU zum Beispiel in der Instandhaltung der Fall ist – wie der Anwendungspartner aus dem Projekt anmerkt –, sind Werkzeuge wie *FlowShare* nur bedingt zur Dokumentation von Know-how geeignet. Ein anderer Aspekt, den die Software nicht abdecken kann, ist die für Schlüsselpersonen typische Fähigkeit der Vernetzung und Beziehungen (Abb. 8.2).

> „Schlüsselpersonen zeichnen sich häufig auch durch ein umfangreiches Netzwerk in der Branche aus, z. B. in Produktion und Instandhaltung ein Netzwerk zu Dienstleistern und Handwerkern, im Vertrieb zu Anlagenherstellern, Verbänden und Arbeitskreisen. Dieser für KMU sehr wichtige Aspekt, kann ebenfalls nicht durch Lösungen wie FlowShare abgedeckt werden.“
> Geschäftsführung Eisenwerk Würth, Anwendungspartner

Insgesamt konnte *„die Zusammenarbeit mit dem Anwendungspartner im Projekt bisher unbekannte [technische] Probleme“* aufdecken (Geschäftsführung miraminds), denen man sich in der Folge widmen und die man beheben konnte, wie der Technologiepartner herausstellt.

8.5 Fazit

Der Beitrag präsentiert eine praxisnahe Vorgehensweise zur Identifikation, Dokumentation und Weitergabe prozeduralen Wissens bei der Einführung eines KI-unterstützten Wissensmanagements in einem traditionellen KMU im Rahmen des Forschungsprojekts KIproWork. Dabei zeigen sich neben diversen Potenzialen auch Herausforderungen bezüglich der Kapazitäten, der Nutzungsbereitschaft oder der Technik. Diese können und sollten z. B. im Rahmen weiterer Forschungsprojekte adressiert werden. Trotz der noch bestehenden Herausforderungen des Wissensmanagements in KMU – ob nun mit oder ohne KI-Unterstützung – zeigt das Projekt auch, dass die Bedeutung des Wissensmanagements zunehmend steigt und erkannt wird. So dient die folgende Aussage des Anwendungspartners Eisenwerk Würth auch als Resümee dieses Beitrags:

> „Das Ergreifen gezielter Maßnahmen des Wissensmanagements ist zeitaufwendig und bringt Herausforderungen mit sich, ist aber auch lohnend."

Förderhinweis
Dieses Forschungs- und Entwicklungsprojekt wurde durch das Bundesministerium für Bildung und Forschung (BMBF) im Programm „Zukunft der Wertschöpfung – Forschung zu Produktion, Dienstleistung und Arbeit" in der Fördermaßnahme „Innovative Arbeitswelten im Mittelstand" (02L21B011) gefördert und vom Projektträger Karlsruhe (PTKA) betreut. Die Verantwortung für den Inhalt dieser Veröffentlichung liegt bei den Autorinnen und Autoren.

Literatur

Ackermann, B (2018) Strukturierte Wissenstransfers – enormes Potenzial für Wirtschaft und Verwaltung. In: Ackermann B, Krancher O, North K, Schildknecht K, Schorta S (Hrsg) Erfolgreicher Wissenstransfer in agilen Organisationen: Hintergrund – Methodik – Fallbeispiele. Springer-Gabler Verlag, Wiesbaden, S 21–36. https://doi.org/10.1007/978-3-658-19468-0_3

Armbruster, H, Kinkel, S, Kirner, E, Wengel, J (2005) Innovationskompetenz auf wenigen Schultern – Wie abhängig sind Betriebe vom Wissen und den Fähigkeiten einzelner Mitarbeiter? Mitteilungen aus der Produktionsinnovationserhebung (Nr. 35), Fraunhofer ISI, Karlsruhe

Bundesministerium für Wirtschaft und Klimaschutz (o. J.) Fachkräfte für Deutschland. Herausforderungen Fachkräftesicherung. https://www.bmwk.de/Redaktion/DE/Dossier/fachkraeftesicherung.html

DIN Deutsches Institut für Normung (2015) ISO 9001:2015 Qualitätsmanagementsysteme – Anforderungen

Kopp T, Weitemeyer R, Beyer J, Ziegler D, Hess R (2023) Künstliche Intelligenz zur Entscheidungsunterstützung in Leitstellen des Personennahverkehrs – Technische und sozio-technische Herausforderungen. HMD 60:1156–1173. https://doi.org/10.1365/s40702-023-00996-8

Risius, P, Burstedde, A, Flake, R (2018) Fachkräfteengpässe in Unternehmen: Kleine und mittlere Unternehmen finden immer schwerer Fachkräfte und Auszubildende (KOFA-Studie 2/2018). Institut der deutschen Wirtschaft Köln e. V., Köln

Söllner, R (2024) Die wirtschaftliche Bedeutung kleiner und mittlerer Unternehmen in Deutschland. Statistisches Bundesamt, Wirtschaft und Statistik. https://www.destatis.de/DE/Methoden/WISTA-Wirtschaft-und-Statistik/2014/01/bedeutung-kleiner-mittlerer-unternehmen-012014.pdf?__blob=publicationFile

Schiedermair I, Kick E, Baumgartner M, Kopp T, Kinkel S (2023) Wissensmanagement in KMU. Zeitschrift für wirtschaftlichen Fabrikbetrieb. 118(6):395–399. https://doi.org/10.1515/zwf-2023-1087

Statistisches Bundesamt (2022) 12,9 Millionen Erwerbspersonen erreichen in den nächsten 15 Jahren das gesetzliche Rentenalter. https://www.destatis.de/DE/Presse/Pressemitteilungen/2022/08/PD22_330_13.html

9 KI-Einsatz in der Industrie – Fehler erkennen, ohne sie vorher zu lernen

Pascal Thome, Andreas Merchiers und Peter-Christian Zinn

Zusammenfassung

KI-gestützte (Bild-)Datenanalysen ermöglichen die automatische Fehlererkennung in der Industrie, ohne vorherige Trainingsdaten mit Defekten bzw. Anomalien. Self-Organizing Maps (SOM) identifizieren Abweichungen anhand struktureller Ähnlichkeiten und bieten eine ressourcenschonende Alternative zu herkömmlichen Methoden. Der Artikel zeigt praxisnahe Anwendungen wie die End-of-Line-Prüfung von Elektronikbauteilen, die Partikelgrößenbestimmung per Smartphone und die Analyse elektronenmikroskopischer Bilder. Durch den Einsatz von Relationaler Geometrischer Ontologie (RGO) lassen sich Bilddaten strukturiert erfassen und effizient auswerten. Diese Ansätze ermöglichen präzisere Qualitätskontrollen, reduzieren manuelle Prüfaufwände und steigern die Automatisierung industrieller Prozesse.

P. Thome
Materials Science and Engineering, University of Arizona, Tucson, US
E-Mail: pthome@arizona.edu

A. Merchiers (✉)
Department of Business Economics, Bochum University, Bochum, Deutschland
E-Mail: andreas.merchiers@hs-bochum.de

P.-C. Zinn
Industrial Analytics Lab Gmbh, Geschäftsführung, Bochum, Deutschland
E-Mail: zinn@ial.ruhr

N. Ottersböck et al. (Hrsg.), *Wissensmanagement mit Künstlicher Intelligenz*, ifaa-Edition, https://doi.org/10.1007/978-3-662-71591-8_9

9.1 KI-Anwendungen im industriellen Kontext – im Fokus: die Bilddaten

Der Glaube, mithilfe von künstlicher Intelligenz (KI) Probleme lösen zu können, ist mittlerweile gesellschaftlicher Konsens. Doch KI ist keine Wunderwaffe. Um sie erfolgsversprechend einzusetzen, sind in der Regel konkrete Problemstellungen und Lösungshypothesen erforderlich. Daraus leitet sich schließlich ab, ob die gewählten Methoden zielführend sind, so etwa Clustering oder Classification und der Einsatz adäquater Machine Learning (ML) Tools wie neuronale Netze, Entscheidungsbäume oder statistische Learner.

Ein in der industriellen Praxis häufig anzutreffendes Problem ist die Auswertung von großen Datenbergen in Form von Bildern, die z. B. bei der Prozessüberwachung oder Qualitätskontrolle anfallen. Dabei ist das genaue Speicherformat nicht relevant, es können herkömmliche jpg- oder png-Grafiken sein, aber auch proprietäre Formate oder individuelle Datenrepräsentationen, etwa als Array, sind möglich. Häufig sind von diesen großen Bildermengen nur einige wenige Bilder interessant – weil sie etwa eine Fehlersituation abbilden oder eine andere Besonderheit darstellen. Diesen einen Ausreißer unter hunderten oder tausenden von „guten" Bildern zu finden, ist ein enormer Aufwand, da im Falle einer automatisierten Suche langwierige Einlernphasen auch mit „schlechten" Bildern durchlaufen werden müssen oder sogar eine händische Suche durch einen Menschen stattfinden muss.

In diesem Fallversprechen auf dem Markt der KI-Anwendungen sogenannte Self-Organizing Maps in Kombination mit der quantitativen Bildanalytik die besten Ergebnisse. Im Folgenden soll daher zunächst kurz die grundsätzliche Funktionsweise erläutert werden, um im Anschluss daran drei Praxisbeispiele in der Anwendung dieser Methode vorzustellen: die kamerabasierte End-of-Line-Prüfung von Elektronikbauteilen in der manuellen Fertigung, die Bestimmung von Partikelgrößenverteilung per Handy und schließlich die detaillierte Charakterisierung einer elektronenmikroskopischen Mikrografie.

9.1.1 Outlier-Detektion in Bilddaten - basierend auf Self-Organizing Maps (SOM)

Self-Organizing Maps (zu Deutsch: selbstorganisierende Karten) sind ein Sonderfall in der großen Familie der neuronalen Netze – der mittlerweile bekanntesten Gruppe von Verfahren des maschinellen Lernens. Sie gehören zu den sogenannten Unsupervised-learning-Methoden. Das bedeutet, dass eine Klassifikation von Bilddaten ohne A-priori-Wissen, ausschließlich basierend auf algorithmisch identifizierter Ähnlichkeit der Bilder, durchgeführt wird. Dies ermöglicht Klassifikationsaufgaben ohne vorherige Kenntnis der Anzahl und Art der zu bildenden Klassen. Befinden sich in einem Satz Bilddaten, etwa Fotografien von Hunden, Katzen und Mäusen, so wird die SOM ganz von selbst eine dreiteilige Gliederung herausbilden. Kommt dann z. B. die Fotografie eines Vogels hinzu, wird diese in keine der drei Teile der Karte einsortiert werden können, entsprechend an den Rand der Karte rücken und so als Ausreißer deutlich hervortreten. Da der Name SOM Programm ist („Karte" ist hier wörtlich zu nehmen), kann sogar ein Bestimmtheitsmaß für die so erfolgte Klassifikation ermittelt werden, da der Abstand in der Karte ein direktes Maß für die Ähnlichkeit der Motive darstellt.

9.1.2 Kamera-basierte End-of-Line-Prüfung von Elektronikbauteilen

Ob bei Automotive-Zulieferern, Elektronikherstellern oder Anbietern von Haushaltsgeräten – wo immer einzelne Komponenten manuell montiert werden, geschehen Fehler. Bauteile sind nicht richtig positioniert, werden vergessen, oder defekte Komponenten werden versehentlich montiert. Um sicherzustellen, dass diese fehlerhaften Bauteile erkannt und ausgeschleust werden – unabhängig von Tagesform oder Ermüdungszustand der einzelnen Mitarbeitenden – kommen kamerabasierte End-of-Line-Kontrollen zum Einsatz. Der „Schlaue Klaus" der Firma OPTIMUM ist z. B. ein solches Assistenzsystem für Qualitätssicherung. Er analysiert hochauflösende Bilder eines jeden fertig montierten Stücks und gleicht dieses anhand einer prädefinierten Heuristik mit Bildern von Gut- und Schlecht-Zuständen ab, um ein abschließendes Qualitätsurteil zu fällen (Abb. 9.1).

Häufig stehen jedoch keine Bilder von defekten Bauteilen zur Verfügung. Auch kann man nicht lange darauf warten, bis es trotz ausgefeilter Montage-Optimierungen dann doch einmal zu einem Fehler kommt. Schließlich würde die Bereitstellung einer statistisch ausreichenden Anzahl an Ausschussteilen das gesamte Geschäftsmodell infrage stellen. Die vorsätzliche Zerstörung teurer Bauteile, um Defekte zu simulieren, ist dabei auch keine zielführende Alternative.

Entsprechend behindert die Notwendigkeit des Einlernens von „schlechten" Bildern den Einsatz von kognitiven Assistenten wie dem „Schlauen Klaus" massiv und veranlasst die Hersteller, neue KI-gestützte Ansätze zu implementieren. Ziel ist die Schaffung

Abb. 9.1 Kamerabasiertes Assistenzsystem für die Qualitätssicherung „Schlauer Klaus "

komfortabler Lösungen, die es den Anwendern ermöglichen, ausschließlich mit Bildern des regulär laufenden Prozesses zu starten und trotzdem Abweichungen von der Norm erkennen zu können – ganz so wie es auch ein Mensch tun würde.

Eine möglichst universelle und ressourcenschonende KI-Algorithmik, die Fehlerzustände erkennt, ohne diese vorher gesehen zu haben, bieten die unter 1 beschriebenen Self-Organizing Maps. Diese wurden im konkreten Fall vom Industrial Analytics Lab (IAL) entwickelt und in das Assistenzsystem implementiert, womit eine Outlier-Detektion in nahezu allen getesteten Fällen gelingt. Ein Beispiel hierfür ist die manuelle Endbestückung von Elektronikplatinen. Im konkreten Fall werden einige Teile, die zu massiv für den Bestückungsautomaten sind, händisch aufgebracht. Sehr selten kommt es dabei vor, dass ein solches Bauteil, z. B. eine Spule oder ein Kondensator, schlicht vergessen wird. Um diesen Fall ausschließlich mit Bildern von korrekt bestückten Platinen abzudecken, genügen in Zukunft die ersten 100 solcher „guten" Bilder zum Anlernen der SOM. Sie erhält damit Kenntnis über die prozessintrinsische Varianz, die als normal zu erachten ist, und quantifiziert diese in einem mittleren Abstand der einzelnen Bauteile zueinander. Tritt nun der Fall ein, dass etwa ein Kondensator schlicht vergessen wurde, so erkennt die SOM den Unterschied dieses einen Bildes zu allen bisherigen und platziert es daher in großem Abstand zu den anderen. Anhand dieses Abstandes (für den konkreten Fall ein fehlender Kondensator, dargestellt in Abb. 9.2) kann so einfach quantifiziert werden, wie ähnlich ein einzelnes Bild den bisherigen ist, ob also ein Ausreißer vorliegt oder nicht.

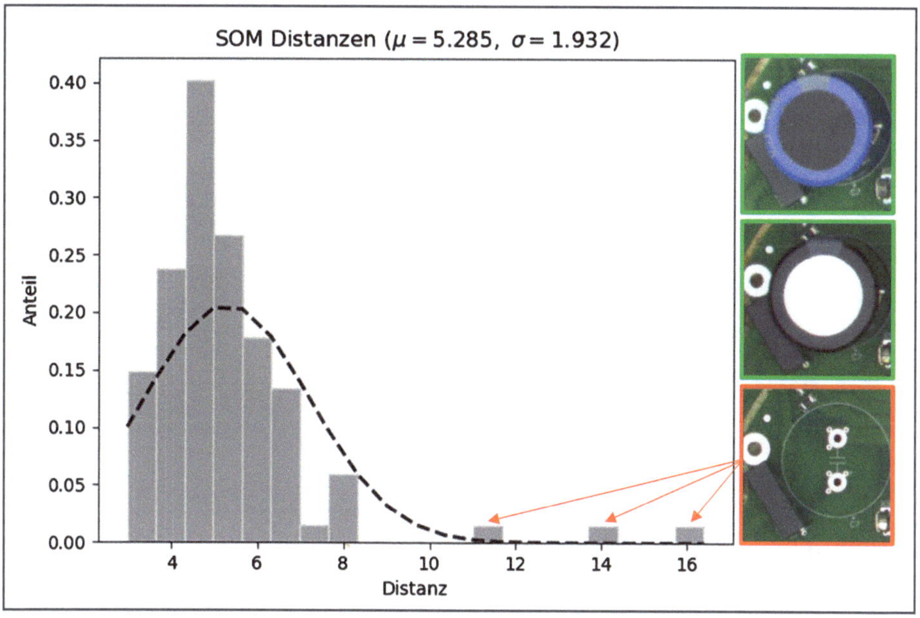

Abb. 9.2 Normiertes Histogramm der gefundenen SOM-Distanzen für ein Trainings-Sample von 100 Bildern eines Kondensators auf einer Platine. Die so trainierte SOM wurde dann auf drei weitere Bilder angewendet, bei denen der Kondensator fehlte. Diese wurden mit Distanzmaßen außerhalb des 3σ-Konfidenz-Intervalls (entspricht einer Bestimmtheit größer 99,7 %) klar als fehlerhaft erkannt

Durch die vorliegende Implementierung wird erreicht, dass die Erkenngenauigkeit der SOM der des Menschen nachempfunden wird; Bilder, die für das menschliche Auge einfach unterscheidbar sind, werden durch die SOM gut getrennt und umgekehrt. Durch dieses „natürliche Lernen", das der Intuition des Menschen entspricht, wird die Handhabung des Verfahrens erleichtert, da die Klassifikationsgüte mit dem menschlichen Empfinden der Schwierigkeit des Problems korreliert. Ein Beispiel dafür wird in Abb. 9.3 gezeigt, wo eine SOM für die Bewertung einer (handgewickelten) Ringspule auf einer Platine antrainiert wurde. Das injizierte Fehlerbild, bei dem die Ringspule lediglich eine Wicklung zu wenig aufweist, ist für den Menschen nur schwer von einem „guten" Bild zu unterscheiden, da eine einzelne Wicklung im gesamten Bild kaum ins Gewicht fällt. Entsprechend schlechtere Resultate liefert hier auch die SOM, die das injizierte Fehlerbild lediglich noch ganz knapp außerhalb des angestrebten 3σ-Konfidenzintervalls zeigt.

Diese Resultate zeigen eindrucksvoll, dass SOM in der Lage sind, auch kleine Abweichungen in einer Reihe von Bilddaten sicher zu klassifizieren und somit auszusortieren. Die Tatsache, dass SOM dabei

- keine Vorgaben hinsichtlich der Art oder Anzahl von Klassen benötigen und

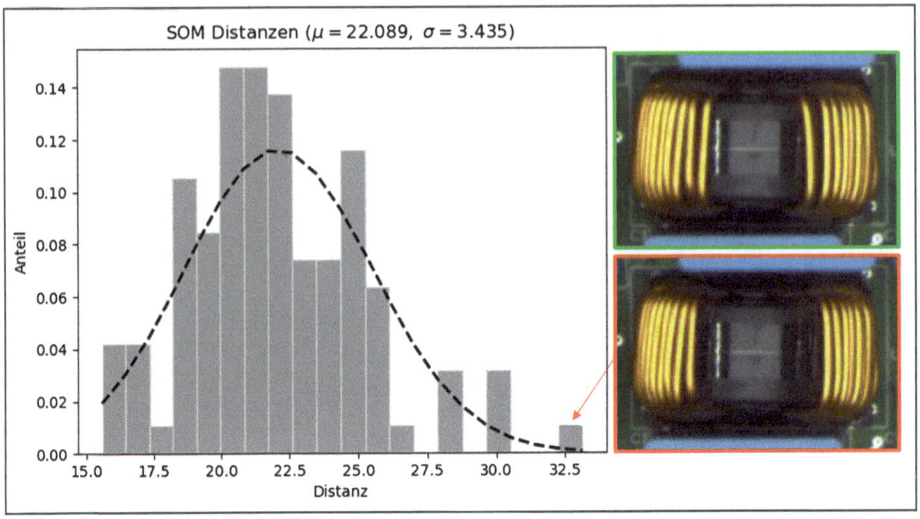

Abb. 9.3 Normiertes Histogramm der gefundenen SOM-Distanzen für ein Trainings-Sample von 100 Bildern einer handgewickelten Ringspule auf einer Platine. Die so trainierte SOM wurde dann auf ein weiteres Bild angewendet, bei dem die Ringspule eine Wicklung zu wenig aufweist. Diese Abweichung, die selbst für das menschliche Auge nur schwer zu erkennen ist, wurde mit einem Distanzmaß von 32,6 nur noch ganz knapp außerhalb des 3σ-Konfidenz-Intervalls als fehlerhaft erkannt

- die intrinsische Möglichkeit der Angabe eines Bestimmtheitsmaßes für die erfolgte Klassifikation liefern,

macht sie vor allem überlegen gegenüber Supervised-learning-Methoden, die häufig Einsatz in der KI-basierten Bilddatenverarbeitung finden. Das Anlernen einer SOM ausschließlich mittels „guter" Daten ist der größte praktische Vorteil bei ihrer Verwendung für konkrete Anwendungsprobleme.

Diese praktische Verwendung wird aktuell bei ausgewählten Pilotkunden von OPTIMUM im regulären Montageablauf erprobt. Im Fokus stehen dabei vor allem die Handhabungskonzepte für die neue KI-gestützte Klassifizierung, die das Assistenzsystem als „Kollegen" in den Montageprozess einbeziehen. Denn dabei muss man grundsätzlich beachten, dass diese Systeme immer nur eine Hilfestellung für die Mitarbeitenden in der Montage sein können – keine Bevormundung. Entsprechend bietet der implementierte Ansatz vor allem die Möglichkeit, die Mitarbeitenden aktiv in das Training „ihrer" SOM einzubeziehen und etwa falsch-positive Meldungen nicht nur zu quittieren, sondern diese Information auch in die SOM zu übernehmen – dem Grundsatz folgend: „Der Computer lernt auch in naher Zukunft immer noch mehr vom Menschen als umgekehrt."

9.1.3 Bedeutung von Data Warehousing für Computer-Vision-Anwendungen

Um computergestützte Bilddatenverarbeitung – ganz gleich ob durch klassische Methoden oder unter Verwendung moderner KI-gestützter Ansätze – anwenden zu können, ist die Lösung der Wahl zur Organisation der Datenspeicherung das Data Warehouse. Als Data Warehouse bezeichnet man eine Datenbankinfrastruktur, in der Daten aus unterschiedlichsten Quellen *homogenisiert* verfügbar gemacht werden (Inmon 1996), etwa im Gegensatz zu einem Data Lake, der auch unstrukturierte Daten enthalten kann. Da zur Beschreibung und zur Charakterisierung von Partikeln in Proben allgemeiner Herkunft eine möglichst große Vielfalt an Daten herangezogen werden soll – etwa solche zur Produktion (Hersteller, Herstellungsdatum, Charge, Komposition etc.), Lagerung (Umgebungsbedingungen, Packungsgrößen, Art der Verpackung etc.) oder der Probenpräparation (Methode, Equipment, ausführende Kraft etc.), um daraus später auf mögliche Ursachen für Abweichungen oder Verunreinigungen schließen zu können, ist dieser Schritt der Datenaufbereitung maßgeblich für alle weiteren datengetriebenen Arbeitsschritte. Für die konkrete Projektarbeit bedeutet dies auch, dass ein maßgeblicher Anteil (bis zu 80 %) des Arbeitsumfangs für die Implementierung einer kompletten Software-Lösung mit Konzeption, Herstellung und Befüllung des Data Warehouse einzuplanen ist. Um mit dem so aufwendig erstellten Data Warehouse konkrete Fragestellungen bearbeiten zu können, etwa Gruppen ähnlicher Partikel über alle im Data Warehouse abgelegten Einzelbilder zu identifizieren, können Clustering-Algorithmen verwendet werden (Aggarwal und Reddy 2013). Zur näherungsweisen Bestimmung (komplexer) quantitativer Eigenschaften eignen sich Regressionsalgorithmen wie der bekannte Ansatz *k Nächste Nachbarn* (Norris et al. 2019); Outlier und ungewöhnliche Objekte können etwa mit SOM identifiziert werden (Zinn et al. 2021).

9.1.4 Bestimmung von Partikelgrößenverteilung per Handy

Dieses Anwendungsbeispiel bezieht sich auf ein simples Szenario, das jedoch in vielen chemischen, pharmazeutischen und werkstofftechnischen Herstellungsprozessen in verschiedenen Ausprägungen relevant sein kann. Es geht dabei um partikelartiges Schüttgut, bei dem die geometrischen Eigenschaften der Partikel innerhalb eines engen zulässigen Bereichs liegen müssen. Zu große oder zu kleine Partikel können den Prozessablauf erheblich stören und sogar zu einem vollständigen Ausfall der Produktionsanlage führen. Herkömmliche Methoden zur Bestimmung der geometrischen Eigenschaften von Partikeln und Pulvern sind häufig aufwendig und kostenintensiv. Abb. 9.4a zeigt exemplarisch eine Stichprobe eines partikelartigen Produkts aus der Chemieindustrie. Aus Gründen der Vertraulichkeit können genaue Details über das untersuchte Material und das Herstellungsverfahren nicht angegeben werden.

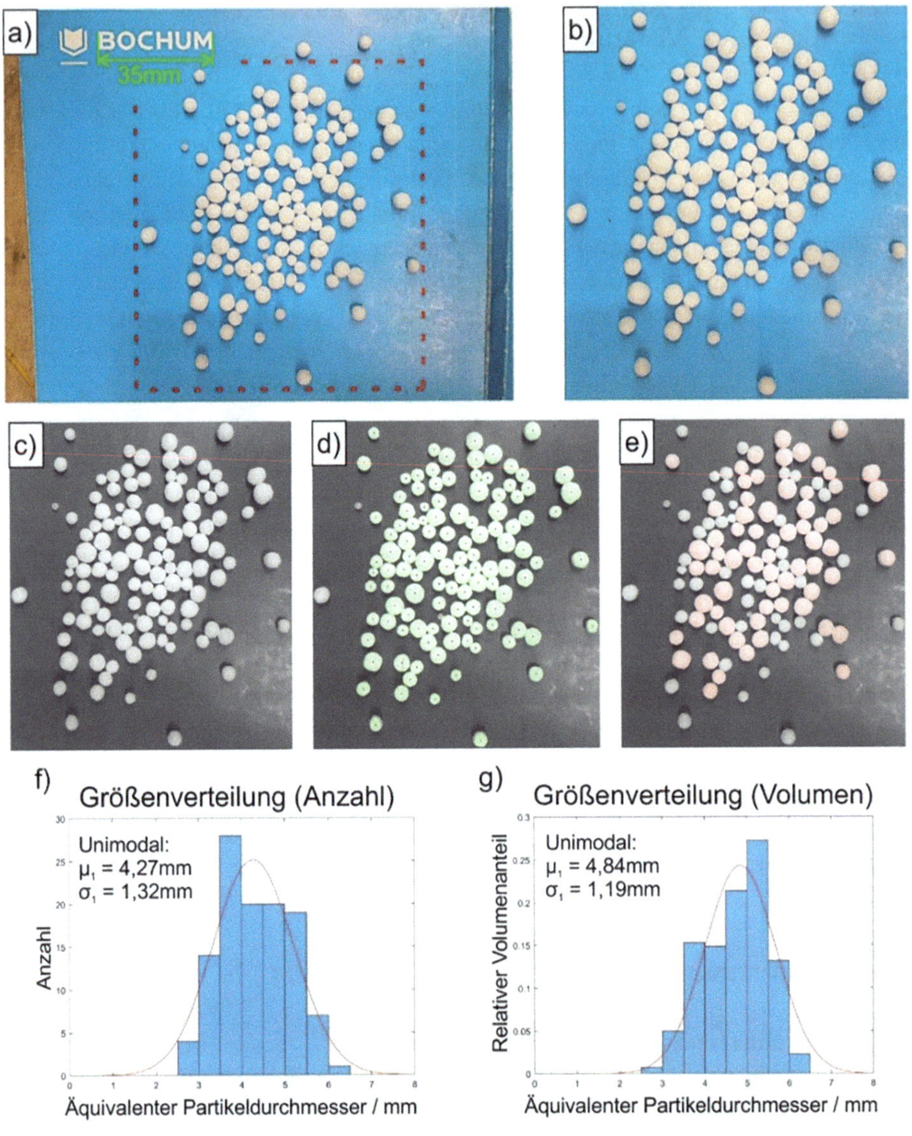

Abb. 9.4 Bestimmung der Partikelgrößenverteilung anhand eines einfachen Handybildes. **a** Rohdaten (Handy). Grün: Kalibration anhand des Bochumer Schriftzugs. **b** Isolierter und kalibrierter Messbereich (roter Kasten in Abb. 9.2a). **c** Umwandlung in Graustufenbild. **d** Detektierte Partikel (grün) und geometrische Schwerpunkte (schwarz). **e** Rot hervorgehoben sind Partikel mit einem äquivalenten Durchmesser größer als 4 mm. **f** und **g** Größenverteilungen inklusive unimodal gefitteter Normalverteilungen bezogen auf **f** Anzahl und **g** Volumen

Der spezifische Anwendungsfall umfasst die Analyse der Partikelgrößenverteilung, wobei besonders der Anteil der Partikel mit einer Größe von mehr als 4 mm für den Produktionsprozess entscheidend ist. Um eine schnelle, kostengünstige und vor Ort durchführbare Lösung zu finden, wurde ein einfaches Bildgebungsverfahren mit einer Handykamera verwendet. Dazu wurde ein Foto der Probe aufgenommen, die auf einem Papierblock mit dem Schriftzug „BOCHUM“ platziert war (Abb. 9.4a). Da die Breite des Schriftzugs bekannt ist, konnte eine ausreichende Kalibrierung der Längenskala durchgeführt werden. Im nächsten Schritt wurde ein relevanter Messbereich aus den Rohdaten extrahiert (Abb. 9.4b). Die Umwandlung in ein Graustufenbild diente als Grundlage für die Visualisierung verschiedener Partikelparameter (Abb. 9.4c). Eine speziell optimierte Computer-Vision-Architektur erkannte die Position und Geometrie der Partikel. Partikel, die nicht eindeutig detektiert werden konnten, wurden aus der Statistik ausgeschlossen (Abb. 9.4d). Die erkannten Partikel wurden anschließend in eine Partikeldatenbank auf Grundlage von RGO (relationale Geometrieobjekte) übertragen. Jedes Partikel wurde als Objektentität der Klasse „Partikel“ erfasst. Jede Partikelentität entspricht einem Eintrag in der RGO-Datenbank und ist mit geometrischen Attributen versehen, die statistisch ausgewertet werden können, wie zum Beispiel dem äquivalenten Partikeldurchmesser. Abb. 9.4e zeigt die Partikel mit einem Durchmesser von mehr als 4 mm. Diese machen etwa 60 % der Partikel aus und repräsentieren rund 80 % des Volumens. Die Abb. 9.4f und 9.4g zeigen die Verteilungen der Partikelgrößen in Bezug auf Anzahl und Volumen. Durch die Anpassung an eine Normalverteilung konnten Rückschlüsse auf die durchschnittliche Partikelgröße und die Streuung der Größen gezogen werden. Hierdurch sind unmittelbar standardisierte Kenngrößen wie das Mittel der Verteilung oder deren Varianz bzw. Standardabweichung als Maß für die Streuung der Probe zu extrahieren, die man mit den entsprechenden Kenngrößen aus jedem anderen Verfahren direkt vergleichen kann.

9.1.5 Detaillierte Charakterisierung einer elektronenmikroskopischen Mikrografie

Dieses Anwendungsbeispiel befasst sich mit einem komplexeren Szenario, in dem die Mikrostruktur eines zweiphasigen Materials quantitativ charakterisiert werden soll. Hierbei bestehen die Rohdaten aus elektronenmikroskopischen Mikrografien, bei denen der Phasenkontrast durch den Einsatz eines Rückstreu-Elektronendetektors erzeugt wurde (Abb. 9.5a). Aus Vertraulichkeitsgründen können auch in diesem Fall keine näheren Angaben zum untersuchten Material gemacht werden. Ziel der Analyse ist eine präzise geometrische Untersuchung der hell erscheinenden Partikel, die in eine dunkle Matrix mit lokal variierender Dispersion eingebettet sind. Die detektierten Partikel, die mithilfe geeigneter Computer-Vision-Methoden identifiziert wurden, sind in Abb. 9.5b je nach Größe farbcodiert dargestellt. Auch hier erfolgt eine statistische Auswertung der Größenverteilung, wie im zugehörigen Histogramm in Abb. 9.5b ersichtlich.

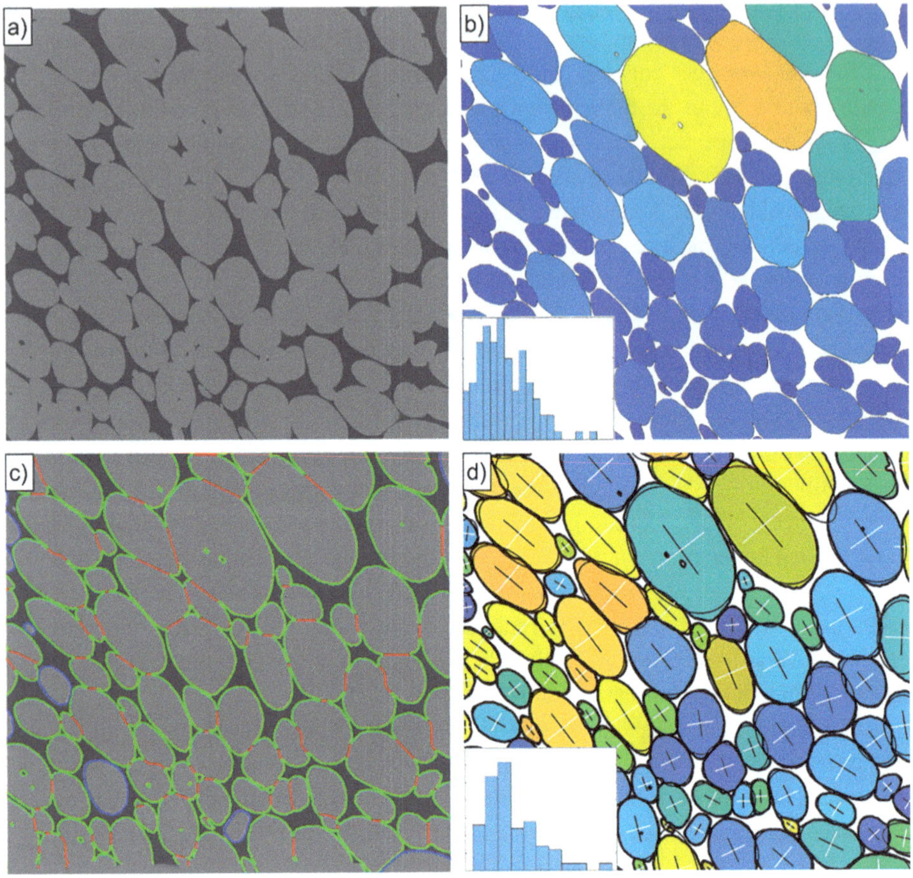

Abb. 9.5 Elektronenmikroskopische Aufnahme des Querschliffs eines zweiphasigen Materials (Rückstreuelektronen-Detektor). **a** Rohdaten. **b** Detektierte Partikelentitäten, farbcodiert entsprechend der individuellen Partikelgröße. Inlet: Histogramm der Größenverteilung. **c** Klassifizierung der Partikelkonnektivität mittels Repräsentation durch Relationsentitäten. Blau: isolierte Partikel. Grün: Partikel-Matrix-Grenzflächen. Rot: Partikel-Partikel-Grenzflächen. **d** Quantifizierung der Partikelmorphologie entsprechend des Aspect-Ratios und der Ausrichtung der Hauptachsen. Inlet: Histogramm der Aspect-Ratios

Im Gegensatz zum ersten Anwendungsbeispiel spielt in diesem Fall die Analyse sogenannter Relationsentitäten eine entscheidende Rolle. Diese Relationsentitäten beschreiben die Beziehung zwischen einzelnen im Bild detektierten Objekten (etwa Nachbarschaften oder Entfernungen), die entsprechend als Objektentitäten bezeichnet werden. Diese Nomenklatur fußt dabei auf der sog. Relationalen Geometrischen Ontologie (RGO), die derzeit für komplexe materialwissenschaftliche Bildanalysen entwickelt wird (Thome

2025). Vereinfacht ausgedrückt besteht die RGO-Datenbank nicht mehr aus einer Sammlung von Bildern, wie es bei traditionellen Bilddatenbanken der Fall war. Stattdessen repräsentieren die einzelnen Einträge in der RGO-Datenbank detektierte Entitäten, die auf den Bildern erkannt wurden. Dabei wird zwischen zwei Arten von Entitäten unterschieden: den Objektentitäten und den Relationsentitäten.

Ein Alltagsbeispiel verdeutlicht diesen Ansatz: Ein Bild zeigt ein Auto und drei Personen. In der zugehörigen RGO-Datenbank würden zunächst vier Objektentitäten eingetragen, von denen drei der Klasse „Mensch" und eine der Klasse „Auto" zugeordnet werden. Jede Objektentität enthält zusätzlich klassenspezifische Attribute. Für die Objektentitäten der Klasse „Mensch" könnten dies etwa Alter, Größe, Gewicht oder Nationalität sein, während die Objektentität der Klasse „Auto" Attribute wie Farbe, Hersteller oder Baujahr umfasst.

Relationsentitäten beschreiben die Beziehungen zwischen den Objektentitäten. Eine Relationsentität könnte beispielsweise eine Nachbarschaft darstellen, wenn eine Person neben dem Auto steht. Eine weitere Relationsentität könnte den Umstand erfassen, dass sich eine Person im Auto befindet. Das Szenario des Beispielbildes könnte somit in eine RGO-Datenbank mit insgesamt sechs Einträgen überführt werden: vier Objektentitäten (drei der Klasse „Mensch" und eine der Klasse „Auto") sowie zwei Relationsentitäten (eine Nachbarschaft und eine Inklusion). Das Szenario des hier diskutierten Beispielbildes könnte also in eine RGO-Datenbank mit sechs Einträgen überführt werden. Darunter sind vier Objektentitäten (drei der Klasse Mensch und eine der Klasse Auto) und zusätzlich zwei Relationsentitäten (eine Nachbarschaft und eine Inklusion).

Abb. 9.5c zeigt die Konnektivität der Partikel anhand ihrer Grenzflächen. Diese Grenzflächen sind als Relationsentitäten der Klasse „Nachbarschaft" farbcodiert dargestellt. Es werden drei Nachbarschaftsklassen unterschieden: Partikel-Partikel-Nachbarschaften (rot), Partikel-Matrix-Nachbarschaften (grün) und in der Matrix isolierte Partikel (blau). Jede dieser Klassen kann separat betrachtet und statistisch charakterisiert werden (Abb. 9.5c). Darüber hinaus können komplexere geometrische Eigenschaften der Partikel, so beispielsweise die Aspect-Ratios oder die Ausrichtung der Hauptachsen, analysiert werden. Diese Eigenschaften wurden durch das geometrische Fitten äquivalenter Ellipsen bestimmt (Abb. 9.5d).

Die auf einer RGO-Datenbank basierende Struktur erlaubt darüber hinaus weiterführende Analysen der Partikeldispersion. So kann etwa die geometrische Verteilung der Partikel unter Anwendung einer Voronoi-Zerlegung ermittelt werden, um quantitative Aussagen über Partikelabstände zu treffen. In Abb. 9.6a werden die Relationsentitäten (direkte Nachbarschaften) der Partikel durch farbige Linien visualisiert. Die Linienlänge repräsentiert den Partikelabstand, während die Linienfarbe die jeweilige Nachbarschaftsklasse in Bezug auf ihre Konnektivität anzeigt. Zudem wird die Anzahl der nächsten Partikelnachbarschaften automatisch ermittelt und als schwarze Zahl für jedes Partikel dargestellt.

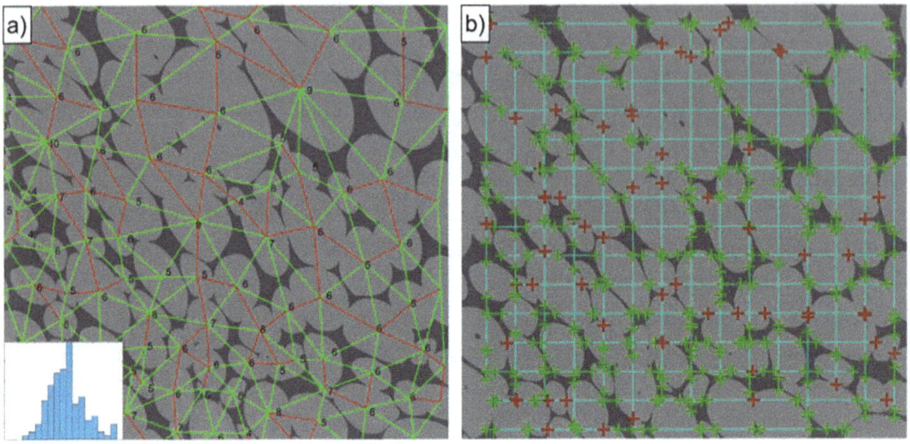

Abb. 9.6 Weitergehende Gefügecharakterisierung. **a** Quantifizierung der Partikeldispersion durch Voronoi-Zerlegung der Partikelkoordinaten. Grün: Nachbarschaften ohne Konnektivität. Rot: Nachbarschaften mit direkter Konnektivität. Die Zahlenwerte geben die Anzahl der nächsten Nachbarn an. Inlet: Verteilung der Partikelabstände. **b** Automatisiertes Linienschnittverfahren zum Vergleich mit klassisch (manuell) durchgeführten Messungen aus der Vergangenheit

Die Überführung der Daten in einen digitalen Zwilling auf Basis einer RGO eröffnet völlig neue Einblicke in die Mikrostruktur von Werkstoffen, die mit herkömmlichen Methoden nicht zugänglich wären. Schließlich ermöglicht dieses Verfahren auch, traditionelle manuelle Methoden, wie etwa das Linienschnittverfahren, vollautomatisiert durchzuführen, um die Ergebnisse mit historischen Daten vergleichbar zu machen (Abb. 9.6b). Eine detailliertere Beschreibung dazu wird in (Thome et al. 2023) geliefert.

9.2 Fazit

Im vorliegenden Beitrag wird das Potenzial von Computer-Vision-Methodiken basierend sowohl auf klassischer Bilddatenverarbeitung als auch unter Zuhilfenahme moderner Methoden der Künstlichen Intelligenz für industrirelevante Applikationen praktisch dargestellt. Dies umfasst bekannte Anwendungen wie die kamerabasierte End-of-Line Prüfung, die vor allem bei manuellen Fertigungsprozessen unerlässlich ist. Ihr volles Potenzial entfalten Computer-Vision-Ansätze allerdings erst bei komplexeren Fragestellungen, die über eine bloße iO-/NiO-Klassifikation hinausgehen.

Um derartige Use Cases – hier am Bespiel metallischer Gefügeproben dargestellt – in einem umfassenden Framework bearbeiten zu können, wird die RGO und deren Umsetzung in konkret anwendbare Software-Pakete genutzt. Die RGO ermöglicht die systematische Erfassung von Bilddaten partikelartiger Strukturen unabhängig von Eigenschaften wie Größe, chemische Zusammensetzung oder mechanische Merkmale. Die so kategorisierten Daten werden in einem Data Warehouse abgelegt, das auch Metadaten wie Herstellung, Lagerung oder Bildgenerierung enthält. Diese Informationen sind für computergestützte Analysen wie Partikel-Clustering, Zuordnung quantitativer Eigenschaften oder Outlier-Detektion zugänglich. Der Ansatz wurde an makroskopischen und mikroskopischen Partikeln demonstriert. Durch die universelle Definition von „Partikeln" und die Automatisierbarkeit des Verfahrens können größere Probenmengen analysiert und monotone Aufgaben in der Qualitätssicherung automatisiert werden.

Zusammenfassend ist festzustellen, dass mit diesen modernen KI-basierten Ansätzen auch komplexe, von Menschenhand oft nur unzureichend und in monotoner Handarbeit zu erledigende Prüf- und Klassifizierungsaufgaben vollständig automatisiert werden können.

Literatur

Aggarwal C, Reddy C (2013) Data clustering: algorithms and applications. Chapman and Hall/CRC. https://doi.org/10.1201/9781315373515

Inmon WH (November 1996) The data warehouse and data mining. Commun ACM 39(11):49. https://doi.org/10.1145/240455.240470

Norris RP, Salvato M, Longo G, Brescia M, Budavari T, Carliles S, Cavuoti S, Farrah D, Geach J, Luken K, Musaeva A, Polsterer K, Riccio G, Smolčić V, Vaccari M, Zinn P (2019) A comparison of photometric redshift techniques for large radio surveys. Publ Astron Soc Pac 131(1004):10800

Thome P (2025) Mikrostrukturinformatik, Habilitationsschrift, Ruhr-Universität Bochum, voraussichtliche Veröffentlichung

Thome P, Merchiers A, Schauerte C, Zinn P-C (2023) Automatisierte Charakterisierung mikroskopischer Bilddaten partikelartiger Strukturen. DACH-Jahrestagung 2023 Zerstörungsfreie Materialprüfung, DGZfP-Berichtsband BB 180

Zinn P-C, Blunck H, Felber A., Mahanty W, Merchiers A, Nübling M (September 2021) Kamerabasierte End-of-Line Prüfung in der manuellen Fertigung – Defekte ohne Anlernen erkennen mittels Self-Organizing Maps. inVISION, tedo-Verlag, Ausgabe

Kolibri 360 GmbH
Ferdinand-Jühlke-Straße 7
99095 Erfurt, Deutschland
produktsicherheit@kolibri360.de